U0289380

他/她们参与了本书的写作

赵 悦

"物理基础理论的突破是下一步技术革新的基石，追求真理，永无止境。"

　　北京大学物理系学士，罗格斯大学物理学博士，斯坦福大学高能理论物理博士后，主攻撞机物理、暗物质模型以及引力/规范场对偶性。研究课题包括如何以新方法探测质量较轻的暗物质、正反暗物质束缚态在对撞机上的产生与湮灭、暗光子的实验探测、暗物质引发的核子衰变模型与信号等。已在国际期刊上发表论文20余篇。

刘蜀西

"志在破译成瘾之谜，让毒贩都失业。"

　　中国科学院神经科学研究所博士，美国约翰霍普金斯大学医学院及美国国立卫生研究院院博士后，长期从事神经发育及神经可塑性、动物行为学研究。目前供职于美国顶尖基因诊断机构，致力于精准医疗中的神经性疾病遗传学诊断研究。

杨文婷

"在未知中探索真相,用科学为健康带来希望。"

　　Genenexus CEO,硅谷科技创业讲座"Big Bang Talk"发起人,斯坦福大学系统生物学博士后,上海某精准医学健康公司联合创始人,向日葵儿童癌症公益组织志愿者。致力于研究肿瘤的精准诊断和治疗,希望能让更多患者受益于科技和医学的发展。

李凌宇

"将最前沿的生物学研究转化为守护人类健康的基石,器官再生不是梦。"

　　清华大学生物系学士,中国科学院上海生命科学研究院博士,斯坦福大学医学院发育生物学博士后,主攻干细胞与发育生物学。目前专注于胰腺发育、胰岛细胞再生及糖尿病机制研究。

王雅琦

"科学即哲学,从最微观的角度领悟生命最根本的意义。"

布朗大学化学系博士,前 Bio Rad 数字生物中心高级科学家。目前致力于下一代测序和数字 PCR 的研究。曾长期从事纳米颗粒在生物医疗领域的产品开发。曾参与由美国国防高等研究署支持的用于士兵体内的纳米健康传感器的研发。外表上的现实主义理工女,骨子里不折不扣的文艺女文青。自认为是严谨务实和激情浪漫的矛盾结合体。

时　珍

"如果因为畏惧新生生物科技可能导致的问题而囿于当下,就难有医疗的发展进步。只有联合所有社会力量,用理性、包容的态度评判,用严格、有效的法律规范管理,才能推动新科技造福人类。"

清华大学生物系学士、哈佛大学遗传和分子生物学博士。钟情于基因组神秘的"暗物质"——非编码小 RNA 的研究。如今是斯坦福大学博士后,热爱上了神奇的蛋白质翻译机——核糖体。对黑科技情有独钟,对伪科学嫉恶如仇。

王辉亮

"把柔性材料铺满世界的每个角落。"

牛津大学材料系学士，斯坦福大学材料系博士、生物工程系博士后，主攻碳纳米管、柔性材料、三维电子和神经刺激技术，在相关顶尖期刊发表了 20 余篇学术论文。曾在欧洲夏普实验室和荷兰霍尔斯特中心研发柔性电子学。是学霸，也是萨克斯风手和野外远足爱好者。

张 晓

"我选择了人迹稀少的那条路，而它改变了我的一生。"

谷歌研究院软件工程师，清华大学和微软研究院联合培养博士，主攻人工智能、计算机视觉。曾任华尔街知名对冲基金量化分析师，如今在谷歌负责深度学习和图像识别在手机上的应用。代表作有《编程之美》、*Internrt Multimedia Search and Mining* 等。

李宇骞

"即使每个个体都只是在为了自己的乐趣或利益而努力，美好的收获仍会到来。"

谷歌软件工程师，杜克大学计算机系博士。天性爱玩，看到一切带"游戏"标签的事物都会热血沸腾。曾于国家信息学奥林匹克竞赛中摘得金牌。热爱编程，兴趣广泛，希望能成为博弈高手，利用所学，让尽可能多的事情变得像游戏一样有趣。

戎亦文

"触摸最逼真的三维，做现实的造梦师。"

斯坦福大学电子工程系博士，硅谷创业公司产品开发负责人。曾任飞利浦照明高级产品架构师，设计的商业、车载和消费电子产品曾多次获得国际大奖。也曾于苹果公司手机产品开发部任产品项目经理，是手机研发核心团队成员。在投身硅谷创业热潮之前，还曾在亚马逊产品开发部任高级产品项目经理，负责平板电脑、电子阅读器等产品的研发。目前专注于人工智能和计算机视觉产品的开发。

王文弢

"真正能改变世界的，是那些妄想改变世界的人。"

清华大学精密仪器与机械学学士、麻省理工学院机械工程博士，主攻MEMS传感器，副业机器学习和大数据。曾任苹果下一代输入技术硬件工程师，现就职于特斯拉汽车公司做系统集成。致力于用前沿科技改变人类未来。拥有多项MEMS传感器和IC电路的单片集成相关专利。忠实的"果粉"和"乔布斯粉"，业余爱好为篮球和德州扑克。

高　路

"如果我的计算准确的话，你将会看到令人震惊的结果。"

谷歌Nest Labs资深传感器工程师，杜克大学机械工程系博士。身在机械系，偏爱物理课；研究生阶段主攻生物医学工程，入行却是物联网。目前致力于为人机交互和机器学习这类高大上的顶端功能提供最枯燥、最基础的物理信息。自诩多才多艺，力热电光均有涉及。热爱电影、篮球和睡觉。

任化龙

"定制一件'黄金圣衣',每个人都可以变得很强大。"

斯坦福大学计算机科学专业硕士,主攻人工智能与机器人,辅修计算机系统。曾领导研发 32 自由度类人灵巧手系统,参与研发流水线用的高速并联操作机器人。同时还是 3H Capital 创投基金创始合伙人。目前在亚马逊公司 Lab126 从事前沿智能电子产品研发。

顾志强

"最酷的黑科技和魔法是没有区别的,未来人人都是巫师。"

清华大学计算机学士、杜克大学计算机专业博士,主攻机器视觉、传感网络以及可穿戴设备的研发与评审,前谷歌[×]、苹果人机交互实验室研发工程师,研究成果被广泛应用于苹果公司最新产品及谷歌眼镜。目前在硅谷创业,致力于下一代交互式智能机器人的研发。曾在国际顶尖会议上发表过十余篇论文并拥有多项专利。

宁 晶

"设计为王"

旧金山艺术大学设计硕士,北京服装学院新媒体设计本科,现任思爱普(SAP)企业级软件资深用户体验设计师,主力参与思爱普(SAP)与苹果(Apple)企业级合作项目,曾任新浪时尚频道产品设计师。作为设计思维的实践者,探索技术、艺术与商业的融合。崇尚极客精神,相信"设计"无处不在。本书主插画师。

刘 卉

"黑科技时代即将到来,让我带你看硅谷神奇。"

北京大学经济学院经济学学士,在校期间曾作为交换生赴香港科技大学商学院学习。前中粮集团市场部媒介经理、开心网创始团队成员。热爱互联网,心怀文学梦。现居美国硅谷,希望将硅谷黑科技以及黑科技背后故事与更多人分享。本书文字整理者。

杨　柳

"如果怯懦是人类最大的弱点,甩掉它,投身黑科技,无所畏惧。"

　　浙江大学英文学士,斯坦福大学东亚研究硕士。当文科女碰到黑科技,揪了满地的头发,画了一箱的草稿。烧脑的快乐无止尽,科幻迷的梦想近在咫尺。本书文字整理者。

唐　颖

"设计是会思考的美学。"

　　美国匹兹堡州立大学艺术设计学士,亚利桑那州立大学图像与信息技术硕士,Ryzlink Corp交互设计师,主要从事产品设计、交互设计、视觉设计,协助不同客户提升软件用户体验。本书《磁力魔法》一文插画师。

胡延平

"创新网络,连接未来,让技术驱动的生态变革在今天发生。"

未来实验室FutureLabsFL创始人,DCCI互联网数据中心及未来智库创始人。1996年撰写《中国营造网络时代》,1997年出版以硅谷与IT产业发展主题的科技畅销书《奔腾时代》,1999年出版专著《中国网络经济蓝皮书》,2000年出版《预约新千年》。2000年始任《互联网周刊》总编,陆续出版了《第二次现代化:信息技术与美国经济新秩序》、《第四种力量:新四化路途当中的信息化与信息产业生态观察》、《跨越数字鸿沟:面对第二次现代化的危机与挑战》等专著,后参与翻译出版《Google将带来什么》等。投身、探索、推动网络IT发展二十年,推动了此番《黑科技》在中国的出版与传播。

黑科技

FUTURE

硅谷15位技术咖 * 21项前沿科技
将如何创造未来

[顾志强 等著]

BLACK
TECH

中国友谊出版公司

图书在版编目（CIP）数据

黑科技 / 顾志强等著. —北京：中国友谊出版公司, 2017.3（2018.5重印）

ISBN 978-7-5057-3752-5

Ⅰ.①黑… Ⅱ.①顾… Ⅲ.①科学技术–普及读物 Ⅳ.①N49

中国版本图书馆CIP数据核字（2016）第129050号

书名	黑科技
作者	顾志强　等
出版	中国友谊出版公司
策划	杭州蓝狮子文化创意股份有限公司
发行	杭州飞阅图书有限公司
经销	新华书店
印刷	杭州钱江彩色印务有限公司
规格	710×1000 毫米　16开
	23.75 印张　305 千字
版次	2017年3月第1版
印次	2018年5月第6次印刷
书号	ISBN 978-7-5057-3752-5
定价	58.00 元
地址	北京市朝阳区西坝河南里17号楼
邮编	100028
电话	(010)64668676

创新科技，连接未来

腾讯公司董事会主席兼首席执行官　马化腾

我们看到，每一次大的行业变革都伴随着终端的变化，以及相应生态的改变。从大型机到PC，从单机PC到互联网广泛连接起来的PC，再到广泛连接的手机等移动终端和泛智能设备，几乎每二十年，技术的代际演进，会促使新一轮产业变革浪潮的到来。现在，这个节奏已经空前加速。"互联网+"刚刚在一些行业落地，人工智能等技术再次引起业界的关注。我们相信，在未来，移动互联与人工智能等技术将会相辅相成，从云到端共同为我们带来一个万物互联的智慧生态。

下一代的信息终端会是什么呢？会是汽车还是穿戴设备？会是虚拟-增强-融合现实（AR-VR-MR）等技术？或许未来人人通过视网膜投射、脑电脑波、生物传感，就可以感知周遭并跟人、服务、设备进行实时连接与自然交互，不需要像现在手里随时随地拿着手机。这就是未来吗？也许这些只是未来的雏形，也许未来会比目前我们看到的黑科技更加不同寻常，但是我相信所有人都会非常关注这些黑科技的发展。我们不仅要关注和探索技术的变化，更要行动，让科技服务于人。借助商业和公益等途径，我们需要将科技成果转化为人

1

类的福祉。

我曾在一次央视《对话》节目里提到:"未来是传统行业利用互联网技术,在云端用人工智能的方式处理大数据。"腾讯目前聚焦核心业务,专注做连接。目前的核心业务包括我们内部经常讲的"两个半",即社交平台、数字内容和金融业务。我们将垂直领域的机会交给了各行各业的合作伙伴,形成了一个开放分享的新生态。这几年来,我们开始向合作伙伴和我们平台上的创业者们提供云、移动支付、LBS、安全等新型基础设施。在新一轮科技浪潮来临之际,我们希望更多的黑科技能够在这个开放分享的新生态里,变成提升人们生活品质的创新。为各行各业千千万万企业、创业者、探索者们带来丰富多样的创新机会。

我很高兴看到,在未来实验室(FutureLabsFL)和未来星球(Future Planet)的支持下,《黑科技》这本书能在中国出版。这本书的内容,对于开拓业者视野、启发读者思维都会很有帮助。书中的黑科技地图信息量很大,也很有意思。硅谷这十多位年轻技术追求者们,不仅自己低头做研发,而且乐于把自己在各个前沿领域的技术探索分享出来让更多人了解。希望以后有更多这方面的好书出版。

今天的黑科技可能会孵化出明天的谷歌、特斯拉

联想集团总裁兼首席执行官　杨元庆

祝贺《黑科技》一书成功出版，并在位于硅谷的斯坦福大学首发。

我个人一直对黑科技非常感兴趣，因为黑科技总会体现出不一样的创新思维，这些火花很可能在未来的某一天彻底改变我们的生活。万物智能时代正在到来，越来越多黑科技的出现，正是对未来智能生活的积极探索。

《黑科技》的很多作者都是曾经或正在硅谷创业、打拼的青年才俊。他们都是了不起的人，在全球科技的创新中心发挥着自己的聪明才智，今天的黑科技可能就会孵化出明天的谷歌、特斯拉，我为这些年轻人加油、喝彩。

作为本书的技术支持机构，我们看到未来实验室（FutureLabsFL）和未来星球（Future Planet）已经开始为前沿科技的创新探索做出贡献，帮助早期技术研发阶段的技术咖们找到自己的资源和土壤。今年，联想也设立了我们的创投集团，专注于投资和孵化新技术创新，相信我们与未来实验室会有很多共同语言，也希望有机会做深层次的合作与交流。

如何认知未来至为关键

创新工场董事长兼CEO　李开复

创新是经济发展的内在驱动力,创业给创新带来变革活力,而技术又是创业创新的关键驱动力。尤其在硅谷、以色列、北美、欧洲和中国等地方,在创业创新最前沿,创新工场从投资角度看到各种"黑科技"不断涌现。一些创业团队、实验室、孵化器、大学,一些大公司的研发机构,不断有酷酷的黑科技产品亮相,也不断在诸多基础科学、前沿技术领域取得令人惊喜的进展。

已经浮现在公众视野的创新浪潮,和处于若隐若现状态的创新暗流,以及暗流之下的创新源泉,都在深度启发我们对于未来的关注和思考。如今,无论投资创业还是商业、经济、社会的各个领域,对于创业者乃至处于学习状态的同学而言,如何认知未来至为关键。看到什么样的未来,深度影响我们做什么样的事,走什么样的路,甚至改变这个过程中的根本思维和创新方法。

在人工智能、VR/AR/MR、泛智能设备、物联网、机器人、无人机、新能源、纳米技术与新材料、3D打印与智能制造、基因技术与精准医疗等多个不同的领域和层面,黑科技的迸发并非局部现象,也并非孤立行为,技术和创新在很多方面表现出高度的关联性,甚至互为促进,相互协同,是一个有机整体的不同部分。而这个整体,就是新一轮产业转型和经济变革的关键部分,是我们需要去认知的未来,也是我们正在集体创造的未来。创新工场已经投资了多个相关项目。

很高兴看到在未来实验室(FutureLabsFL)和未来星球(Future Planet)支持下这本书在中国出版,也很高兴有这样一众年轻的硅谷技术咖,为我们创作了这样一本《黑科技》,也很高兴看到创新对于创业来说越来越重要,全球各地的创业者都在越来越重视技术在创业和创新中的作用。黑科技成为焦点,是这个时代的幸事。未来已然来临,我们既是未来的关注者,也是投身期间的推动者和践行者。

新一轮改变世界的创新浪潮正在到来

小米科技董事长兼CEO　雷　军

互联网在中国各层面都开始深入发展,包括各行业应用领域的互联网+也正如火如荼。

在新兴发展领域,无数创业者以其活力、创造力、探索精神和勇气,不断创造出各种新的技术、产品和发展模式。在移动互联网和物联网阶段,他们势必将掀起一轮改变世界的创新浪潮,其中智能设备、机器人、无人机、人工智能等领域都有很大的想象空间。

在未来实验室(FutureLabsFL)和未来星球(Future Planet)支持下,《黑科技》这本书在中国出版。《黑科技》的作者们介绍了各类创新前沿的新动态,值得好好读一读。

是前沿科技探索，也是触碰未来的翅膀

乐视控股集团创始人、董事长兼CEO　贾跃亭

祝贺新作《黑科技》在斯坦福大学首发，希望本书的作者们——这群年轻的硅谷技术大咖——能够充分利用黑科技造福更多用户，推动产业发展。祝愿更多的黑科技技术咖，在未来实验室（FutureLabsFL）和未来星球（Future Planet）支持下，创新探索，给我们带来非同一般的科技体验。

在ET时代，纳米技术、基因技术、虚拟现实、器官再生等黑科技的研究和探索尤为重要。对前沿技术的探索，实际上不仅是让人们插上触碰未来的翅膀，更能够诞生很多新的产业和商业模式，推动经济的发展。正是有了这群投身于科技探索的年轻人，未来才更加精彩！

阅读这本书，让我感觉好像生活在另一个新的世界里

著名财经作家、"蓝狮子"出版人　吴晓波

延平是我多年的朋友，也是我非常尊重的互联网专家，我认为他是中国最好的互联网和前沿科技的探索者、践行者和推动者之一。

这一次我们非常有幸作为出版方，与未来实验室（FutureLabsFL）、未来星球（Future Planet）共同努力，促成了《黑科技》这本书在中国的出版。15位技术咖，向我们呈现了很有可能改变我们未来生活的21项前沿科技。

我在审这本书稿的时候，有时候会觉得好像生活在另一个新的世界里。因为它里面提到了许多新的观念，比如机械外骨骼，比如悬浮房屋在未来的可能性，等等。这些变化可能在今天看来还是一些大众非常陌生的实验室产品，但是很可能，仅仅在五年、十年、十五年之后，它们就会成为影响我们生活的非常重要的技术和产品。

非常向大家推荐硅谷技术咖们集体创作的这部新作《黑科技》。

目 录

I

黑科技地图：浮现中的未来星球

FutureLabsFL 未来实验室　胡延平

技术正在经历从"计算"、"连接"再到"智慧"的进化。相对而言，以计算科技为主要表征的 Information Technology 是第一浪，是为 IT；Internet 是第二浪，喜欢大词的业者将这个阶段称之为信息革命之网络革命；现如今，Intelligent Technology 这一浪已然来临，这一浪是新 IT，不是 IT。

连接依然是效率与红利之源，但连接不再是边际效益、外部性、增量、赋能最显著的价值源泉，即使 IoT 未来也是如此，传感、数据、智能才是未来。这种背景下，互联网+虽然创新务实，却可能导致战略跑偏。至于移动互联网、智能互联网等，只是插曲或新阶段到来前的短暂序曲。站在互联网中心论的角度看，中国已经迎头赶上甚至已然超越，成为挑战旧世界的那个新世界，但是站在 Intelligent Technology 角度看，互联网才是旧世界，中国是旧世界里的庞然大物，但旧世界与新世界的时差、代差、落差已然赫然存在。有个报告说根据发表的论文和引用数量，从近两年开始中国、华人已经处于人工智能研究的领先地位，占据半壁江山。并称连白宫报告都对此感到"eclipsed"，可是 AI 不是发 paper，从 FutureLabsFL 未来实验室的 AI 技术地图来看，结论大为不同。不过，国家、地域、产业之争并不重要，重要的是未来星球的创新生态与技术变迁。

新世界的变化正在9个"维度"发生，可以透过9度理论（今次不展开）观察未来：能量密度、数据密度、连接密度、感知尺度、网络尺度、材料尺度、计算速度、移动速度、融合速度。9度渐进、突变甚至跃迁，正在让创新从奔腾走向沸腾，技术使得IT新物种的催生变得像代码编程一样简单和快，创新本身的特性、形态和规律也变得不同以往。而贯穿一切、赋能一切、驱动一切、智慧一切的，是Intelligence。不过，Intelligent Technology智慧科技，远不只是智能，智能也不只是人工智能，AI驱动一切但不是未来的全部。

微分一切，流化一切，重构一切，感知一切，连接一切，智能一切。此时此刻，我们的确站在一个时代和另一个时代、一个生态和另一个生态的分水岭上。

像是一场复杂而又绚丽的化学反应，创新大爆炸的技术进化图景已经跃然眼前。AI方向，开源开放、AI芯片、云端并进……令到业者不仅看到AI的引擎化，更看到AI和数据、传感一起，已然成为下一代信息基础设施的核心部分。无论舆论如何褒贬不一，泡沫论如何甚嚣尘上，新能源技术的强烈闪电已经映入每个人的瞳孔，滚滚雷声已经由远及近。能源传输走向无线，数据传输走向无线只是起点，天空互联、星际互联似乎才是短期内能看得到的网络尽头。计算、网络在基础架构中的位置甚至因此变得不再醒目。无论计算如何速度，无论网络如何泛在，智能、脑以及脑计划才是下一阶段最重要的蓝图，这里不仅指对人脑的探索，更指网脑、智脑的联结成形、日益进化和效能提升。如果说体外骨骼只是人体增强与辅助系统，柔性电子、脑电脑波、脑机接口、生物芯片、类人机器人等则开始间接直接指向人的重塑甚至重生，生命与非生命开始交融，生物与物的边界开始模糊。生物信息科技，更为强悍和迅猛，直指自然人本身，生命解码之后是生命编辑，基因测序之后最赫赫然的是internet of DNA、CRISPR等。纯粹的自然人也许会消失，人的进化和提升已经开始通过科技手段来完成，人的存在形态甚至不必只是自然人。而一个正在反向进行的过程是，Computer Vison、SLAM、AI、传感等又在将感官甚至思维赋予机器人。

　　这不是一场知识大爆炸，也不只是一场信息大爆炸，而是一场技术驱动的创新大爆炸，我们已经进入代际更替意义上的新一轮创新周期。不同部分并非孤立，而是紧密联结互相催化，共同催生技术、产品、企业、产业、组织、经济、社会乃至人本身的渐变创新与突变进化，催化全球范围内新IT不同于传统IT产业的产业转移和产业分工。这就是人工智能、VR-AR-MR、机器人、智能汽车、智能家居、大数据、云计算、无人机、个人飞行器、可穿戴设备、物联网、天空互联网、生物信息、金融科技、3D打印、智能制造、新能源、新材料等世界范围内二十多个智慧科技关键细分领域，黑科技频频涌现的原因。FutureLabsFL与未来智库合作，产生这二十多个关键领域技术产品的黑科技地图，为未来星球探索科技大奖的国际评审廓清视野，提供可资参照的技术图谱。探索创新科技，连接星球未来，未来星球探索科技大奖，浩瀚星河中指向未来的点点微光。

　　面对未来，这个星球上最具智慧的物种心怀希望、兴奋、担心甚至恐惧。即使有网络、智能助力，人类对未来的认知都是如此模糊，更重要的问题是，走到今天这一步，科技、自然、人三个命题不得不放在一起思考和面对。鼓吹无益，只待深究，无论相关主题已经如何热炒，站在认知的角度看，探索未来的过程都只是刚刚开始，无论媒体，无论业者，无论公众。现在远不是止步的时候，更不是下结论的时候，未来星球将会怎样不只是一个话题，更不是一个适合喜新厌旧的话题，而是一个不得不面对且必须要开始正式面对的问题，而技术驱动的多维变革才刚刚开始，每个人对未来的认知与探索都只是刚刚开始，一切才刚刚开始。

　　无论正在实验室里创造发明的人，还是已经写出一行行代码准备要改变世界的人，抑或是准备以创业创新颠覆既有秩序的人，更或者透过媒体舆论来阅读观察理解纷繁变化的人，每个人都是未来星球的探索者，就是《黑科技》出现在您面前的原因。

　　科技创新，需要业者一起探索；技术驱动的种种进化，需要集体智慧认知把握；而未来星球，需要我们共同面对。这才是真的命运共同体。

人体增强

外骨骼、动力机甲，人与智能机器走向"合体"

文 / 任化龙

什么是机器人外骨骼——从科幻到现实

人因为身体的先天限制因素，没法像猎豹一样快和敏捷，更没法像蚂蚁那样扛比自身重好几倍的东西。小时候观看的动画片中，"圣斗士"们穿上"圣衣"后，战斗力激增，能够挫败敌手，维护安宁。不妨设想，有没有类似的装置，人穿上后能变得更强更敏捷，甚至使普通士兵变成神勇无敌的"圣斗士"呢？许多电影里就有类似的情节，比如在影片《极乐空间》(Elysium)中，男主角Max本已因受强辐射而身体虚弱，装上外骨骼后却能够和反面劲敌Kruger肉搏激战；再如影片《明日边缘》(Edge of Tomorrow)中，汤姆·克鲁斯作为人类士兵身穿单兵机甲与外星生物大战；电影《阿凡达》(Avatar)更构想了体型巨大、可让人坐入其中操控的AMP战斗机甲。还有，差点忘了说钢铁侠套装，但是这款装备过于科幻，既能飞又能发射手炮，胸口还有一个一辈子不用交电费的小型核反应堆提供能源。相比之下，还是前面几个比较接地气。

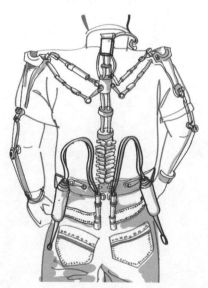

图1 影片《极乐空间》中的男主角Max

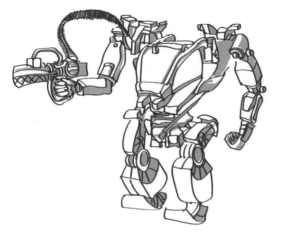

图2　AMP战斗机甲(左)与机械臂(右)

　　够了够了,别提这么多虚幻的电影了,现实中类似的技术到底发展得怎样呢?别急,咱们先介绍下基本概念。其实影片中出现的,穿在人身上的装置叫做机器人外骨骼,它能通过机械系统为人助力,其结构酷似节肢动物(如螃蟹)的坚硬外壳(学名为外骨骼,即骨头长在肉外面),而且在技术上属于机器人的范畴,因此得名。其中偏军用的装置有时也叫动力装甲。而尺寸较大、功能更强的,尤其是人可以坐在里面操控的称为机甲。机器人外骨骼目前主要应用于医疗康复、救援、工程作业以及军事等方面。

　　机器人外骨骼系统一般包括机械结构、传感部分、动力与传动部分、能源部分和控制部分。机械结构为整个系统提供结实的支撑,并通过绑带或其他方式固连在人身上来分担承重以及提供发力的基础。下半身型外骨骼与人身体固连部位主要是腰部和腿部;全身型外骨骼的固连部位除了腿部和腰部,还包括上肢和躯干。传感器和信号处理电路构成了传感部分,以采集人体运动趋势、位姿与力量等信息,为控制部分提供判断依据。动力与传动部分一般由电机、液压元件或气动元件提供驱动力或力矩,再通过传动元件传至机械结构,从而使外骨骼做出动作。多数外骨骼系统会采用电池提供总能源,但现有的电池几乎都不足以维持系统长时间高负荷工作,又不可能过分增大电池容

3

积(过重,且外骨骼有尺寸限制),因此有些外骨骼会采用燃油和小型内燃机提供能源和原始动力。

控制部分的核心是微型电脑与控制软件,它能综合传感部分传来的信息,按照人的意图指挥动力传动部分。下面我们来看看当前世界范围内几个极具代表性的产品。

机械外骨骼代表性产品

日本HAL系列康复／作业用外骨骼

众所周知,日本的机器人行业非常发达,机器人外骨骼技术也不在话下。其中最有代表性的当属日本筑波大学和日本科技公司"赛百达因"(Cyberdyne)联合开发的HAL系列外骨骼。它有两个主要的版本:下半身型HAL-3和全身型HAL-5。其功能定位是辅助行动受障碍的人士,或者助力强体力作业(比如救援工作需要搬开重物)等。

最早的原型是由现为日本筑波大学教授的Yoshiyuki Sankai提出的。早在1989年,他获得机器人学博士学位后就开始了设计工作。他先用了3年时间整理绘制了人体控制腿部动作的神经网络,之后又用了4年时间制作了一部硬件原型机。它由电机提供动力,并通过电池供电。早期版本的重量很大,光是电池就有22公斤,需要2名助手帮助才能穿上,而且要连接至外部电脑,因此很不实用。最新的型号在重量方面有了很大改善,整套HAL-5才重10公斤,而且电池和电脑被集成环绕在腰间。HAL系列外骨骼的控制方式最有意思,不过在深入展开之前,咱们还是先了解下人是如何控制身体运动的吧。

当人想让身体做出动作的时候,脑部会产生控制信号,并通过运动神经传送至相应肌群,从而控制肌肉和骨骼的运动。这些神经信号多少会扩散到皮肤表面,形成表面肌电信号,虽然很微弱,但仍能被电子电路检测到。HAL系列外骨骼通过表贴在人皮肤的传感器采集这些信号,控制外骨骼做出和人相同的动作,从而为人的行动助力。对于身患残疾或肢体运动障碍的使用者,这是很巧妙的办法。HAL系列外骨骼目前已经在医疗机构大量使用,取得了一系列巨大的成功,于2012年12月获得国际医疗器械设计制造标准认可(ISO 13485),又于2013年2月获得国际安全性证书(世界第一款获此

图3 日本HAL-5全身型外骨骼

认证的动力外骨骼),并于同年8月获得EC证书获准在欧洲进行医疗应用(同类医疗用机器人中获准的第一款)。

日本T52 Enryu工程／救援机甲

日本还有个身躯庞大的机甲——T52 Enryu。[1]它高3.5米,宽2.4米,重达5吨。两个胳膊各6米长,总共能抬起1吨重的负荷。强大的力量来源于液压驱动,而能源是柴油。它可由人坐在里面直接操控,也可远程遥控(装有摄像头辅助)。它于2004年由日本机器人公司TMSUK主要开发,设计目的是用于灾难救援,如地震、海啸和车祸等,由于其远程可控性,尤其适合代替人进入危险的环境。它还能操作工具切割金属等材质,破开车门解救被困人员。2006年,T52 Enryu在长冈技术科学大学接受测试中成功从雪堆上举起一辆汽车。

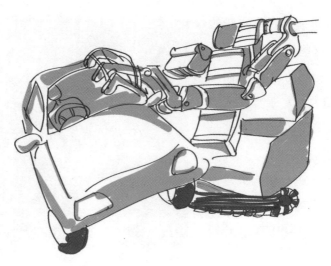

图4　日本T52 Enryu工程／救援机甲正在举起一辆轿车

美国硅谷BLEEX军事／安防用外骨骼

美国硅谷是高科技的聚集地,在机器人外骨骼方面也有相当杰出的成就。加州大学伯克利分校人体工程与机器人实验室开发的"伯克利下肢外骨骼"(BLEEX)[2]可谓是目前已公开的、在军事应用方面技术最领先的外骨骼系统。2000年,它被美国国防高级研究计划局(英文简称DARPA)看中并资助。该项目主要用于士兵、森林消防与应急救援人员,帮助他们长时间背负沉重的武器、通信设备和物资。这些苛刻的应用场合,要求外骨骼系统能提供很强的力量和较长的工作时间、保证机械和控制可靠,重量要轻并且要符合人体工学才能保证动作敏捷和长时间穿戴舒适。

第一台实验样机由双腿动力外骨骼、动力／能源单元和可背负各种物品的与框架构成。为做到力量强劲,BLEEX采用液压驱动,并由燃油作为主要能源;同时电控部分仍由电池供电(官方资料称其为混合动力)。为保证在野外使用可靠,当燃油耗尽时,腿部外骨骼可轻易拆下,余下部分可像普通背包一样继续使用。2014年11月,第一台实验样机成功亮相,试穿者身背重物却只感觉像几磅重,并能较灵活地蹲、跨、走、跑,跨过或俯身钻过障碍,以及上下坡。

BLEEX 的控制方式是一大亮点。传统检测表面肌电信号的方式比较适合身患残疾或具有肢体运动障碍的使用者,但其最大的问题在于传感器需要和皮肤密切接触,而且信号采集并不总是可靠(比如流汗状态下,传感器就没法紧贴皮肤;而且会改变信号通路的阻抗,信号检测就会不准确),显然不适用于军用这类对可靠性要求较高的场合。因此 BLEEX 另辟蹊径,采用力反馈的方式:当人腿部开始产生动作的时候,这个力量会带动腿部外骨骼一起产生相同的运动趋势,装在外骨骼上的传感器会敏感地捕捉到这个趋势并驱动外骨骼做出顺应这个力的动作,从而增

图 5 美国 BLEEX 军事 / 安防用外骨骼

强力量。不过此方法也不完美,因为要求穿戴者先做出动作趋势,外骨骼才能跟着加强这个动作,当穿戴者做出快速或者高难度的动作时就会有阻碍或滞后感,而且也不适用于截瘫截肢的患者使用。

Bra-Santos Dumont 外骨骼让巴西截瘫少年在世界杯上开球

2014 年 6 月 12 日,圣保罗举行的巴西世界杯开幕式上,一名瘫痪少年在名为"Bra-Santos Dumont"的脑控外骨骼的帮助下开出了激动人心的第一球。这款脑控外骨骼是国际"再次行走计划(Walk Again Project)"[3]的一个研究成果,由杜克大学教授 Miguel Nicolelis 领导。其灵感来自于 Miguel Nicolelis 教授的

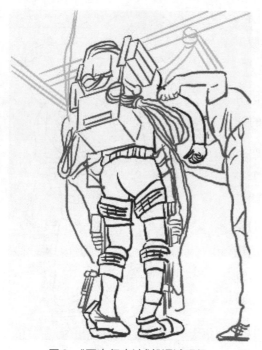

团队在2013年进行的一项实用且有趣的实验,他们开发出一套算法,能帮助恒河猴控制两只虚拟手臂。这款脑控外骨骼系列通过穿戴者佩戴的特殊"帽子"接收脑电波信号,通过装有动力装置的机械结构支撑这名少年的双腿,并帮助他的腿部运动。研究小组为外骨骼安装了一系列传感器,负责将触感、温度和力量等信息反馈给穿戴者,穿戴者能够感知是在何种表面行走。Miguel Nicolelis教授在接受法国媒体采

图6 "再次行走计划"调试现场

访时表示:"外骨骼由大脑活动控制,并将信息反馈给穿戴者,这还是第一次。"

值得一提是,相比于前面提到的检测表面肌电信号和基于力反馈的两种控制方式,该外骨骼的控制方式特别适用于佩戴者身体已经截瘫或失去下肢的情况。这是因为穿戴者已经无法产生动作以提供力反馈,(截瘫患者)也没法形成表面肌电信号。但它也有缺陷,目前能够识别的脑神经信号是很有限的,而且难以保证信号检测准确。此外,这种方式需要将电极植入头皮或脑内,具有一定的创伤性。

中国自主研发的认知外骨骼机器人1号

中国在机器人外骨骼领域也占有重要的一席。在中科院常州先进制造技术研究所,有一款外骨骼在研发调试阶段。它名为EXOP-1(认知外骨骼机器人1号),[4]目前只有下半身,主要结构由航空铝制成。双腿的髋关节、膝关节和踝

关节各有1个电机驱动（共6个），共装有22个传感器以及一个控制器，并由电池提供能源，在人腰部和腿部共有9处固定带。该外骨骼自身总重约20公斤，计划承重70公斤。它的控制方式和BLEEX很接近，都是基于力反馈预判人的动作趋势。中国正在研发外骨骼项目的机构中，已公开报道过的，还包括中科院合肥智能机械研究所和解放军南京总医院。

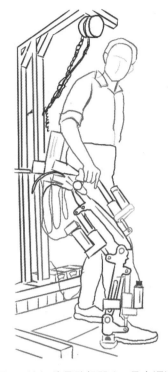

图7　认知外骨骼机器人1号在调试中

俄罗斯和以色列的医疗康复用外骨骼产品

医疗用外骨骼能为行走不便的老年人、下肢残疾或瘫痪人士带来重新行走的希望。这方面，除了先前提到的日本HAL系列外骨骼[5]，俄罗斯的ExoAtlet康复用外骨骼也已进入临床测试并准备商业化。以色列ReWalk Robotics公司同样看准了这块市场，更是已经成功在纳斯达克上市。相比于军事和救援应用，这类医疗康复用外骨骼的机械结构和控制原理更简单，易于批量生产，而且价格更易被消费者接受，能满足重要需求且需求群体基数大，既接地气又不失技术壁垒，很受创投资本青睐。

目前存在的问题与未来发展趋势

前面提到的这些机器人外骨骼和机甲，它们的动力装置无非是电机、液压或气动元件等。这些动力元件要想产生足够大的力量，尺寸也必须做得较大，自重也跟着变大了，而且工作时还常有难以忍受的噪音。现有可用于机器人的各种电池的续航力也还很低,设计时也需平衡容量、尺寸和重量等因素。这些核心元件的问题,是当前所有实体机器人系统都要面临的,而且属于产业级别的瓶颈。在瓶颈解决之前,目前各家外骨骼产品的主要看点集中在系统集成优化程度(外观、尺寸、重量、续航力、价格、可靠性、力量与敏捷度之间的平衡)以及控制方式上的创新。

这个瓶颈同样也制约了机器人外骨骼在军事方面的实际应用。几年前就听说战斗民族俄罗斯在开发炫酷的单兵外骨骼系统,但至今也没看到确切消息。不过可以肯定的是,由于巨大的军事应用潜力,大国们不会在这个领域甘于落后。当硬件的技术瓶颈和成本逐步降低后,军用外骨骼会逐渐成为现实。民用级机器人外骨骼也有望进一步大规模商业化,尤其是在医疗康复方面。老年人的行走助力是一个正在逐步扩大的市场,会有越来越多的人有能力购买并愿意使用机器人外骨骼。

外骨骼还可用于虚拟现实交互、动作类游戏。穿戴者能够通过外骨骼感受到触感、力量感,从而体验近乎于现实世界的反馈。举例来说,在模拟射箭游戏中,当玩家模仿拉弓的动作时,手臂和背部的外骨骼会施加一定的阻力,让玩家体验弓的张力。类似的游戏场景还有打高尔夫、模拟拳击对战等。甚至可以通过外骨骼主动做出动作来帮助玩家或运动员学习正确的动作。若外骨骼系统的成本能够大幅降低,并且虚拟现实技术进入成熟阶段,这二者结合形成的娱乐体验场景将是一个极为广阔的市场。

雷达照进商业

不只是隔空操作，更是视觉与交互的颠覆性改变

文 / 顾志强

　　说起雷达,人们一般会联想到巨型天线,或者各类军用的笨重装置,似乎和日常生活关系不大。然而2015年在谷歌I／O中亮相的Project Soli迷你雷达(图1),令人眼前一亮。该雷达可以捕捉手指的细微运动,隔空通过手势控制手表屏幕翻页,甚至通过变化手指与屏幕距离实时改变UI(用户界面)元素,好像巫师施展魔法一般。更有趣的是,该雷达芯片以及全部天线合成在一起也不过指甲般大小,这样的尺寸,使得它完全可以嵌入可穿戴设备以及其他各种微型装置中,其商业应用也让人充满了想象。说到雷达的应用,涵盖军事、科研、家居、娱乐等多个领域,各种新功能也是层出不穷,令人眼花缭乱叹为观止。本文将分几节跟大家详细聊聊雷达背后的原理及其商用前景。

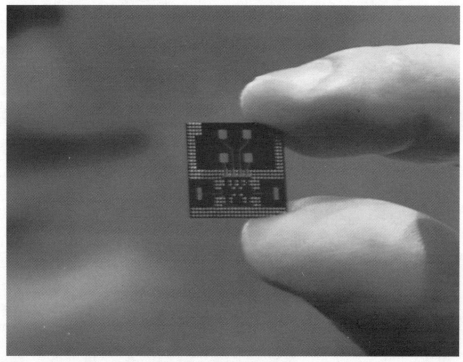

图1　Project Soli 迷你雷达

雷达的前世今生

雷达,英文叫Radar(<u>RA</u>dio <u>D</u>etection <u>A</u>nd <u>R</u>anging),其基本原理是利用发射"无线电磁波"得到反射波来探测目标物体的距离、角度和瞬时速度。雷达的雏形在自然界早已存在:比如蝙蝠或者海豚便是利用声音的反射波(也称声呐)定位。与声呐所不同的是,雷达使用的是电磁波。它不需要媒介的存在,就可以在真空中工作无阻。

19世纪中叶,麦克斯韦建立了电磁场方程,为整个无线通信以及雷达应用奠定了理论基础。该方程完整地描述了电场的变化如何导致磁场的变化,磁场的变化又如何导致电场的变化,从而产生了所谓电磁波概念。随后不久,赫兹就通过实验证实了电磁波的真实存在。1904年,Christian Huelsmeyer(见图2)首先提出将电磁波应用于雷达,利用电磁波反射来探测海面上的船只。1922年,无线电之父马可尼(Guglielmo Marchese Marconi)也将雷达的概念完整地表述了出来,他们都可以算作现代雷达的开山鼻祖。

雷达技术真正突飞猛进,是在第二次世界大战时期。这个时期无论英美

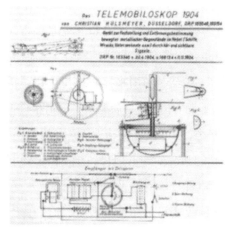

图2 Christian Huelsmeyer(右)和他发明的第一款用于检测海面船只的雷达(左)

图3　左：德国第一款量产的安装在舰艇上的军事雷达Freya；右：英国的CHAIN HOME 雷达系统（左手边是发射塔，右手边是接收塔）

还是德国都在积极研制更精准的雷达用以实时定位对方的飞机船只。如图3所示，德国的Freya雷达以及英国的CHAIN HOME雷达阵列都是比较早期投入军事侦察的应用实例。这些军事雷达对于第二次世界大战的走势和战局都起到了关键性的作用。战争的较量，在很大程度上即是战争背后各国军事科技的较量。能够提前掌握对方的军事动态并且做出预判，从而有效干预，是战场上的制胜法宝之一，所谓知己知彼方能百战不殆。

　　二战后，原本只是用于发现和跟踪导弹的雷达就没有了太多用武之地。于是许多雷达技术就逐步从军用转为科研和民用。比如卫星遥感雷达、气象雷达、深空探测雷达、警察在高速公路旁经常使用的测速雷达、生命体征检测雷达、探地金属雷达、穿墙透视雷达等，甚至专门用来接收外星人讯号的雷达，不胜枚举，各类应用简直可以汇总成一个雷达"百货店"了（如图4和图5所示）。随着天线尺寸和芯片的极度缩小，在可预见的未来，更多的雷达设备将会以微型器件面世。就比如前文提到的Project Soli项目，它们能嵌入可穿戴设备，成为物联网的一类重要传感器。随着技术的普及，也将逐渐走入寻常百姓家，为人们的生活起居带来方便。这种改变是革命性的改变，原因在于雷达具有许多其他技术无法替代的功能。

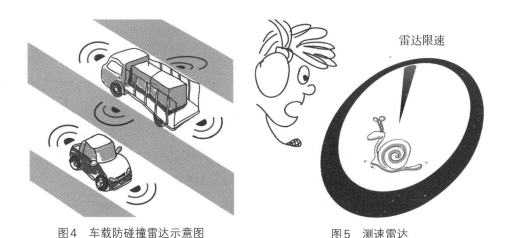

图4 车载防碰撞雷达示意图　　　　图5 测速雷达

雷达基本特性

相比于其他隔空检测或者体感技术,例如体感相机、超声波等,雷达有着一些天然优势:首先是稳定性强,无论白天黑夜、暴晒寒风,雷达皆可正常工作;其次是制造起来相对容易且硬件成本低;最后是功能强大,高频雷达测量物体距离通常可以精确到毫米级别;而低频雷达则可以做到"穿墙而过",完全无视遮挡物的存在。这些特性让雷达,尤其是微型雷达,在未来都有着广阔的应用前景。

电磁波频段与选择

首先要解释的是电磁波频率本身。一般雷达工作的频段从3MHz到300GHz不等。不同频率的电磁波易受到大气环境的影响。大气中的水蒸气和氧是电磁波衰减的主要原因,当电磁波频率小于1GHz时,大气衰减可忽略。一般规律是:频率越高,传输损耗受天气影响越大。所以低频波段比较适合远距离物体探测,但是精度不高;高频波段定位精度较好,但是作用距离较短。需要按照不同应用场景来选择相应的频段。

15

就拿谷歌的Project Soli来说,它的中心频率选择在61.25GHz左右。如此选择的好处是该频率可以捕捉到细微的手指动作,精度可以达到mm(毫米)左右。但是由于低功率的需求,Project Soli的作用范围不超过1米。同时该频段(61～61.5GHz)属于ISM(Industrial, Scientific, and Medical)频段,不需要特殊执照就可以免费使用。关于频段的使用,各个国家都有着严格的规定,对于商业用途而言,购买某一个特殊频段的使用权通常要花费巨大资金参与竞标,动辄数十甚至上百亿美元。所以免费范围的ISM频段通常是商业雷达的第一选择。频段选择是一个非常复杂的话题,这里就不详细叙述了。有兴趣的朋友可以参考相关的规定,比如美国的FCC Regulations(联邦通信规则)[1]。

透视眼与多路径效应

很多人认为雷达可以轻易地越过障碍物,穿透云层、墙壁和人体。这点并不完全正确。雷达是否能穿墙隔空探测物体,取决于墙本身的材料以及雷达频率的选择。首先是频率:3GHz的电磁波能穿透10cm厚的墙,而60GHz雷达如Project Soli雷达恐怕连一张薄薄的纸都无法穿透。此外墙本身的材料也很重要,同样是10cm厚的墙,如果是一般的土砖或者木头制成的,就很容易穿过,而铁墙就难以逾越(如图6所示)。

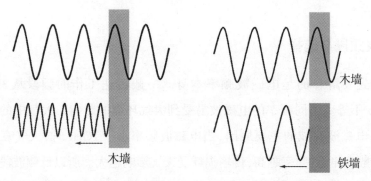

图6 左:相比高频波,低频波更容易穿墙而过;右:电磁穿透力同时取决于阻挡物使用的材料

相对于穿墙,雷达波有时却可以"绕"过墙看到墙背后的物体,这其实是利用了电磁波的多次反射(Multipath,也称作多路径效应)。在某些特定的场景中,它可以成为雷达的一类特殊应用,比如利用多路径效应来检测视线不可及之处有否藏有异物。当然有时也会出现"Ghost",也就是噪音,雷达会探测到一些根本就不存在的物体(Ghost object),这往往也是由于多路径效应造成的(如图7所示)

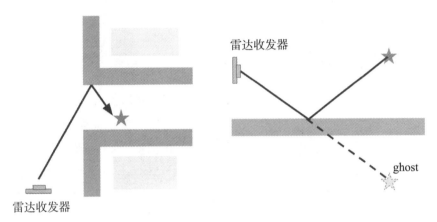

图7 左:电磁波有时可以"绕墙而过"看到隐藏在墙背后的物体;右:多路径效应有时会令雷达误以为识别了不存在的物体;解决的方法通常是在信号处理层检查返回信号的强度以及相位差来判断该反射信号是否来自真实存在的物体

天线与发射信号图样

一般电磁波是以球面波或者至少在某一个平面上均匀地向外辐射出去的(omnidirectional),这对于一般通信而言是极好的,因为它可以保证通信在各个方向上都畅通无阻。然而对于雷达的特定功能来说就显得不够了,通常雷达需要能够将电磁波朝某个方向上发射出去,这样才能"有的放矢"。而这就需要特殊的有向天线设计了。

在给定发射频率情况下,天线的有向性(即波束发散角度)同天线的面积成反比。这也就能解释为什么深空探测的雷达天线要做得那么大。天线设计本身是一门非常精深的学问，我们这里的介绍只是抛砖引玉。值得一提的是，一般的有向电磁波发射的图样长得如图8所示。它通常有一个突起的主轴（main lobe）和周围的一些小突起（side lobe）。主轴的宽度决定了天线的波束宽度，而周围的小突起则一般作为噪音来处理。

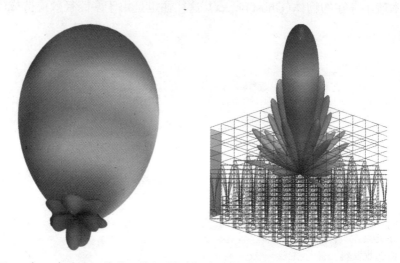

图8　左：一般有向天线的三维电磁辐射图样。基本的图样是一个主轴附带一些小的突起。主轴的宽度决定了天线的有向性。比如该图的波束宽度大约在60度左右。可以通过增大天线面积，增多发射器的个数，或者提高发射频率来减小波束的宽度。右图展示的是通过使用多个发射器来合成一个方向性更好的天线（波速宽度大约在20度左右）

　　一个有效减小波束宽度的方法是使用多个电磁波发射器来合成一个窄波束的雷达，如图8右图所示。这种方法也称作波束成形（beamforming）。

雷达的组成

　　雷达一般由发射器、接收器、发射／接收天线、信号处理单元，以及终端设备组成。发射器通过天线将经过调频或调幅的电磁波发射出去；部分电磁波触碰物体后被反射回接收器，这就好比声音碰到墙壁被反射回来一样。信号处理单元分析接收到的信号并从中提取有用的信息，诸如物体的距离、角度以及行进速度,这些结果最终被实时地显示在终端设备上。传统的军事雷达还常配有机械控制的旋转装置用以调整天线的朝向,而新型雷达则更多通过电子方式做调整。

为节省材料和空间,通常发射器和接收器共享同一个天线,方法是交替开关发射或接收器避免冲突。终端设备通常是一个可以显示物体位置的屏幕,但在迷你雷达的应用中,更多是将雷达提取的物理信息作为输入信号传送给诸如手表等电子设备。信号处理单元才是雷达真正的创意和灵魂所在,主要利用数学物理分析以及计算机算法对雷达信号做过滤、筛选,并计算出物体的方位。在这基础之上,还可以利用前沿的机器学习算法对捕捉到的信号做体感手势识别等。

测距与测速

目前雷达的基本功能仍然是测距和测速。例如警察执法中通常会使用测速雷达来判断车辆是否超速。测距和测速背后的基本原理并不难理解。就拿测距来说吧,最简单的做法就是发射一个脉冲波,并等待其返回接收器。因为电磁波是以光速行进的,那么通过测量等待时间就可以间接地获取距离啦(如图9所示),是不是很简单呢?

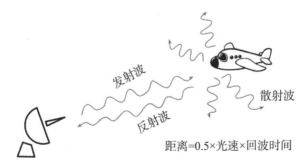

距离=0.5×光速×回波时间

图9　电磁波遇到障碍物后,大部分能量散射到空间各个角落,小部分能量被反射回接收天线。通过精确测量发射到接受回波的时间,就可以推断雷达到物体的距离。

当然,发射脉冲对于发射机的峰值功率有较高要求,并且电路实现相对复杂。比较普遍的低功耗获取距离信息的方法,是对发射信号的频率做调制。此类雷达的专业术语叫作FMCW(Frequency Modulation Continuous Wave,调频连续波),操作方法是发射一个线性调频信号(chirp),其波形见图10。因为频率与距离的关系是线性的,通过检测反射波与发射波当前的频率差异即可推断物体的距离。笔者估计谷歌 I / O 发布的Project Soli就是一款基于FMCW的微型雷达。FMCW在目前的商用中是极其普遍的,主要源自于它对带宽要求低、功耗较低,以及电路设计相对容易实现。除此之外还有超宽频(UWB)雷达,在此就不多介绍了。

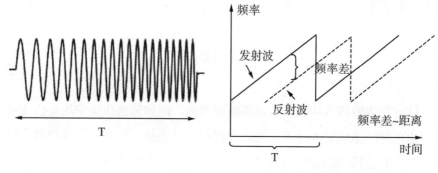

图10　线性调频信号波形(左);通过反射波与发射波的频率差可推测物体距离(右)

雷达的另一项优势是可以测量物体的瞬时速度,这就要提到物理中鼎鼎大名的"多普勒效应"了。其大意是说,反射波的频率会因为物体行进的速度改变而改变。一个经典的例子是有关声波的传播。远方急驶过来的火车鸣笛声因为火车速度变快而变得尖细(即频率变高),而远去的火车鸣笛声因为火车速度变慢而变得低沉(即频率变低),见图11。那么,利用此规律,只需洞悉了频率变化就可以推断物体的速度了!事实上,上面提到的FMCW雷达可以同时提取物体的距离和速度,可谓一箭双雕。具体的算法细节可以参考文献[2]。

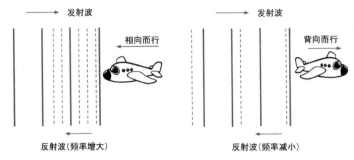

图 11 多普勒效应演示:反射波的频率因物体速度大小和方向不同而改变

手势识别

前面所讲的测距或者测速都把物体想象成一个抽象的点。而真实的物体,如人的手则可以认为是一堆三维点的集合体。将雷达用于近距离识别各类手势是一个较新的研究领域。在这之前很多人都尝试过使用相机来做手势识别,问题是相机成本较高,需要一个较好的镜头才有可能实现,同时耗电量较大,并不适合放置在可穿戴设备上。而微型雷达在理论上可以做到低功耗、低成本,镜头也不会突兀在设备外面。

从 Project Soli 公开的资料来看,它主要是通过分析雷达反射信号在时间轴上的变化来区分不同的手势,这些手势可以是微小的手指舒张缩放、手掌的张开合拢,或者是手指的前后位置摆放。一些比较自然的手势参见图 12。

图 12 Project Soli 雷达试图训练的不同手势

雷达的反射波中已然蕴藏了手上许多个点的距离与速度信号。同时呈现这些信息的一个好方法叫作距离—多普勒映射(Range-Dopler Map),简称

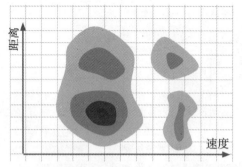

图 13　距离-多普勒（速度）映射的等高线
表示示例：每一个单元值代表了反射波中具有对
应距离和速度的点的集合的反射能量。该映射
可作为特征向量用于机器学习识别手势动作

RDM（如图 13）。RDM 中的横轴是速度，纵轴是距离。它可以认为是一张反射波能量的分布图或概率图，每一个单元的数值都代表了反射波从某个特定距离到达以某个特定速度的运动的物体，所得到的反射波能量。利用 FMCW 雷达构建 RDM 是极其容易的，只需要通过二维的傅立叶变换即可。RDM 中已然可以窥见探测物体的特征运动身形。基于 RDM 及其时间序列，我们可以采用机器学习的方法识别特定的能量模式变化，进而识别手势及动作。其实在 Project Soli 推出之前，Nvidia（英伟达）也做过和 Soli 十分类似的研究。[3]

相位阵列与定位

除了简单的手势识别之外，雷达还可以用来定位。无论测距、测速，或者手势识别，都不能精准地指出物体所在的三维位置。要实现定位也不难，最简单粗暴的做法就是利用一个有向天线和一个机械旋转装置，通过不停地旋转天线来扫描天空的各个位置。

这种通过机械方式旋转天线的方法，对于移动产品来说显得很笨重，耗电量大且不方便。一个聪明又有趣的解决办法是通过"相位阵列"以电子的方式调控天线的合成方向，也被称为波束成形。其主要原理是使用多个发射器，通过调整波形的相位和波形间的相长和相消干涉（constructive and destructive interference），来控制合成发射波的朝向。更简单地说，就是"打时间差"。为便于理解，不妨想象一下水波之间的干涉条纹（如图 14 所示）。如果可以自由任性地调整天线朝向,再配合上测距的原理,雷达就可以实现自动定位啦!

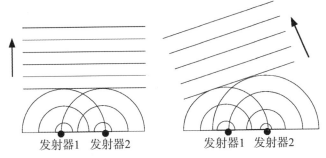

图14 波束成形演示:通过调整不同发射波的相位(时间差)来模拟天线朝向

定位的另一个常用方法是使用多个接收器!因为多个接收器收到的反射波的相位略有不同,通过测量它们之间的相位差即可做定位。从介绍上看,谷歌新款的迷你雷达Project Soli拥有2个发射器和4个接收器,这样就可以同时利用波束成形和相位差的方法做手掌的定位、跟踪和手势识别。

雷达的其他各类神奇应用

照妖镜

Xethru公司提供的利用雷达隔空探测呼吸节律的方法,和Project Soli雷达有着本质的不同。Xethru雷达基于的是超宽频技术,而Soli雷达使用的是窄频技术。超宽频雷达通过发送与接收非常短的脉冲,可以探测极其细微的动作。一般而言,雷达能够感知的动作细微度与使用的带宽成反比,Xethru使用的3.1~10.6GHz的频段,将感知精度又带入了一个新的层次。该频段的电磁波可以轻易穿透墙壁或者衣服,甚至可以隔空检测人的心跳。假想不久的将来,警察局里将用上新型雷达测谎仪,隔空测心跳来判断嫌疑犯是不是在撒谎;相亲派对上的技术宅男们,也能通过雷达判断对面的美女是不是对其有意而"怦然心动",采取行动猛烈追求……目前Xethru的最大问题是如何在人移动的情况下检测呼吸状况。根据笔者推算，它目前的应用场景可能还是在假定人在静止不动的情况下。当然，即使如此也不错了，至少可以做到像巫师的"照妖镜"，隔空区分"是人是妖"吧。

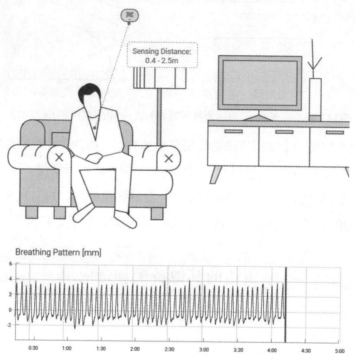

图15　Xethru的雷达技术可以在隔空情况下检测人员的呼吸状态。图片来源：https://www.xethru.com/

掘金机

探地雷达也是一项很有意思的发明，它可以利用电磁波穿透土壤的特性，窥探泥土底下隐藏着什么不可告人的秘密，电影《侏罗纪公园》中就有这样一个应用场景（如图16所示）。除了发现地底下的管道、化石，据说还有人发现了金子哦！如果你家里有一个小院子，不妨试试看，说不定有惊喜。

图16　探地雷达：电磁波穿透岩土遇到不同的物体比如水管、岩石、化石，或是金子会反射回来。该图选自《侏罗纪公园》，男主人公在领导一个小组勘探恐龙化石

磁力魔法

从漂浮滑板到悬浮住宅,技术创造奇幻真实

文 / 高　路

《回到未来》三部曲中的第二部上映于1989年感恩节期间。这部电影讲述了男主角马蒂和疯狂科学家布朗博士从1985年穿越到2015年（也就是本书出版年份的前一年），而后又穿越回1955年，以及这段奇妙的经历如何影响了他们在1985年的生活。电影深入浅出地解释了时空因果效应，情节妙趣横生，一时风头无双。即使在二十多年后的今天，我们依然可以在百思买的货架上直接买到《回到未来》三部曲的DVD（数字激光视盘），可见这部电影在影迷心目中着实经久不衰。

多年后重看这部电影，最为有趣的一件事情是看20世纪80年代的美国人如何脑补美国在2015年的景象。其中不乏充满调侃意味的搞笑，比方说2015年的年轻人以把兜掏出来穿衣服为时尚（事实证明我们今天不这么穿），通货膨胀如此之高以至于一杯百事可乐要卖50美元，或者是耐克发明了可以自己系鞋带的运动鞋。但也有不少当年的天方夜谭在今天已经成为现实，比方说电影中的可视电话就是我们今天用的FaceTime。不过，真正让我们这一代科幻迷梦寐以求的却是一种叫作悬浮滑板（hoverboard）的交通工具。

顾名思义，悬浮滑板摒弃传统的小轮支撑，而通过其他反重力手段使滑板悬浮于空中（如图1所示）。电影中最为经典的桥段，是几个反派配角和男主角在街头乘悬浮滑板追逐的场景。在第三部中，疯狂科学家布朗博士更是在悬浮滑板上抱得美人归。

图1　悬浮滑板示意图

导演自然不用去关心悬浮滑板的物理原理和工程实现,但是这种即使在今天看来都"黑"到骨子里的技术却让广大观众非常着迷,尤其是那些喜欢科幻电影的科学家和工程师总是跃跃欲试想把这项技术从银幕上搬到现实之中。事实上可随身携带的悬浮(或者说反重力)装置是人类普遍的夙愿,从影视作品中就可见一斑,例如《哆啦A梦》中的竹蜻蜓,《阿拉丁》中的飞毯,《007之雷霆万钧》中的喷气背包。在《回到未来2》上映后的二十多年里,不断有公司声称自己开发出了悬浮滑板,可惜都被证明是欺世盗名之举。类似的技术和产品倒是已经存在,例如Martin Aircraft Co.推出的个人喷气式飞行器,或者Jet-Flyer推出的喷水式飞行器。但是,这两类产品价格昂贵,操作复杂,还需要经过专业训练才能操作,稍有不慎就会受伤甚至机毁人亡,因此离成为大众消费品还有很远的距离。

我们不妨先后退一步,暂时不要求飞得那么高那么快,先着手于一些简单如悬浮滑板这样的小系统,那么便携式反重力系统的开发和推广就会在一个更为可控的范围之内。物理学中的迈斯纳效应和楞次定律均为反重力系统提供了具有高可行性的解决方案。其中迈斯纳效应是一种量子物理学现象,涉及高温超导;而楞次定律是一种经典力学现象,涉及电场和磁场之间的相互转化。这两种方案呈现了诸多精妙绝伦的物理学原理,而工程实现却又足够简单、廉价,所以相信在不太久远的未来,一些人家的后院、学校的操场或者是小区旁边的公园,就会在传统滑板滑道的旁边架起悬浮滑板滑道,以供人们便捷地体验飞翔的感觉。我也相信,这些玩家中不仅会有年轻人,更会有像我一样的中年人,因为我们玩的不仅仅是黑科技,也是童年的梦想。

后院里的悬浮装置:Lexus vs. Arx Pax

我学医学的太太只能记住我专业领域的一件事情,就是我总喜欢自诩为Magneto(万磁王)。她每每看到磁学的新闻就会跟我提一下。就在2015年6

月末的时候,她小心翼翼地告诉我悬浮滑板的原型样机已经试验成功,而且是由著名的 Lexus(雷克萨斯,对于我们这一代人来说更乐意称之为凌志)车厂推出,利用的就是磁性。作为一个既热爱磁学又热爱电影的人,十分痛心自己错过了一次创造历史的机会。后来仔细看了 Lexus 的广告,略觉欣慰,因为 Lexus 并不是要推出悬浮滑板,而是用其作为一种噱头来卖车。图2(左)为 Lexus 研发的悬浮滑板示意图,广告中主人公脚踏悬浮滑板飞跃 Lexus 在2015年推出的新款车。请注意滑板的两侧在冒白烟,我将在下一节解释原因。

这个广告的设计非常精巧:其一,Lexus 在美国首次亮相并推出了第一款车正是《回到未来2》上映的那一年,即1989年;其二,2015年距《回到未来1》上映正好三十周年;其三,当年看《回到未来》那一代的年轻人(也就是最迷悬浮滑板的那一代人)现在处于35岁到45岁之间,最有消费能力去购买 Lexus 的新款车。所以 Lexus 就利用这一代消费者的群体记忆制作了这个广告,并且提出了一个口号叫作"Amazing in Motion"。这无非是在暗示,即便今天你还买不到一个悬浮滑板,但是你却可以买到一辆 Lexus 的车,圆一个儿时的悬浮梦。

图2 冒烟的悬浮滑板(左)与不冒烟的悬浮滑板(右)

本着工匠精神我做了更为彻底的搜索,发现自己真的错过了创造历史的机会。一家地处硅谷圣克拉拉市(Santa Clara)叫作 Arx Pax 的公司已经推出了用于个人娱乐的悬浮滑板,也应用了磁性原理。这款产品叫作 Hendo,来自于公司的创始人 Greg Henderson 的姓氏。图2(右)所示为 Hendo 的原型样机示意图。请注意这款产品没有在冒白烟，原因也会在下一节解释。

Henderson的个人经历颇具传奇色彩。此人西点军校工程系出身，十年军事生涯，退役后一直在美国顶尖的建筑事务所工作，一直做到合伙人，而后来到硅谷创业。他的公司仍然处于初创阶段，不过30人左右的规模，却集中了毕业于美国最顶尖院校的工程师和设计师。在我看来，他们是一群天才的梦想者，也将是新一代娱乐方式的创造者。

然而对于Henderson来说，悬浮滑板仅仅是开胃菜，"空中楼阁"才是他的终极目标。也就是说，个人娱乐产品远远不能满足Henderson的野心，从根本上颠覆建筑业才是他真正的着眼点。根据他的网站说，有一天他在遛狗的时候思考了这样一个问题：如果我们可以实现磁悬浮列车，为什么不能建造磁悬浮房屋？[1]

可是为什么要建造磁悬浮房屋呢？

为了抵抗地震和洪水。

我客居美国多年，辗转于东北、东南和中南诸地，最近才搬到了位于西海岸的硅谷。个人认为在这所有的地方之中，硅谷的自然环境是最差的——常年干旱植被荒芜倒也罢了，更要命的是旧金山地区处于地震带上。君不见好莱坞电影中，纽约往往毁灭于外星人入侵（例如《复仇者联盟》），而加州往往毁灭于地震（例如《末日崩塌》和《2012》）。虽然电影中描述的那种毁灭性的地震百年难遇，但是各种小震从不间断。美国的住宅以一两层的木质结构居多，抗震性较差，轻则裂缝，重则倒塌，更难以抵抗大地震。另外一项美国居民常见的灾害是洪水，例如2005年袭卷美国南方诸州的卡特里娜飓风便引发了洪灾。有调查显示，在美国每年由洪水引发的经济损失在20亿到40亿美元之间。[2]居民的损失往往是双重的：其一为直接经济损失；其二是在灾难过后，房屋保险会大幅提高，长远来看，这也是一笔巨大的花销。

然而从另外一个方面来看木制房屋，其轻便的特点又可以加以利用。Henderson认为磁力既然能够托起磁悬浮列车这样沉重的钢铁结构并且使之高速行驶,那么为什么不能托起比磁悬浮列车轻便得多的住宅呢? 一旦住宅和地壳之间存在一个缓冲层,那么地震波就无法直接作用于住宅之上,而是被缓冲层吸收,这样就能确保建筑物的安全。更进一步讲,如果加大磁场(例如另加一个由电流控制的电磁铁),就可以把房屋升得更高一些,洪水就不会溢进屋了。图3为这项技术的示意图。Henderson认为磁悬浮是最为高效、简易并且廉价的方法来形成并保持这些缓冲层。

当我读完Henderson的这项专利书之后,只觉得这恐怕就是磁学极致"暗黑"的应用了吧。

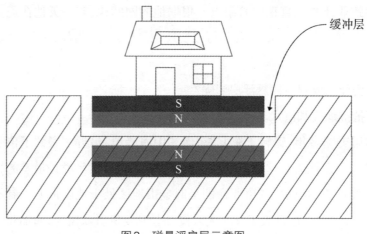

缓冲层

图3 磁悬浮房屋示意图

磁悬浮背后的博弈:迈斯纳效应 vs.楞次定律

Lexus和Arx Pax虽然都创造出了悬浮滑板,但应用的物理原理并不相同。前者为迈斯纳效应,涉及高温超导,是一种量子力学现象,需要在低温条件下实现;后者基于楞次定律,可在常温下实现,是一种经典电动力学的现象。简单来说,日本的磁悬浮列车采用超导悬浮技术,利用了迈斯纳效应;而中国浦东机场的磁悬浮列车采用常导磁悬浮,利用了楞次定律。

Lexus的解决方案:迈斯纳效应

　　磁性是一个笼统的概念,里面可细分为很多类,包括顺磁性、铁磁性、反铁磁性、亚铁磁性、反亚铁磁性以及抗磁性等。在日常生活中,我们接触到的磁性以顺磁性和铁磁性居多。我们都知道可以用一块磁铁找到掉在地上的针,就是因为磁铁具有铁磁性,而针则具有顺磁性。[①]图4(a)解释了顺磁材料被磁化的物理过程:磁铁1在周围的空间形成一个磁场的分布,如图中箭头所示;铁制的针感磁,在外加磁场中被磁化产生南北二极,于是成为了磁铁2;顺磁材料磁化的方向总与外加磁场方向相同(这也是顺磁性这一术语的由来),导致磁铁和被磁化的顺磁材料相反的两极总相对,于是异性相吸,一根针就可以被磁铁隔空吸引过来。

　　那么有没有这样一种材料,其磁化的方向与外加磁场相反从而产生斥力? 答案是肯定的,而这种性质就被称为抗磁性。图4(b)所示为抗磁材料的磁化过程。抗磁材料不会被磁铁吸引,反而会被推开。

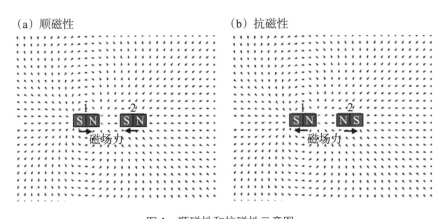

图4　顺磁性和抗磁性示意图

――――――――

　　[①]严格来说针是铁磁材料;然而在日常生活中,针往往仅在有外加磁场时具有磁性,而在没有外加磁场时不具备或仅有极微弱的磁性,因此其行为更像顺磁材料。——作者注

有趣的是抗磁材料并不罕见，只不过在日常生活中时常被忽略。例如铜、铅、钻石、银、水银和铋都是抗磁材料，就连水也是抗磁材料。[3]也就是说，如果我们站在一块磁铁之上，体内的水分子就会和磁铁产生斥力。如果磁铁足够强，就可以让我们也悬浮起来。目前在实验室中，科研人员已经可以让一只青蛙浮于空中。

可是仅依靠抗磁性很难在现实中实现磁悬浮，原因在于上文所列举的抗磁材料对外加磁场并不那么敏感(即磁化率很低)，所以产生的抗磁力往往很微弱。前文所叙能够举起青蛙的磁铁需要有42特斯拉的强度，而一般工业中用的最强的永磁铁，比如钕铁硼磁铁(NdFeB)，其磁场强度也不超过1.5特斯拉。也就是说用普通的磁铁和抗磁材料来实现磁悬浮是不现实的。

那么如何提高材料的抗磁性呢？人们发现超导材料具有巨大的负磁化率，Lexus就采用了高温超导体作为解决方案。超导体简单来说就是电阻为零的导体。电流可以在超导体中无损循环。超导材料往往只能在低温下运作，所谓高温超导是针对绝对零度而言，

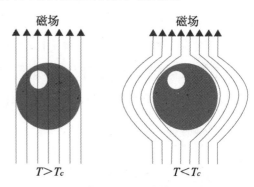

图5　抗磁场和高温超导材料

而不是基于我们日常生活中对温度的感知。已知的高温超导的操作温度至少要低于-135℃。图5为超导抗磁现象的示意图。假设小球为超导材料暴露于外加磁场之中；T_c为超导材料的临界温度。当材料的温度高于T_c时(例如在室温)，小球不显示超导性质，外加磁场穿透小球但是小球没有任何电磁感应(如图5中左图所示)；然而一旦材料的温度低于T_c，小球就会显示超导特性，并产生感应电流。① 考虑到小球处于超导态，电流可以无损循环，而且感应电流

①更严格的名称是涡电流。——作者注

又会诱发另外一个磁场;这个被诱发的磁场总和外加磁场方向相反,因此小球受到的磁力和外加磁场方向总相反,表现为斥力。此时的物理图景就好像外加磁场会刻意绕过小球(如图5中右图所示)。这种现象被称为迈斯纳效应,而我们称此时小球具有超导抗磁性。[4]

图2中悬浮滑板在冒白烟就是因为在滑板中安装了高温超导材料——石墨,并由液氮冷却使其温度低于临界温度,液氮不断蒸发,从两侧泄漏,所以看起来滑板在冒烟。而地面下又铺设了一层磁铁,于是处于超导态的石墨和磁铁之间产生巨大的抗磁力以至于可以支撑起一个人的重量。

如果读者有兴趣,可以自己动手做一个简单的实验,只需一块热解石墨(pyrolytic graphite)、几块磁铁和一些液氮。前两者大概100元人民币就可以买到,液氮可以在大学的实验室或者是液氮冰激淋店得到。试验时先把磁铁静置于石墨之上,再把液氮倾倒于石墨之上,使其冷却到超导临界温度以下,以诱发迈斯纳现象。磁铁和石墨之间产生抗磁力,就会出现如图6所示的磁悬浮现象。

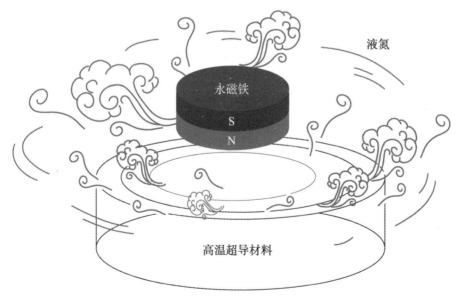

图6　简单的超导磁悬浮实验

Arx Pax 的解决方案：楞次定律

高中物理学是这样叙述楞次定律的：感应电流的效果总是反抗引起感应电流的原因。说得通俗一些，导体感应外加磁场的变化产生感应电流，电流又可以诱发磁场，而被诱发的磁场方向又总和外加磁场相反。也就是说，外加磁场和诱发磁场相当于两块磁铁总是同极相对，于是产生斥力，而利用这种斥力也可以实现磁悬浮。图7所示为楞次定律示意图。当一块磁铁（北极向右，南极向左）向右移动靠近螺线圈时，螺线圈感应到周围磁场的加强产生感应电流；根据右手定则，感应电流诱发磁场。此时等价于磁铁在靠近另外一块北极面左而南极面右的磁铁，并且两块磁铁总是同极相对，于是永磁铁和螺线圈之间产生斥力。

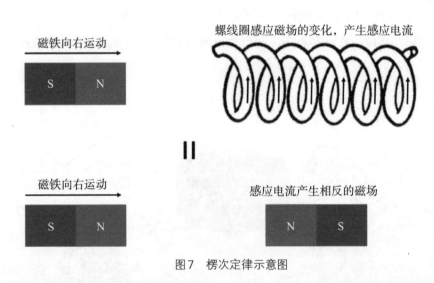

图7　楞次定律示意图

Hendo天才地运用了楞次定律。[5]如图2右图所示，Hendo需要在导电但不感磁的特殊地面上运行，这就排除了不导电的水泥或者是木头，也排除了导电却又感磁的铁质材料。理想的材料是有良好的导电性又不感磁的铜。在Hendo的背面有一套传动装置，简单来说就是一个中心马达带动若干个转子，每个转子安装在由磁铁构成的定子之上。马达开转后,转子切割磁场产生感应电流从而产生感应磁场;感应磁场是时变磁场,和导体地面发生感应诱发第二个感应电流,而该感应电流又诱发第二个感应磁场。在此过程中,两个感应磁场总是同极相对,从而产生斥力。需要读者留意的是,定子提供的磁场是静磁场,与导电但不感磁的地面不能直接产生感应,所以只要马达不启动就不会有任何斥力。唯有转速高于一定阈值时,斥力才足够撑起操作者的重量实现悬浮。

读者还可以做一个简单的验证实验。这个实验需要一个约30厘米长的空心铜管,一块磁铁和另外一块没有磁性的金属小块,如铝块;注意空心半径略大于小块即可。先竖直放置铜管,再把磁铁和铝块分别放入铜管使其自由滑落。虽然铜这种材料不会吸附磁铁,但磁铁下落的速度明显慢于铝块的下落速度。这就是楞次定律的应用:铜管感到周围磁场的变化,产生感应电流,感应电流又产生感应磁场从而对磁铁产生斥力,所以磁铁下降的速度就被减慢了。

"黑"磁性

除了磁悬浮之外,磁性还有着其他五花八门的应用。这一小节将介绍一些有趣的磁学应用和研究领域。

磁性细胞分选技术

细胞分选对于生物研究、生物医学工程和临床医学都是不可或缺的步骤。以骨髓移植手术为例,骨髓捐献者所提供的样品包含多种细胞,不能直接用于移植,需要先把骨髓细胞隔离出来进行纯化和培养,否则会发生危险的排异现象。于是细胞分选便成为了骨髓移植中异常关键的一步。人类细胞非常小,直径在5~10微米,传统的操作和工具难以进行分选,此时就要引入纳米技术。总体来说荧光分选(Fluorescent-Activated Cell Sorting,简称FACS)和磁性分选(Magnetically-Activated Cell Sorting,简称MACS)是最为主流的手段,而且都需要具有生物兼容性的纳米粒子(biologically compatible nano particle)。在美国,磁性细胞分选因为能够保证分离腔不受过去样品的影响,是最为广泛应用于临床的分选手段。具体来讲,很多细胞在其表面会具有一些特定的分子,即分化簇(Cluster of Differentiation,简称CD)。以从血液样品中分离淋巴细胞为例,其基本步骤如图8所示。某些淋巴细胞的分化簇为CD12,于是我们可以方便地在顺磁纳米粒子表面植入CD12的配体(ligand),再将这些纳米粒子和细胞样品混合。因为一种分化簇只和特定的配体结合(类似于抗体和抗原),所以血液样品中那些具有CD12的淋巴细胞会被磁性纳米粒子吸附;接下来仅需一块磁铁牵引住这些被磁性标记的淋巴细胞,倾倒其他细胞,于是特定的淋巴细胞就从血液样品中分离出来了。

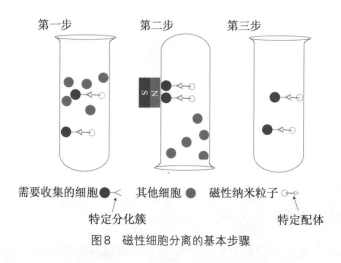

图8　磁性细胞分离的基本步骤

磁性细胞分选的前沿研究是如何分离出具诊断价值的细胞,例如随血液循环的肿瘤细胞(circulating tumor cell)。这种技术讲究在肿瘤恶化之前能够直接从血液样品中分离出癌变细胞以实现癌症的预诊——要知道,若是能够在癌症早期就做出诊断并加以治疗,患者的存活率和生活质量都能够大幅度提高(参照《纳米颗粒医疗设备》)。

磁性微结构组装

上文中所说的抗磁材料具有颇为"叛逆"的特性,可惜在常温下磁化率太小难有用武之地。保留磁性微结构组装的研究另辟蹊径,在常温的情况下使顺磁和抗磁两种粒子共存,并且通过改变外加条件使两种粒子相互作用从而产生各种奇异的微观结构。用磁流体(由大量半径在50纳米左右的铁磁性纳米粒子构成)、顺磁(铁的氧化物)微粒子和聚苯乙烯(通俗讲就是塑料)微粒子就可以实现一系列微观晶格结构的组装(Colloidal Crystal assembly)。具体来说,在水中加入一些磁流体以提高介质的磁化率;于是在这样的介质中,原本不感磁的聚苯乙烯粒子因为磁化率低于周围的介质而展现出抗磁性,而顺磁粒子则继续展示顺磁性,于是二者产生很多有趣的作用。[6]这类技术的一个潜在应用是3D微纳米结构的成型。具有特定晶格结构的微纳米材料可用于操控光波、声波和热传递。例如对电磁波、光波和声波隐蔽的材料往往需要极为特殊的晶格结构。如果有一天我们能够任意地控制晶格结构的形成,我们就可以任性地创造出各种自然中不存在的材料,譬如《哈利·波特》中的隐身衣。

磁冰箱

电冰箱利用制冷剂的液化和汽化来制冷,而磁冰箱则利用热磁材料的磁化和去磁化制冷。二者的原理都基于熵变。通俗来讲,熵表征了构成物质的原子或分子的无序状态。假想一块材料由很多磁旋子组成(所谓磁旋子就像指南针一样,拥有南北二极可以自由旋转),如果这些磁旋子的指向完全随机,熵值就很高,从整体来看物质就不具备磁性。我们平时接触的水、空气和桌子都处于这种状态。与此相反,如果磁旋子的指向都相同,系统的熵值很低,从整体来看物质就具备磁性,例如磁铁。有趣的是,热力学认为只要温度足够低,任何物质,包括木头、水、空气,甚至是人体,都具有自发的磁性。这是因为原子的无序的热运动会随温度的降低而减少,相应的熵值也会变低,从而使得磁旋子统一指向。

磁冰箱不需要压缩机,却需要一块热磁材料和一块电磁铁,其工作原理如图9所示。从a到b,电磁铁开启产生磁场来磁化热磁材料,热磁材料被磁化时熵值降低并且放热。由b到c,热磁材料产生的热能被释放到周围的空气之中,温度降低并趋于稳定。从c到d,将热磁材料靠近冰箱并关闭电磁铁,此时热磁材料熵值升高并且吸热,于是冰箱中的热量被转移到热磁材料之中从而实现制冷。通过循环a到d这种制冷办法甚至能够把温度降低至0.3°K,逼近绝对零度(-273.15℃)。

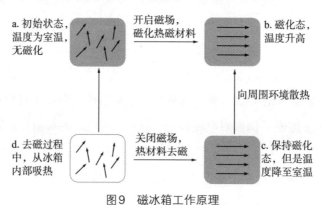

图9 磁冰箱工作原理

与电冰箱相比,磁冰箱只消耗1/3的电力就能达到相同的制冷效果,可以节省大量的能量,而且它也不需要制冷剂,所以备受环保人士推崇。在2015年的CES(International Consumer Electronics Show,国际消费类电子产品展览会)之上,中国的海尔、美国的ACA(北美电器)和德国的BASF(巴斯夫)都发布了作为家用电器的磁冰箱,这种产品能否走入千家万户取代传统的电冰箱,我们拭目以待。

磁单极子

细心的读者会发现,刚刚提到的所有磁铁都有南北二极,没有单独存在的南极或者是北极。经典物理学认为磁的本质是电,然而电磁二者有一个明显的区别,即带电体可以以单极子的形式存在,例如电子只带负电而质子只带正电,然而磁体总是二极共存,即以偶极子的形式存在。目前还没有确凿的证据显示磁单极子(即某种磁荷仅有南极或仅有北极)存在。如果我们把一块磁铁从中截开,那么两块小磁铁就会马上产生新的南极或北极以保证自己是偶极子。所以从根本上讲,磁铁的产生不是因为同极磁荷的聚集,而是因为大量磁偶极子的有序排列。

磁单极子对于完善物理学模型亦有重要意义,也是物理学家孜孜以寻的一种存在。举一个简单的例子,百年来物理学家和数学家对麦克斯韦方程组都不能完全释怀,就是因为缺少了磁单极子,这组方程的对称性就减了一分,美感也就减了一分,这也算是一种书呆气十足的美学追求吧。然而冷酷的事实是,在已知的物理研究之中,大至外太空,小至原子核,温度高如热核反应,温度低如绝对零度,无数才华横溢的物理学家为此呕心沥血,仍然没有任何确凿证据证明磁单极子的存在。

有一次我问教量子力学的老师:量子力学是否定还是肯定磁单极子的存在。这位老师岔开话题,给我讲了他的老师Blas Cabrera教授的一则往事。Cabrera教授是斯坦福大学(硅谷的心脏)物理系的教授。早在1982年,他就声称自己在实验中发现了磁单极子,并且在物理学界最权威的期刊《物理评论快报》发表了结果,不过也老实地指出这次实验仅捕捉到了一个磁单极子。事后Cabrera本人和其他实验小组投入了大量的人力物力去重复这个实验以证明磁单极子的存在,可惜都无功而返。时至今日,磁单极子依然是物理学中一个悬案。而Cabrera的这次发现,因为孤证不立,并没有给物理学带来一场新的革命,而更多地成为了物理学家和如我这样的物理学票友的一种谈资。

事实上磁悬浮滑板涉及的物理学原理早已为人们所知:楞次定律早在

1834年就已经被提出；超导现象发现于1911年，而迈斯纳效应发现于1933年。过去磁悬浮技术的焦点在运输业，而硅谷则要把这些已经熟知的物理原理推到一个更"黑"，更为颠覆，但是同时又更接近大众的领域。以大众消费者为终极目标是硅谷科技公司最重要的一个特征，这也解释了为什么硅谷人总喜欢把"用户体验"这四字箴言挂在嘴上。就拿我的工作来举例，我要花相当可观的时间和公司的艺术家做斗争。因为这些艺术家根据用户体验划定产品设计的框架，于是从美感上固然没得挑，但是其研发难度也呈几何倍数加大。于是工程师们就绞尽脑汁围绕这些框架做设计，真是白首穷经，艰苦卓绝。

然而这就是硅谷精神之所在，即不断发掘和满足消费者的需要，不论这种需要多么"逆天"。于是我们有了允许你通过旋转拇指选择歌曲的音乐播放器，志在给你10的10次方个结果的搜索引擎，可以在驾驶座椅上任性打游戏的无人驾驶汽车，给你的生活和职业带来极大方便的社交网络，有如贴心管家一般照顾你生活起居的恒温仪，甚至是带来飞翔快感的磁悬浮滑板和抵抗自然灾害的悬浮房屋等等黑科技。

硅谷的成功之道从来都不仅仅是技术，理想主义甚至是天马行空的白日梦永远是保持公司活力不可或缺的元素。正如《回到未来》中的一句台词所说的那样："如果我的计算准确的话，你将会看到令人震惊的结果。"

距离几何学

空间测距、定位网络，互联、物联时空的新基准

文 / 顾志强

以前在谷歌[X]实验室工作时,经常会向面试的同学提一个类似脑筋急转弯的问题:能否在二维平面上找到4个不重合的点,使得它们两两之间距离相等? 如果是放置在三维空间中的四个点呢? 又或者在地球表面上的四个点呢(假设地球表面是一个完美的圆球面)?

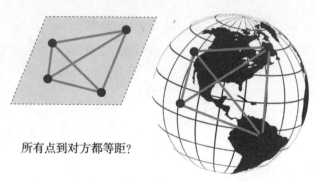

所有点到对方都等距?

图1　给定四个点A、B、C、D,如何使得它们两两等距? 在二维平面? 三维空间? 球面?

读到这里,可能会有人心存疑惑,这和本文主题有关系吗? 不要小看这个问题,其中蕴藏着关于距离几何学的大学问哦。所谓距离几何学,就是通过网络节点和节点之间的距离测量来推知网络的整体几何性质,比如每个节点的物理位置、网络直径和节点分布等。这些节点可以是路由器,也可以是手机,又或者是我们佩戴的手环。设想未来某天,当你走进博物馆参观,展厅本身拥有一个实时搭建的局域人机交互网络,可以定位网络中每个节点,也就是观众携带的手机、手环、眼镜,甚至衣服、鞋子等物品,当参观者位置移动到某一展品附近时,手机或者展馆屏幕上自动弹出该展品的介绍,观众与展品甚至可以像《哈利·波特》里描述的那样与画中人互动。这样的高能博物馆,是不是超级酷?

距离几何学是数学中的一个有趣的分支,不仅自身充满了浓郁的理论趣味,还有着广泛的实际应用价值,在物联网、机器学习、计算机视觉与可视化研究,以及传感网络的位置服务等应用中都发挥了非常重要的作用。可以说是这些领域背后黑科技的一部分,近几年来越发引起科学界的关注与重视。本文主要围绕距离测量,基于距离信息的几何学、室内定位,以及其他各类神奇的应用来展开。希望本文的介绍能为对这一领域感兴趣的读者带来启发。

从 Internet of Things 到 Location of Things

Internet of Things(简称 IoT),就是我们通常说的物联网,这个概念相信大家都不陌生。万物有灵,互联互通,物联网的世界是丰富多彩的,每个日常生活物品都可以在物联网的作用下实时地感知周围的环境,形成网络集群效应。举个例子,我们可以在家部署多个测量距离的传感器设备,使得这些设备之间可以互相定位,形成一个局域网络,用于跟踪和定位物体,实时地根据进入这个环境的客人的位置信息有选择地推送相关的信息或者提供其他服务内容。在不久的未来,甚至可以让家里的桌椅、茶杯、衣服、毛巾都具备传感与通信功能,它们可以感知彼此的存在,协同工作,为主人生活起居带来更多舒适与便捷。结束了一天的工作,拎包走出办公室前,你或许可以给大管家冰箱打个电话,大管家会转告电饭煲和烤箱,提前煲上米饭、烤上猪排,这样到家时就可以吃上热腾腾的猪排饭啦,这样的日子,岂不妙哉。

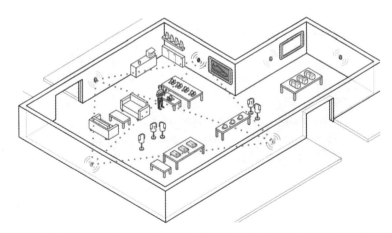

图2　室内物联网示意图:在商场各个角落放置类似 iBeaon 的 tag,可以应景应时地发送消息与客户进行互动。此图源于:http://estimote.com/

想吃猪排饭,要先学会如何构建传感网络的自组织图用来定位彼此。读者可能会问,这又有何难度呢?用GPS(全球定位系统)不就可以了嘛!问题是,商用的卫星GPS信号通常在充满遮挡物的城市角落或者大楼内部工作不佳。同时GPS的定位精度也不够准备,在没有遮挡物干扰的空旷户外,除非是使用军用GPS,一般的民用GPS定位精度通常只在10米左右,用作车辆导航是够了,但想要精确定位一个手掌大小的物体,这样的精度远远不够用。想要实现毫米级别的几何信息定位,我们需要寻找新的解决办法。

目前室内定位的研究重心就在于如何建立一套完整的软硬件体系可以保证实时并且精确地定位特定物体。2015年笔者曾在西雅图参加并且观摩了IPSN会议上举行的室内定位大赛,目前最优的定位方案大约可以达到20厘米左右的定位精度。[1]高精度的实时定位可以让用户获得许多新的神奇体验,比如增强现实!你举起手机对着桌面看,摄像头看到了桌面上的物体如遥控器和钥匙链,同时系统准确定位了桌面上的这些物体位置,于是原先用箭头显示的物体坐标就会变为该物体的虚拟现实形象显示在屏幕上,实现同一物体的真实和虚拟形象叠加。不仅如此,你可以靠近或远离它们,变换朝向,真实世界和虚拟世界配合得天衣无缝。

图3　一旦获取了物体的位置信息,就可以和屏幕显示结合在一起形成增强现实的效果

Location of Things(简称LoT),顾名思义,就是在IoT的基础上赋予每一个物体具体的物理位置标志。LoT这个名词挺时髦的。笔者最早是在以色列的一家叫作getpixie的公司的宣传标语上看到这个词。该公司生产一种非常小巧的类似钥匙链的小标牌。标牌和标牌之间可以精准地测量相互间的距离。它的一个最神奇的应用就是可以通过自组织网络寻找藏匿在家中的物品。LoT还有很多有趣的应用,比如说室内定位:当用户走进一家商场,商家会根据其位置自动选择广告推送的内容;当该用户走近货架浏览商品时,商品的信息实时地在手机端显示出来,并可以根据用户位置做出相应调整;如果举起相机,商店中各个商品的位置和介绍就会叠加在一起,形成360度全景纵深图(如图3),起到增强现实效果的作用;此外,当不小心丢失了某个重要物品时,可以通过手机轻松定位该物体,并将其位置传送到屏幕上,这简直是"马大哈"和"小迷糊"们的福音,从此以后再也不用担心丢东西啦。

LoT的实现,依托的是一套自组织网络以及定位网络系统,这个系统假设所有的定位都是通过设备与设备间的距离测量以及动态构建自组织网络来进行的。设备与人之间的距离测量也可以通过相机和计算机视觉技术、超声波探测,或者基于无线频段的雷达来实现,希望先了解雷达测距的读者可以参考笔者在本书的另一篇文章——《雷达照进商业》。目前关于LoT最普及的测距方法是利用iBeacon技术(见图4)。iBeacon主要基于低功耗蓝牙技术(Bluetooth Low Energy,简称BLE)。通常只需要一个纽扣电池就可以持续工作至少一年。除了能提供低速率(10KB／s)的通信和信息传输之外,iBeacon之间还可以通过测量电磁波信号强度(Returend Signal Strength Index, 简称RSSI)来间接计算iBeacon之间的物理距离。

图4　市场上可见的各类iBeacon硬件,它们基本上通过低功耗蓝牙(BLE)通信和定位

　　除了iBeacon之外,也有不少其他测距的方法,比如通过超声波、磁场变化、激光镭射,或者超宽频技术来实现物体间的定位。这些方法都是利用测量信号的飞行时间差来计算距离。这些技术有的已经非常成熟,可以投入到特定的商业应用中去,有的仍然在研发阶段,仍需时日才能大规模量产。图5列举了目前市面上可见的一些区别于iBeacon的定位方案以及测距技术。

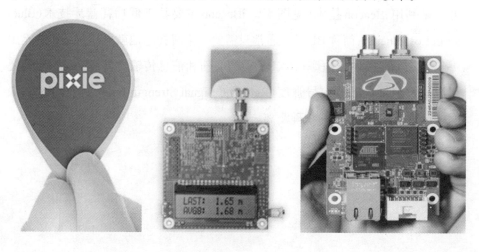

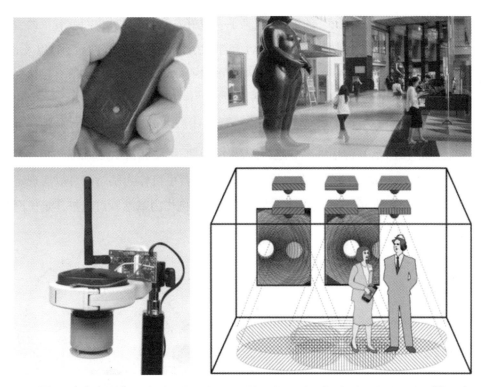

图5　自左上到右下：Pixie、DecaWave、TimeDomain、Redpoint Positioning（这四家都使用超宽频技术来测距和定位）；利用磁场变化[2]、超声波测距[3]，光线定位[4]

定位网络的原理

　　新年的钟声还有半小时就要敲响了，纽约时代广场上人潮涌动，聪明的女孩给男孩设定了一个跨年脑筋急转弯，已知男孩的手机A位置，以及A到女孩手机B的距离d(A,B)，要想快速定位女孩的位置，顺利在零点亲到爱人，男主人公得先弄明白关于定位网络原理的那点儿事。

　　在二维平面上，如果已知男孩手机A的位置以及它到女孩手机B的距离d(A,B)，虽然我们无法定位女孩手机B在何处，但至少我们知道手机B一定分布在以手机A为圆心，半径为d(A,B)的圆上。如图6所示。这个时候，男孩使用了一个"求助场外嘉宾"的锦囊,找来了一位好友帮忙,这时我们就有了两台手机A1和A2,如果同时知道手机A1和手机A2到B的距离d(A1,B)以及d(A2,B),就可以将可能性缩小到两个圆的两个交点(如图7所示),但是仍然无法在确定女孩B究竟在这两个点中的哪一个。时间紧迫,我们的男主人公又找来了一位好朋友,见证奇迹的时刻到了,当给定三个圆的情况下,目标被精准锁定(如图8所示),跨年钟声响起,恋人深情相拥,幸福和快乐是结局。

没错,就是这么简单!在二维平面上,以三台手机作为基站就可以实现定位了。更广义的,在三维情况下我们需要4台手机作为基站就可以搭建定位网络了。

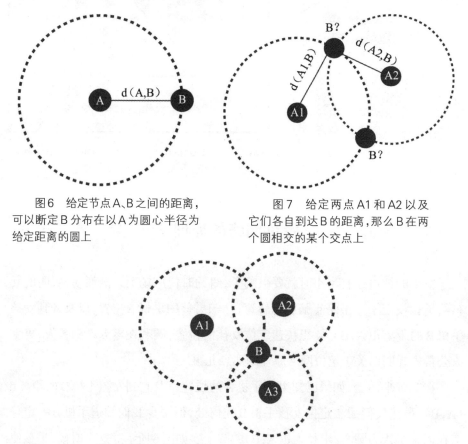

图6 给定节点A、B之间的距离,可以断定B分布在以A为圆心半径为给定距离的圆上

图7 给定两点A1和A2以及它们各自到达B的距离,那么B在两个圆相交的某个交点上

图8 已知三个点的位置和它们各自到目标物体的距离,就可以精准定位目标物体啦

其实GPS定位的原理也是大同小异。这种通过多个圆求交点的方法实现定位的英文名字叫multilateration，在日常生活中已经得到了广泛的应用。当然，我们讨论时所假设的是在理想情况下，实际状况是点到点的距离测量总是存在误差，多个圆组合在一起几乎找不到公共交点（如图9所示）而是一款大片区域的交集。怎么办呢？常用的方法是把圆求交点转化为代数上的最优化问题，在众多可能的解集中选择某一个最优解，从而得到一个最佳的位置点。

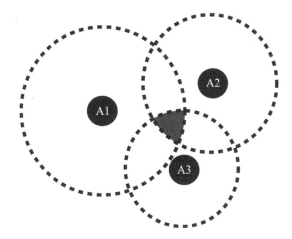

图9　因为距离测量不精确，往往导致多个圆交在一起或者没有交点，或者形成一块大片区域。这个时候往往需要通过局部或者整体优化来求解最佳位置

时光飞逝，又到了跨年的这一天，这一次挑战升级，女孩不再站在原地等待，而是在广场上不断移动，男孩如何定位这样一个移动的节点的位置信息快速找到爱人呢？先来了解一下有关定位网络的构造问题吧。

定位网络的构造

与定位网络的基本原理相较，定位网络构造的内涵要更加丰富。在基于基站的定位中，人们需要知道基站的位置信息即可。而在计算移动中的物体位置时，因为物体处于动态，尤其在近距或室内的环境下，获得准确的节点位置信息几乎变得不可能。这个时候如果能实时地构建自组织网络并可以重建局部位置信息就显得十分关键。

关于定位网络的构造仍然是基于点到点的距离测量。假设已知 A、B、C 三台手机以及它们各自到对方的距离,那么我们可以确定唯一的一个由 ABC 三点所组成三角形。由此衍生出一个根本性的问题,当给定多个点时,需要知道多少个点到点的距离,才能够确定一个唯一的网络形状呢? 显然,在缺乏足够数量的距离信息情况下,网络的形状通常是不唯一的。如图 10 所示。

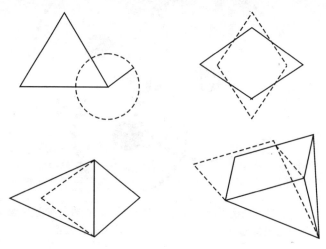

图 10 在缺乏足够距离信息的情况下,一个给定的网络可以有多种几何形状;此处实线表示测量获得的距离以及一种形状构造,而虚线表示的是另一种满足所有条件的形状构造

与此相关的第一个问题是,在节点任意加入或者退出的情况下,这个动态的定位网络如何始终洞悉网络的形状参数并保证其唯一性。解决方案是:给定唯一的嵌入在 d 维空间中的定位网络,只要添加的任何新节点可以测量它到已知网络中 d+1 个不同节点的距离,那么就可以保证新构造的定位网络的形状的唯一性,[5]见图 11。

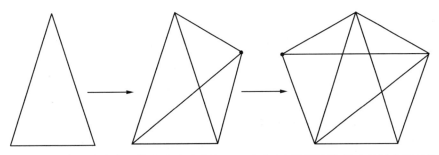

图11 动态构造定位网络的过程:每新加入一个节点需要获得和已有的三个节点的距离,由此得到的二维网络在形状配置上是唯一的

另一个问题,在给定点到点距离的情况下,如何精确地重建每一个节点的相对位置? 此处注意,虽然网络形状是唯一的,但是每个节点的位置只能是相对的,因为网络本身可以任意平移,旋转以及镜面反射,而仍然保持点到点的距离不变,见图12。这里常用的重构方法是将收集到的距离信息写成矩阵形式,通过矩阵的计算来获得每一个节点的相对位置。对算法细节或者矩阵分解本身感兴趣的朋友可以参见参考文献[5]做进一步了解。

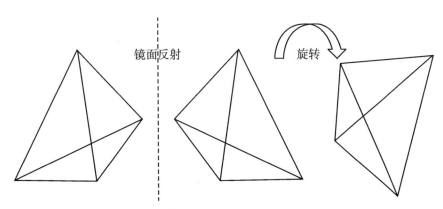

图12 定位网络的节点位置都是相对的,因为网络整体可以作任意平移、反射以及旋转

隐形尺——测距技术方法介绍

说了这么多,现实中是如何精确测量节点之间的距离呢?笔者为这类用来测量节点间距离的"眼不见,耳不闻"的技术手段方法取了个通俗易懂的名字,叫作"隐形尺"(比如图13所示)。目前市场上可以见到的隐形尺有很多种,分别基于超声波、无线频段、计算机视觉、镭射激光、红外线、磁场变化等。下面逐一分析这几个方法的优劣。

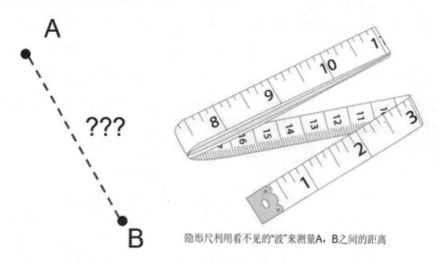

隐形尺利用看不见的"波"来测量A、B之间的距离

图13　隐形尺利用看不见的"波"来测量A、B之间的距离

超声波

超声波测距是一项非常成熟的技术,原理是通过测量超声波(>18kHz)从点到点的发送接收时间差来推断距离。超声波的优点是人耳听不见,电路比较容易实现,测距较精确(甚至可以达到毫米级别);缺点是无法穿透大型障碍物比如墙壁,易受到环境因素干扰,功耗较高,以及部分动物能听到等问题。

低功耗蓝牙(BLE)

通过采集BLE的接受信号强度实现近距探测是目前市面上比较普遍的方法。BLE运行在2.4GHz频段,带宽80MHz,被划分成40个信道。主要用途是允许设备间以极低的功耗做低速率通信。大部分Android手机和iPhone都具有BLE功能,市场上可以见到不少基于BLE做定位的方案。其缺点是,基于信号强度(RSSI)的测距方法极易受到干扰,不够准确,定位精度偏差可达5米甚至更多。

Wi-Fi

现在基本上每个家庭、商场、机构、公共场所,以及人人随身携带的手机、电脑都拥有Wi-Fi功能。所以很早就有人考虑利用Wi-Fi来做点到点的测距,可以基于信号强度,也可以基于测量发送、接收数据包的时间差来进行。和BLE一样,2.4GHz或者5GHz频段的Wi-Fi仍然极易受环境干扰,测距不够精准,大偏差约在2~3米,甚至更多。其主要优点是可以大规模利用现存的设备和网络体系结构,无需额外的硬件支持。

超宽频(UWB)

UWB测距原理仍然是通过测量发送接收包的时间差来进行。和BLE以及Wi-Fi信号不同的是,UWB通常具有超过1GHz甚至更高的带宽,采用极短的小波,不受环境反射与噪音的干扰,因而可以比较精确地测量距离,测距精度大约在10cm左右。缺点是,UWB设备在市面上并不多见,价格稍贵,而且功耗相比BLE要更高。

镭射激光

镭射激光可以精准测量点到点的距离,室内室外都可以运行。比如谷歌无人车就采用旋转激光扫描技术来捕捉周围的3D环境。问题是,激光的散射角非常小,通常需要两点之间相向放置,而且激光无法穿透障碍物,只能在视线可及范围内工作,对工作环境的限制较多。

红外线

广义上红外测距相比激光测距来说可以看到的角度更大。其原理是发射一个经过调制的红外波用以测量发送到接收端的时间差。其问题是红外线易受太阳光干扰,户外工作时效果欠佳。

磁场变化

也可利用磁场强度变化来测量距离。不过磁场强度递减得非常快,通常只能用于非常近的距离测量(比如几厘米的距离)。另外,磁场易受周围磁铁的干扰,所以实际应用中需要和其他传感装置配合使用才好。

应用与展望

除了用于基本的定位网络之外,距离几何学还有着许多神奇的应用。

比如蜂群网络(swarm),想象一下星球大战里成百上千机器人的协同作战的场景,就类似于这样一个蜂群网络,每个机器人都是一个传感器,这些传感器之间可以感知彼此的存在与距离,协同运作,并且可以统一步调,对外表现成一个整体(如图14所示),并且整体分布形态可以根据作战需要呈现出多种变化。德国的Festo公司就曾经演示了室内飞行气球以及蝴蝶机器人,它们之间可以控制到彼此的距离,形成协作关系。宾夕法尼亚大学的GRASP实验室也曾展示过一组蜂群飞行机器人,它们都采用距离几何学来对彼此定位以及构建网络结构。(如图15所示)

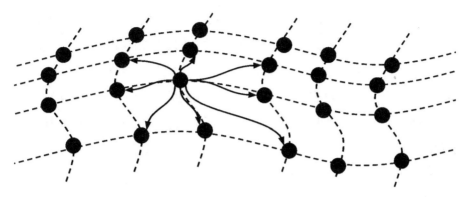

图14 蜂群网络:每一个节点保持它到领域的关系。整体上可以协同运作,统一步调

图15 左上:Festo公司研制的飞行小蝴蝶。右上:Festo公司研究的飞行气球网络。下:宾夕法尼亚大学GRASP实验室演示的蜂群飞行机器人

除此之外,距离几何学也在机器学习以及人工智能中扮演了极为重要的角色,比如如何将高维数据映射成低维数据同时保证数据之间的关联性(广义距离)不变,以少量数据来表现数据的整体结构,实现数据的可视化,以便更有

效计算。这对于目前的计算机视觉应用有着非凡的意义。以人脸识别为例,完整的人脸照片就是高维数据,在分析人脸结构进行模糊识别时,并不需要全部的人脸信息,而只需要部分结构特征信息,也就是低维数据即可,把高维数据压缩成低维数据的过程称为"降维",需要用到距离几何学的理论支持。

距离几何学的未来应用极为丰富,分子的结构优化重组、机器学习中的数据降维与可视化、定位网络以及自组织网络的构成,都离不开它的身影。未来,随着传感器以及微型机器人的普及,多机之间的交互就会变得很有意思。电影《超能陆战队》(*Big Hero 6*)里有这样一段情节:许许多多长得像核桃仁一样的微型机器人可以聚集在一起组成各种形状,有时变作一个巨型手掌,有时又变作一栋高楼,有时又形成阶梯可以任意浮动。虽然目前的科技离此类应用尚有距离,但笔者认为若有朝一日真的实现了,距离几何学也在这类自组织网络中扮演了重要的角色。

结尾彩蛋

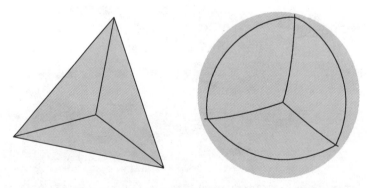

图16　地球上确实存在这样的不重合的4个点且它们两两等距

回到本文开头,公布答案吧:平面上不存在这样的4个点哦;而球面上只需将与球心重合的正四面体投影到球表面即可。注意,球面上两点间的距离是弯曲的哦。(见图16)

虚拟现实

感官世界与人机交互,正在到来的未来不只是一重"视界"

文 / 顾志强

什么是真实?在电影《黑客帝国》中,电脑接管了人类的视觉、听觉、嗅觉、触觉等信号,让人们从出生开始就生活在虚拟世界中却浑然不知。这虽然是科幻片,但令人浮想联翩。

2014年,Facebook以20亿美元收购了Ocumulus Rift。同年谷歌I／O,谷歌发布了Cardboard,一款利用廉价纸板和手机屏幕就可以实现虚拟现实的DIY设备。2015年年初,微软公开了一款介于虚拟与增强现实之间的头戴设备HoloLens,现场演示十分惊艳。此外各大公司与游戏厂商都纷纷在虚拟现实(Virtual Reality,简称VR)领域布局,众多初创公司也在摩拳擦掌,顿时,VR成为炙手可热的话题。虽然《黑客帝国》中描述的故事不太可能在现实发生,但VR以及VR所带来的全新体验已然走进了寻常百姓家,为人津津乐道。

图1　谷歌Cardboard的机身由纸盒子做成

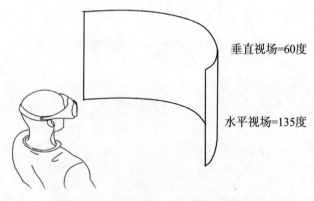

图2　人眼的Field of View(FoV,视场)通常可以达到180度,而普通相机的视角最多只能到达150度。宽阔的视场更能让人具有身临其境的代入感。图中所示水平视场约135度,垂直视场约60度

垂直视场=60度

水平视场=135度

比如谷歌最近发布的Cardboard,利用手机屏幕作为显示器,普通纸板作为机身,靠透镜聚焦图像,以一个小磁铁作为控制开关,利用手机上的传感器(比如陀螺仪、加速度计)作为头部控制,并通过手机上的APP(应用)来显示不同的内容和场景制作。整套成本不超过1美元(如图1所示)!

然而，逼真的VR效果仍然亟待很多最新科技来帮助实现。怀着好奇心，笔者将在本文中探讨VR背后的黑科技。接下来我将主要从感官世界(视觉、听觉、嗅觉、触觉)以及人机交互的角度讨论如何建造"黑客帝国"，实现身临其境的体验。

感官世界

目前大部分的VR设备主要侧重在重构视觉与听觉，然而这仅仅是虚拟现实技术中的冰山一角。想象你住在北京的胡同里，却可以戴着VR设备游览意大利佛罗伦萨街角的一家水果店。你看到水果店周围的古朴建筑，水果店主人向顾客微笑，并不宽阔的街道上车水马龙、人来人往，街旁小贩快乐的叫卖声传进你的耳朵，这时你嗅到了新鲜水果的清香，于是你伸出手，竟可以触摸到水果，感觉这般真实。不仅如此，图像、声音、气味、纹理的感觉，都随着你的移动而变化，仿佛亲临佛罗伦萨。

最近看到一些尝试模拟多种感官的VR设备[1][2]。除了基本的视听功能以外，这些设备可以传递气味、风、热、水雾以及震动。此类设备的用户体验在目前仍然有待提高，技术上并不完善。然而，相关的研究已经持续了好几十年。

视 觉

一般认为人类大脑的三分之二都用于与视觉相关的处理，那么VR首先要解决的就是如何逼真地呈现图景来"欺骗"大脑。目前主要的解决方案是通过融合左眼和右眼的图像来获得场景的纵深感。其原理主要是通过将三维场景分别投影到人的左、右两眼，形成一定的视差，再通过人的大脑自动还原场景的三维信息。这里涉及几个主要参数：Field of View(视场)决定了一次能呈现多少场景，又分为垂直视场和水平视场。通常水平视场越宽越好(比如接近180度)，垂直视场在90度左右。

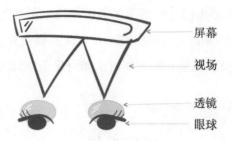

图3　通过分屏显示左右眼不同内容获得图像的纵深感。系统参数包括视场大小、屏幕分辨率、透镜焦距、双眼间距、眼睛到透镜距离等。一般来说,视场越宽,视觉代入感越强,但是过宽的视场会造成图像扭曲以及像素被放大,所以需要综合考虑系统设计

　　屏幕分辨率则决定了细节的逼真度。所谓视网膜屏幕,就是说屏幕像素相对于观看距离来说是如此之高,以至于人的肉眼无法分辨曲线是连续的还是像素化的。高像素对于逼真的VR体验至关重要。值得注意的是,视场和屏幕分辨率通常成反比关系。宽视场可以通过透镜的设计来实现。然而过宽的视场会导致场景的边缘扭曲,同时像素被放大。设计上通常要平衡这两点。延迟决定了系统响应速度。24帧每秒的帧速要求系统延迟小于50毫秒,而游戏玩家则追求60帧每秒甚至更快的帧速以获得临场感。

　　另外还有一些物理参数比如双眼间距、透镜的焦距、眼睛到透镜距离等(见图3),需要综合考虑。对于虚拟场景的重现,主要是通过计算机图形学对合成物体做逼真的渲染,然后分别投影到设备佩戴者的左右眼来实现。而对于真实场景的重现来说,侧重于如何采集现场画面,并且完整地记录下场景的几何信息。这个可以通过体感相机(比如微软Kinect)或者相机阵列进行。比如说谷歌2015年推出的Jump[3]就采用了16台GoPro来录制真实的360度场景。类似的用于录制虚拟现实内容的设备最近也如雨后春笋般涌现出来。感兴趣的读者可参见:http://Vrexpo.com/2016-exhibitor-directory/。

听　觉

　　声音配合画面才能淋漓尽致地展现现场效果。

然而一般的声音录制方法并不能还原完整的环境三维信息。而三维声音,也称为虚拟声(virtual acoustics)或双耳音频(binaural audio),则利用间隔一个头部宽度的两个麦克风同时录制现场声音。该方法可以完整地保存声音源到双耳的信号幅度以及相位的差别(如图4所示),让听众仿佛置身现场一般。笔者曾试用过这套系统,音质极佳,令人震撼。

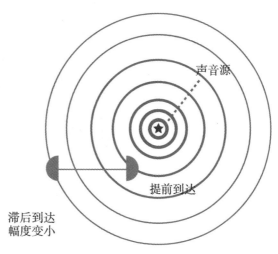

图4 利用间隔一个头部距离的一对麦克风可以忠实地记录从声音源到双耳的传递过程

颇有意思的是,麦克风的外围竟有人耳的造型,并且这"耳朵"由类似皮肤的材料构成,这样可以最大限度地保存外部声音导入人耳的整个过程。更有甚者(如图5所示),有人构建了三维声音阵列,可以将360度全景声音全部录入,然后通过头部的转动选择性地播放出来。

虚拟声的最佳应用是专门为某个佩戴者量身定制声音,这样可以最大限度地高保真地还原音乐的现场感受。对于一般使用者来说,因为个体的差异(比如头部宽度、耳朵形状等),虚拟声的实际效果略有不同,难以达到最佳播放状态。需要根据特定场景通过电脑合成声音。理论上,如果洞悉了三维场景以及材料性质,计算机就可以模拟各类事件发生的声音并将它合成在VR设备里播放。声音合成的过程中基于物体间的距离、头部的朝向等来模拟真实环境播放出的声音。

图5　左图为3Dio公司的三维音频输入设备,右图进一步将8台麦克风做成360度阵列用以VR展示

嗅　觉

如何让VR设备带来"暗香浮动月黄昏"的感受？嗅觉虽然并不是VR必需的输入信号,但能够极大程度丰富VR的体验。将嗅觉嵌入到影片里的尝试可以追溯到半个多世纪前(比如Smell-o-Vision)。而通过电子调控方式实现气味合成也已经有好几十年历史,比较著名的比如iSmell公司。

简单的思路是这样的:合成气味的方式通常是由一堆塞满了香料的小盒子组成,也被称作气味工厂。每一个小盒子可以单独地被电阻丝加热并散发出对应的气味。同时加热多个小盒子就可以将不同的气味混在一起(如图6)。Feel Real就宣称采用了拥有7个小盒子的气味工厂来合成气味。

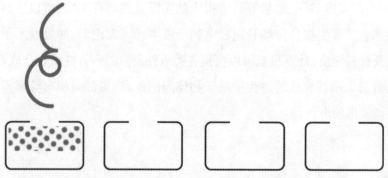

图6　将气味香料放在不同的小盒子里通过单独加热来释放和混合

气味合成这项技术距离实际应用还有一段距离,主要难点在于如何精确地采集、分析以及合成环境中的任意气味。简单的实现,比如释放焰火、花香、雨露等一些基本环境味道,早已经应用在5D、7D电影中。而复杂的合成,比如巴黎某商店特有的气味,目前还难以做到。

其中,还牵涉到需要经常更换气味盒子的问题,日常使用并不方便。笔者介绍嗅觉在VR中的实践只为抛砖引玉。或许在不久的未来会有更加实用的调配和模拟气味的方法可供头戴设备使用。

触 觉

触觉(haptics)可以将虚拟的对象实物化,不仅看得见,还能"摸得着"。如何模拟不同物体的触感是一个非常热门的研究课题。各种模拟触感的方法也层出不穷。

最简单的触感可以通过不同频率的器件震动来实现,条件是设备与皮肤相接触,通过纵向和横向的特定频率与持续的振动来模拟各种材料以及特殊条件之下的触感。比如说,手机振动就是一种基本的触感激发方式。再比如最新款的苹果笔记本配备有震荡反馈的触控板,可以根据手指压力的大小自动调整电流来控制振荡频率以及幅度。更为复杂地,可以根据屏幕显示的内容实时地调整震荡波形来实现不同材质触感的反馈。类似的原理也可以在VR中实现,比如将触感装置嵌入到游戏手柄内。这样就可以根据画面以及手势动作来模拟各类物体不同的触摸感觉。

除了手柄以外,甚至可以隔空体验触感。比如UltraHaptics[4],通过聚焦超声波到人的皮肤来实现"隔空打耳光"的功能。其原理是通过超声波相位整列聚焦声音到空间中的某一个点形成振动,示意图见图7左。再比如迪士尼的Aireal[5],可以通过精确地压缩和释放空气产生空气漩涡(vortex ring)来"打击"到皮肤表面(见图7右)。虽然实现隔空振动的原理不同,但两者都使用了体感相机来捕捉手的位置并做定点的"打击"。

最新研究中,日本科学家提出了利用激光镭射来触发空气中定点的等离子体,既可以用来做全息显示,又可以通过激光镭射的激发产生触感。演示十分惊艳(见下文图8,参见参考文献[6])。

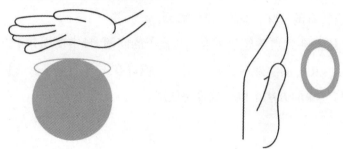

图7　左:UltraHaptics 通过相位阵列聚焦超声波到空间任意点产生振动,并可以调整频率和节奏产生不同的触感。右:迪士尼的 Aireal 项目通过远距离发送空气漩涡波撞击皮肤产生各种触感。

人机交互

聊完丰富多彩的感官世界,我们来看看 VR 中的控制部分。一般的 VR 设备拥有丰富的传感器,比如前置相机、陀螺仪、加速度计、感光器、近距探测器。也可以添加诸如心率监控、眼球跟踪等传感装置。传感器的这类应用赋予了 VR 设备许多新颖的功能以及交互体验。

头部控制

最常用的莫过于头部控制,主要利用陀螺仪来检测头部的二维旋转角度,并对屏幕的显示内容做相应调整。绝大部分的 VR 设备都能实现这个基本功能。

手势控制

手势控制可以大大增强互动性与娱乐性,对于游戏玩家尤其重要。手势控制主要分成两类:第一类是通过穿戴类似 Wii 控制器的手套或手柄来实现手势的识别;第二类则直接利用头戴设备上的外置相机通过计算机视觉的方法来识别和跟踪手势。对于后者,往往需要类似Kinect这样的深度相机才能准确地识别手势。LeapMotions、SoftKinetics等公司在VR手势控制上已经有不少成熟的演示。一般来说,使用深度相机可以比较准确地定位手的具体位置,稳定性较好。

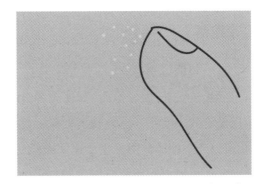

图8　在 SIGGRAPH 2015 的展示中,一组日本科学家演示了如何利用激光镭射在空气中激发等离子体来做全息显示以及产生触感[6]

眼球控制

想象三维场景随着你的眼睛转动而改变!比如Kickstart上的FOVE尝试的正是使用眼球跟踪技术来实现VR游戏的交互。再比如位于Reno的eye fluence公司,等等。眼球跟踪技术在VR设备上并不难实现,一般需要在设备内部装载一到两个朝向眼睛的红外相机即可。除了基本的眼球追踪之外,还可以识别特定的眨眼动作用来控制屏幕等。除了游戏控制之外,眼球跟踪还有很多其他应用。比如可以模仿人眼的生物学特性,仅仅将图像聚焦放在眼球关注的地方,而将图像其余部分动态模糊掉,让三维影像显示变得更加真实,同时有效地聚焦图像,还能省电(见图9)。

图9　从左到右:头部控制、手势识别和控制、眼球跟踪。它们各自作为VR的输入方式,方便交互

心率控制

　　有一句话说得好：玩的就是心跳！心跳可以反映人的当前状态，比如兴奋、恐惧、放松、压力。检测 VR 使用者当前的生理状态可以动态地调整影像内容以及音效来实现一些超现实效果。比如说，当心跳较快即人处于兴奋状态时，可以动态地调高图像播放速率来匹配人目前的运动节奏，让运动来得更猛烈一些。也可以利用负反馈的调整让人迅速平静下来，帮助更好地休息或者冥想。实现心率监测有多种方式，比如苹果手表使用的是红绿两种光谱的近距探测器来监测心跳速率。心率监测器可以结合手柄置于手腕之内，或者置于头戴设备之中。通常的问题是该心率探测器不能有效地和皮肤紧密贴着，因而一些运动带来的微微移动会带来读数的不准。心率控制在 VR 目前的应用中并不多见，仍然属于比较新颖的项目。

意念控制

　　笔者写这个话题是有所犹豫的，因为意念控制技术目前仍然非常原始，一般只是利用电极读取头部血流变化，通过机器学习的手段来匹配特定的读数特征变化。笔者目前并没有见到特别成熟的技术，在此不详述。

体感控制

　　除了手势控制，也有利用全身各个关节来控制的方法。最著名的例子要数微软的 Kinect 体感相机。这类设备一般需要一个外置的摄像头，放置在距人 1 米开外，用以捕捉人体的全身姿态，通过将这些关节运动信息传递给 VR 头戴设备来与虚拟场景交互。也有厂商通过在身上佩戴传感器或者穿戴柔性可触摸衣服的方法来感知全身动作和体态。技术人员目前正在积极研发此类技术。

　　"你选择红色药丸还是蓝色药丸？"影片《黑客帝国》抛出了这样一个令人深思的问题。笔者相信，VR技术可以帮助人们更好地体验真实的世界。技术上而言，从感官到人机交互仍然充满很多想象空间与实际问题，亟待人们创新地去解决。相信随着VR技术的深入发展和普及，人们的生活体验会变得更加丰富多彩，从此不必再受时空拘束。

智能微尘

一切皆可被感知、遍布微传感器的世界即将来临

文 / 王文弢

智能微尘——终极的信息化利器

2060 年,你坐在 Tesla Model Z 里,电车正悬浮在空中,以亚音速自动前往目的地 A。A 地机器人暴动,破坏基础设施,出现不少人类伤亡。你是救援人员之一,心急如焚。你转动手中的苹果戒指 5,心想:"我要看看当地的伤员分布图。"戒指感应到了你的思想,随之在面前的空气中浮现出了 3D 虚拟现实界面——这是 A 地的鸟瞰街景,其中的红点标注着危急伤员的位置。你在空气中滑动手指,界面立刻放大到了一个最严重伤员的位置,详细地显示出他的一系列生理指标、受伤的部位和预估的救援剩余时间。你心想:"我需要一个计划。""话音"未落,眼前的地图自动更新显示出一个线路图,指出了最佳的救援行动路径。

但你不知道,在几十年前信息化不足的时代,搜救工作从来不是这么高效。

2014 年 4 月 7 日,南印度洋

MH370 的搜救正在紧张地进行,失联飞机的黑匣子的电量还剩下最后一天。如果电量耗尽,黑匣子就将成为一个永远的谜团沉没在深不见底的印度洋。在浩瀚的印度洋找一架飞机,就如同在足球场上找一根绣花针一般艰难。救援队所拥有的探测器,每次只能收集非常有限的信息和数据。这决定了如果想以地毯式扫描印度洋海底来追寻飞机的去向,必定会是一个漫长而艰苦的过程。即便能够通过足够长的时间来建构海底的形貌图,这些数据也无法做到实时。况且洋流也会导致目标黑匣子的移动,即便通过线式扫描收集起整个海洋地貌,也还是有可能错过探测目标。

2008 年 5 月 12 日,汶川

波及大半个中国的 8.0 级地震,使得城市沦为废墟,交通中断,道路损毁,

救灾工作异常艰难。搜救的第一要务,是尽快定位废墟中可能存活的伤员,这样才能和时间赛跑,及时展开搜救。在这个过程中,及时有效的信息同样重要。如果没有明确的目标,搜救工作就是事倍功半。传统的非信息化人力搜救方式,很难实现精确定位,往往有很多伤员不能在第一时间被及时发现,坐失黄金救援时机。

2015年7月14日,太阳系边缘

近10年的等待,50亿公里的飞行,新视野号探测器如期飞抵冥王星上空,首次拍下了这颗位于太阳系最深处行星,为世人揭开了它的神秘面纱。从遥远的太阳系深空到地球表面,传回一张高清照片要4.5小时之久,数据传输速率仅为1Kbps。要想获得这颗遥远星体的表面形貌和地质特性的更多信息,意味着多次探索和巨大的资金投入。现有的探测器不仅造价昂贵,收集数据也十分低效。

科幻总是这么丰满,可现实却总是如此骨感。如何将开头的科幻变为现实呢? 试想有一天,数据收集终端可以变得如同沙粒一般微小,并且能散布于地球的各个角落,那么以上所有这些问题,也都将不再成为问题。我们的整个地球,就如同一个巨大的显示屏,每个沙粒般微小的终端,就是这巨型荧屏的一个像素点。在中央计算器的监控下,每一个坐标的物理量(GPS坐标、温度、湿度、速度、光强、磁场强度等)信息都尽收眼底。这些惊人的大数据,都可以被全球的中心云服务器实时监控、追踪和分析。

而实现这样终极信息化的单元,正是被我们称之为"智能微尘"(Smart Dust)的极度微小、高度集成的传感器系统。

这听起来像是个让人毛骨悚然的没有任何隐私的世界——智能微尘简直是CIA(美国中央情报局)监控全人类的最好工具,无论你走到哪里,你的一举一动都可能被某个掌控了这个中心云服务器的人记录和观察。

但是,任何事情都是一把双刃剑,最坏的世界某种程度上也是最好的世界。因为地球上每一点的物理量都是被动态监控的。天气预报、地质勘探、地震预报、洋流检测等,都将极度准确,手到擒来。宇宙勘探,只需要发射一个装满智能微尘的炸弹,令其爆破后的尘埃遍布星球表面,整个地表的形貌测绘、地质勘探将轻而易举;灾难搜救,利用智能微尘使整个海洋包括海洋中的所有物体能被清晰3D成像,搜救工作就变成一个形状模式识别的过程,只需要计算机即可定位;地质勘测也是同样,如果这样的智能微尘能被注入深层的地下,那么资源检测和地震预报也都变得极度信息化。人类个体,也会因智能微尘而获得诸多福利——疾病检测将变得非常容易,因为当服用了智能微尘胶囊之后,整个消化系统都能被清晰成像,治病问诊从此变成一件轻松之事。

在理想的世界中,智能微尘能给人们的生活带来极大的便利,因为这是终极的信息化。

图1 智能微尘的应用构想图。用智能微尘收集的数据全方位无死角监控城市的运行状况。图中每个像素点来自一个智能微尘的数据采集。

智能微尘是什么

智能微尘这个概念最先在1992年被提出,20世纪90年代开始由美国国防部高级研究计划局(DARPA)出资研究。这一概念的愿景,是由一系列具备通信模块的微型传感器来组成一个分布于环境中的监测网络。每一个监测单元就是所谓的"微尘",成千上万的微尘被散播在环境之中,相互之间用自组织方式构成无线网络,来收集环境数据(温度、气压等)。收集到的数据则通过"微尘"的通信模块传向终端的计算机(或者云服务器)来分析和处理。所以如果要实现这个总体的微尘网络,单个的微尘必须具备这几个功能模块:**传感器模块**,用于采集环境数据;**通信模块**,用于无线传输数据;**电源模块**,用于供电和自充电;**微处理器模块**,用于控制和调度所有的模块。

有这样一个有趣的类比,如果将要监测环境变量的区域想象成人类的皮肤,那么可以将每个智能微尘想象成人类的单个触觉神经元。神经元能够收集触觉信号,同时也能够相互连接成网络来传递这些信号。外界的刺激在神经元之间相互传递,最终被传向大脑,由大脑来分析处理触觉信号,得到触觉的意识。一个智能微尘网络也有非常相似的架构:被进行环境变量采集的区域,就好比是人的皮肤;而每个智能微尘,就好比是每个神经元;中央云服务器,就好比是人的大脑。数据由微尘采集并传输,直至最终到达云服务器。

近几年很火的一个名词叫物联网(Internet of things),目标是把常见的设备都连入互联网。拿家用设备来说,电灯、冰箱、炉灶、门窗、空调等全部智能化,连入互联网,让家居信息化和可自动控制化。而智能微尘的网络(Internet of Smart dust),可以被视为一种终极的物联网。要实现这个微尘传感器网络的宏图,核心技术还是制作出单个的微尘。这实际上是一个"麻雀虽小,五脏俱全"的微型计算机单元。前面提到了必须具备传感器、通信、电源、微处理器四大模块。而这些所有的模块加在一起,要达到灰尘的尺寸,也就是几十微米。这

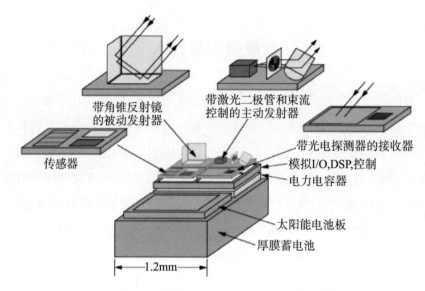

图 2　Pister 和 Kahn 教授在 2000 年提出的智能微尘结构设想图

其中的难度可想而知。

　　图 2 是加州大学伯克利分校的 Pister 和 Kahn 教授提出智能微尘这一概念时给出的结构示意图。基于当时的技术水平,这个所谓的"微尘"体积定位有 5 立方毫米之大。可以看得出,这是一个巨型灰尘,距离"微尘"还有很大的差距。从图中可以看出,它的确具有传感器、通信、电源、微处理器四大模块。底部占用体积最大的是电池模块。大块头的蓄电池上面,是一个太阳能电极板,用来将太阳能转化为电能进行充电。在这个基座上,放置有微传感器芯片和微处理器芯片。通信芯片有两个,分别用于信号的发射和接收。

　　即便整个系统的大部分体积被电池所占用,但电池的总体尺寸还是只有毫米级别。由于电池本身很小,因此要求整个系统有极低的功耗。不间断工作一天的功耗指标要求不超过 10 微瓦。这是什么概念呢? 在 10 微瓦的功耗下,普通的芯片会因为电量不足而停止运算。正是因为这样苛刻的要求,传统的通信模块不能被采用,传统的控制软件也不能直接使用。整个系统都需要重新优化设计来满足低功耗要求。

低功耗只是一个挑战，要做出我们目标中的微尘，5 立方毫米是远远不够的。还需要进一步激进地推进微小化，让整个系统的尺寸达到微米的级别，也就是再缩小至将近千分之一。这真是一个知易行难的事情——按照如今每两年面积缩小一半来计算，实现这个尺寸需要 20 年的时间。

当然，低功耗和微尺寸只是指做出单个原型微尘所要达到的目标。要实现工业化大批量生产智能微尘，让它们能够真正分布于我们的环境之中，还需要满足更为苛刻的工业化生产条件，这包括了低生产成本、稳定性良好、抗环境干扰、工作寿命长等条件。

正是因为这些苛刻的工程条件，导致了在其概念提出 20 年后的今天，智能微尘仍滞留在理论阶段。随着近年半导体技术、传感器技术、大数据和云计算的飞速发展，这项理论逐渐有了脱离科幻小说层面的可能，未来几十年，它或许能够成为可以实现的革命性新产品。

智能微尘的微型化传感器中心

智能微尘的目标是采集环境的温度、压力等物理量信息。要实现这个功能，当然离不开传感器。那么，什么是传感器呢？

传感器（transducer / sensor）不是一个新概念，传感器渗透于我们生活中的方方面面。传统的水银温度计就是一个简单的传感器，它将温度信号直接转化为可视可读的数字。比如生活中最常见的感应水龙头，手接近时会自动出水，这是因为控制电路里有红外线传感器，能够检测人体的红外线强度来判断手是否接近了水龙头。再拿我们最熟悉的声光控灯来说，为什么这种灯能够白天保持熄灭，夜晚只有人走近发出了声响才点亮呢？这是由于控制电路里有检测光强的光敏电阻和检测声音的蜂鸣片，控制电路执行了简单的判断逻辑：如果光变弱，而且有声音，就点亮电灯。光敏电阻、蜂鸣片也都是传感器的例子。

图3　传统传感器样例，左一为蜂鸣片，后两张为红外传感器

　　传感器的作用，通常是把不是电学的物理信号化成电学信号。为什么要这么做呢？这是科学技术中一个经典的化未知问题为已知的技巧——因为电路技术是最为成熟的工程技术之一，一旦将一个非电路信号变为电路信号，所有的电路信号处理、功率放大、控制、自动化、计算机技术等都能较为轻松地与它对接。实现声控的蜂鸣片，是使用了能够将声音振动转化为电荷信号的压电元件；实现红外控制的红外探测器，是使用了吸收红外线后聚集电荷的铁电材料；实现光控的光敏电阻，则是利用了光照后电流变化的特殊半导体材料。

　　常见的传感器，都是将力、热、光、速度、加速度、磁场、声波等其他的物理信号转化为电信号的工具。它们是电路系统和我们所生活的充斥各种各样物理信号的五彩缤纷世界的接口。

　　传统的传感器，例如前面提到的蜂鸣片、红外传感器等，体积都相对比较大，通常在毫米甚至厘米量级。在系统的集成和微型化日新月异的今天，这些大体积的传感器，会带来诸多问题。体积过大，意味着更重，成本更高，功耗更大。如今的系统对于体积和功耗的要求越来越苛刻，这也导致了对于微小传感器的更高要求。如今的大多数电子系统中都集成了形形色色的传感器，这些传感器当中，绝大多数都是采用了微型传感器。

　　智能手机就是一个最好的例子。你可能只关心智能手机是不是用起来很酷、很方便，但不去在乎它里面是怎样的结构和原理。其实如果你拆开如图3这样一个智能手机，会发现里头布满了各式各样的传感器，其中的大多数还是微传感器。拿一部iPhone 6来说,其中有加速计、陀螺仪、电子罗盘、指纹传感器、距离与环境光传感器、MEMS麦克风、气压传感器等。正是这些传感器的存在,使得iPhone能够具备导航、横屏图像转置、计量步数、根据环境光调节屏幕亮度、检测指纹等一系列传统计算机所不具备的功能。最新的iPhone 6s还推出了3D touch功能,这个功能也是基于显示屏后面的压力传感器阵列,使得手机能够识别手指的按压力度。这些新型的传感器,具有体积小、重量轻、功耗低、可靠性高、工作速度快等优势。

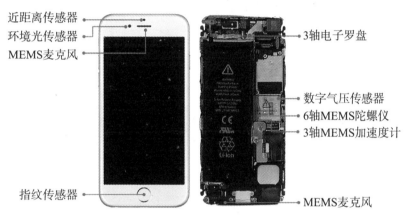

近距离传感器
环境光传感器
MEMS麦克风

3轴电子罗盘

数字气压传感器
6轴MEMS陀螺仪
3轴MEMS加速度计

指纹传感器

MEMS麦克风

图4　iPhone中的传感器

这些微传感器,特征尺寸能达到微米甚至纳米级别。微米是多大呢？头发丝的直径是20~400微米。这么小的传感器,怎么制作呢？如今已经工业化的方法是通过被称作微机电系统(MEMS)[①]的技术。

拿在智能手机中非常常见的加速度计来说,它就是一个微机电系统,它的功能是探测外部的加速度输入。这就是为什么智能手机能知道我们是否晃动了手机,晃动有多剧烈。比方说如果你使用微信的"摇一摇"功能,那么这个加速度计就能告诉手机芯片"用户晃动了手机",然后让芯片根据这个信号输入执行相应地功能——匹配其他用户进行聊天。

①微机电系统:就是指微米尺度的机械电子集成系统。——作者注

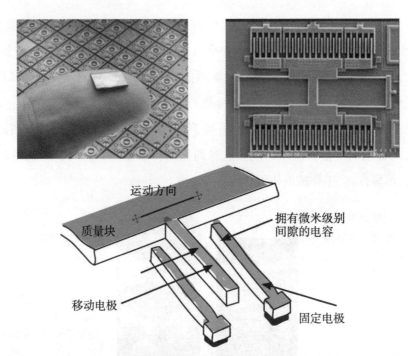

图5 （左上）硅晶圆上批量制作出的比指甲盖还小的传感器；（右上）扫描电子显微镜下放大了一万倍的加速度计图像；（下）加速度计示意图

如果我们把这个加速度计拆开，放到扫描电子显微镜下，会看到像梳子一样的结构，这是它检测加速度的核心部件。这实际上是一系列并联的电容，用来检测外部的机械运动。晃动手机会导致中心质量块的晃动，从而改变电容两个极板间空隙的大小，继而改变电容的数值，这个数值又能被后处理电路所读出。有了这样一一对应的关系，我们测量加速度时实际上是在逆向而来顺藤摸瓜，通过读入电流变化来计算输入的加速度是多少。所谓检测手机的加速度，实际上是检测了加速度计中心悬挂的质量块移动导致的电容变化。

通过这个例子我们可以看到，这里所谓的"机械"，完全没有我们概念中的机械的样子。我们习惯见到的机械，都是由齿轮、连杆等构成的精巧的联动机构，而这里的"微机械"仅仅是一个外形独特的能够运动的质量块而已。是不是大跌眼镜？其实这是所有工程技术的特点——最好的方案应该是能够解决问题的最简单方案。我们这里的目标是检测加速度,根据牛顿第二定律,大的质量块能够放大加速度的效应,所以,这里只需要一个简单的质量块就够了。

但是到了这里只描述了一半,说了"机械"的部分,还要说"电子"的部分。电容是会随着运动的变化而变化的,但是这个电容变化具体怎么由电路读出,最终输送给手机芯片呢? 这就需要电路系统,这通常包括了前端的模拟电路和后端的模拟数字转换电路。这个电路系统通常是通过CMOS(互补金属氧化物半导体)工艺做成单独的电路芯片,或者直接集成在微机电系统的芯片上。这些机械结构,以及信号处理电路共同在一起,才能组成一个完整的微机电系统。

制作这样的一个微机电系统,通常需要用到复杂的半导体加工工艺,从一个空白的硅晶片开始,一步一步利用可控的化学反应添加薄层,或者将薄层刻蚀成想要的形状。经过几十甚至上百道工序之后,这样的系统就制作好了。这的确听起来很复杂,并且复杂的制作流程意味着造价不菲。那么,在成熟的工业技术中是如何降低造价的呢? 别忘了,这个传感器总共只有一滴水的大小,而一个硅晶片却有盘子那么大。这意味着完成一套工艺,我们能同时做出成千上万个传感器——这又是工业技术中的另一个技巧,通过量产来降低成本。

仅仅是一个传感器就需要这么复杂的工序。当我们讨论理想中的智能微尘的时候,目标是在相同的尺寸上集成进去好几个传感器。如果要实现监测环境变量的功能,我们需要将温度传感器、加速度计、磁强计、气压传感器等集成在一个十几微米大小的尺寸上。从这里你就能看出挑战是多么的巨大了。这意味着要设计更复杂的机械结构,用更复杂的材料和更复杂的加工技术。至少从现在的技术来讲,这个目标是一个几乎不可能实现的任务。

智能微尘的微处理器

微处理器是智能微尘的另外一个重要模块,它是简化版的CPU(中央处理器),需要运行低功耗的操作指令,来指挥数据的采集和传输。这部分的微小化技术相对成熟,主要依赖于传统的CMOS电路加工技术。这部分的微小化离不开整个半导体工业微小化的技术支撑。

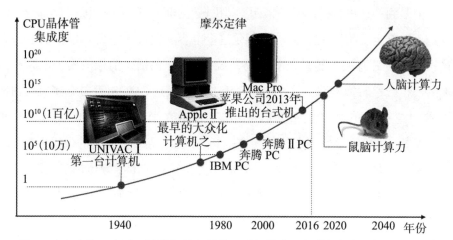

图6　摩尔定律示意图。计算机性能随着尺寸的缩小呈指数级增长,未来十年内有望赶超人脑的计算能力。

在半导体工业界,有一个著名的摩尔定律(Moore's law),这个定律是由英特尔(Intel)创始人之一戈登·摩尔(Gordon Moore)提出来的。这是一个经验规律:每18个月芯片的集成度会提高一倍,即实现相同的性能,只需要一半面积的芯片。曾几何时,计算机还基于笨重的电子管,这直接导致了一台计算机要占据一间房子的大小,而且功耗巨大。而如今的计算芯片,已经只需要依赖高度集成的晶体管:在指甲盖大的芯片上,就可以集成进去上10亿个晶体管。这也就是为什么如今的计算机会更小、更轻,反而计算能力更为强大。如今一个能装在口袋里的智能手机的运算能力,已经远远超过当年将人类送上月球的占地200平方米的大块头计算机。"同样的计算能力,当年人们用它将人类送上了月球,而如今你却用它来拿小鸟砸猪(手游'愤怒的小鸟')"说的就是这样的强烈对比。这都是微型化带来的天翻地覆的变化。

当然,摩尔定律不是由什么自然法则决定的,它最初只是对于半导体工业发展趋势的一个观察和总结,后来人们就以这个定律作为设计下一代集成技术的准则。以英特尔公司为例，现在最先进的是14纳米半导体工艺技术，过去10年中推出过65纳米、45纳米、32纳米、22纳米半导体工艺技术，新的在研发中的工艺技术分别是10纳米、7纳米和5纳米。这个长度是晶体管的特征长度。如果将这些特征长度取平方，你会发现从前一个技术到后一个技术，面积是减半的关系，所以如今的摩尔定律，实际上只是严格的生产计划执行。

如果仅仅只是将半导体工业的微型化看作面积减半的数字游戏，那可就是过于低估了其中的难度。每一个新的技术的研发，都是巨大的资金投入和技术挑战——尤其是在特征尺寸缩减到纳米级别的今天。每一次的面积缩减的过程，都需要通过许许多多的科学研究和技术创新才能实现。

智能微尘的通信模块

就通信模块来讲，低功耗还是首要需求。并且智能微尘要能实现双向无线电数据传输，同时具备发射和接收模块——因为每一个微尘都要向相邻的微尘发射或者接收数据，所以仅有一种模块是不够的。

由于微尘本身体积很小，如果基于传统的射频通信，天线的尺寸也没法做大。这意味着微尘要在很短的波长工作，由于波长和工作频段成反比，这意味着需要使用高频段，从而消耗更多的功耗——这对于智能微尘来讲是致命的。另一个方法是采用光波通信。这种通信方法不单外围电路简单，而且能够低功耗地工作在短波长，非常适合智能微尘这样的极小结构。为了保证光波能被有效地接收和反射，"天线"被设计成了独特的立方角形的结构。这种结构能够被微机电系统技术加工出来。

在网络互连方面，采用分布式网络。就是说数据被传向临近的微尘节点，逐级到达云服务器，而不是直接一次性地传达到云服务器，这一方面会降低通信模块的设计要求，只需要满足短距离传输即可，另一方面也能降低工作时的功耗要求。文章前面做过微尘网络和人的神经系统的类比，实际上人的神经系统也是类似的工作机制，信号从来不是直接转向大脑的，而是先由感知到输入的神经元传向临近的神经元，逐级扩散，直至信号到达大脑。

智能微尘的电池微型化

最后一个，也是最棘手的一个模块，就是电池模块。要实现智能微尘这个极微小的系统，需要各项技术的共同进步，电池的微小化就是当前最大难题和技术瓶颈。

如果不能实现电池的微型化，很难将整个系统做得更小。如今的电子系统，例如智能手机或者平板电脑，如果你打开后盖，会发现里面绝大部分的容积被电池所占据。这是因为如今的锂电池，储能密度远远达不到微小化的要求。要追求更高密度的储能电池，就需要新的电池技术和材料，例如氢氧燃料电池、石墨烯电池，甚至核电池等。

当然，另外一个路径是可以减少微系统本身的功耗，这样极少的电量也能支持很长的时间。如今的微处理器功耗在100瓦量级，要实现执行一条指令平均只需12皮焦能耗的智能微尘目标，需要在性能上进行折中，使用计算更慢的处理器，另外一方面，系统集成，甚至更底层的优化改进设计，可能达成这一目标。例如可以让微尘在大多数时间处于休眠状态，只在执行任务收集数据的时候才被唤醒。这意味着一切软件系统，都需要针对智能微尘，进行自下而上的重新设计。

另外，理想的智能微尘，能够散布于环境中，长时间检测物理参数。由于散布的微尘数量巨大，使得人为充电几乎不可能。所以理想的智能微尘，应当具有一个自充电模块，例如吸收太阳能、昼夜温差的热能，或者环境中电磁波的能量，甚至地表振动的能量。就目前的技术来讲，做出这样的模块尚没有成型的技术，更别说将这样的模块做到微米大小。

智能微尘系统级别的挑战

系统集成

假设20年后的今天,我们的各项技术突飞猛进,前文提到的四个模块都能够做到很小,智能微尘可能还是不能实现的,因为各个系统分别很小不意味着组装之后的系统还能够同样的小——系统互连和封装同样不是一个简单的工作。

或许这里我们可以再拿生物界做一个类比,细胞是一个极度复杂的单元,里头也有各个不可或缺的模块,例如细胞核、线粒体、核糖体等。智能微尘其实好比是一些能够收集数据、相互通信的人造细胞。要组成细胞,仅仅有基本模块是不够的,还需要细胞液等把这些模块有机黏合在一起,保证各个模块能够正常工作;此外还需要有细胞膜把所有的部分保护在一起,构成一个半封闭的系统,仅仅和外界进行一些固定的物质交换。对于智能微尘而讲,这就是系统互连和封装。互连就是说让各个系统之间有效地协同工作,封装就是说把系统保护在一个黑匣子里,仅仅露出一些传感器的"触角"来接收外部的输入信号。

要实现这两个目标,有两个解决问题的途径。

一是研究出微米尺度下的互连和封装技术,能够把这些系统简单快速地组装在一起,并封装在起保护作用的外壳里。之所以要求简单快速,是因为我们的目标绝不仅仅是制作一两个这样的微尘,而是千千万万个,所以制作工艺一定要能够规模化。想要规模化的组装微尺度下的模块绝不是一件易事。需要封装成型的原因是要监测环境变量,微尘要能够抵御环境的侵蚀,例如防水、防晒、防寒,等等。一个电路系统如果不封装就投放环境的话很可能会立刻失效。

第二个方法当然是从根本上解决问题,就是将这四个模块同时生产加工在一个单晶硅上,这样不但免去了互连的需求,而且封装技术也变得更为简单。这种技术的最大难点在于不同模块的生产工艺往往差别很大,想要同时加工在一个半导体芯片上意味着要么改动某些模块的设计,要么改良加工工艺使之能够同时生产电路、传感器、通信模块和电池——这从目前的技术水平来讲,是很难想象短期内就能够实现的。

这种单片直接集成也叫"独石集成"(monolithic integration)。即便只独石集成电路和微机电系统传感器两个模块,目前都有很大难度。有很多这方面的科研尝试,技术层面是可行的,但是性能可能要打折扣——电路不是最好的电路,传感器也不是最好的传感器。这个道理其实很好理解,这如同从模具里向外倒模型,如果模具只生产A,可以优化各个角落,打磨各个细节做到生产A的极致;如果只生产B,也可以面向B进行极致的优化。但是如果同一个模具既要生产A又要生产B,那么就需要进行一些取舍,使得生产A或者B都能达标,但都不是最佳——如果操作不当甚至会做出四不像。如果这种方法真的能够实现的话,自然是有非常多的好处。主要的原因是半导体电路的微小化研究已经相对非常成熟,单个原件能做到10纳米级别。如果其他的模块能够直接利用电路的生产工艺,就相当于站在巨人的肩膀上,充分利用已有的资源,快速实现微小化。而且最终不需要考虑互连和封装的难题,因为它们"本是同根生"。

网络技术与超级大数据

当智能微尘的硬件实施成为可能,软件方面的数据处理也将面临极大的挑战。智能微尘不仅每个单元体积极小,网络的节点数目也十分庞大。这对控制软件、网络技术和数据处理都提出了更高的要求。

从网络技术来讲,智能微尘基于一种分布式的网络,这样的分布式网络有什么好处呢?首先这对于单个传感器来讲是一种低功耗的工作模式——数据只需要传向近距离的相邻节点,而不是远程的基站服务器;其次,这种分布式网络的可靠性也更强——对于整个网络来讲,没有任何一个节点是不可或缺的,这样即便有一些节点电源耗尽或者损坏,整个网络仍能够正常运作,只是少采集几个数据点而已;最后,这样的网络也不需要专门的精心设计,而是以一种"自组织"的方式自动连接。当然,这样的网络,还要在通信协议和数据传输模式上精心设计一番,以保证低功耗的要求,而且数据传输在此基础上有最少的重码和误码率。这不但需要研究能适应如此大规模网络的数据传输算法,而且还需要制定新的行业标准,来保证不同的智能微尘系统能够被连接在一起。

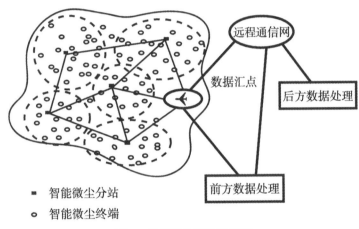

图7 智能微尘网络示意图

如果解决了互联网的难题,我们就能通过云服务器来收集智能微尘网络所采集的数据了。这样新的难题又来了。如今的移动终端仅仅限于个人电脑、平板电脑和手机,即便这样,我们已经需要面对海量的数据整理、存储和分析,也就是现在的热门话题——大数据。当我们制作了智能微尘网络之后,网络节点数目一下增加了好几个量级,每个节点又会全天候不间断地采集环境物理量,这样我们面对的,不仅仅是大数据,而是超级大数据。因为数据量将随着数据终端的数目,呈现超大规模的增长。这么大的数据量我们现有的云技术能够应对吗?如何处理这么大规模的数据?这些都将是棘手的难题。

智能微尘的应用展望

说了这么多智能微尘面临的挑战，并不意味着这项技术就被判了死刑。与此相反，如果我们热情地去追求这个终极目标，可能带动半导体技术、传感器技术、通信技术、电池技术、网络技术和大数据技术等一系列科技的进步，这个美好的蓝图可能会逐步变为现实——人类科技的进步史，就是一部迎难而上的历史。

在现阶段的技术水平，物联网和可穿戴产品初露端倪。而智能微尘，其实可以看作是终极的物联网。智能微尘是下一代的超级物联网的数据采集终端。它所带来的无限应用可能和美好的信息化未来世界，使得这个概念成为下一代技术中一颗耀眼的明珠。这种微尘传感器网络，能够被用于气象预报、地质检测、灾难救援、无人监控、医疗应用、外星探测以及军事情报收集等领域。但是实现这项愿景却面临诸多就目前的技术来讲极度困难的课题：它需要微处理器、通信模块、传感器模块、电源模块的高度单片集成，需要先进的高密度电池技术和自充电技术，还需要新的面向庞大节点数目的网络传输技术和大数据技术等。

智能微尘这个概念的实现，需要整个工业界的推动和进步，不是一两个创新能够实现的，也不是一朝一夕的事。回顾人类科技走过的一百年，又有谁能在计算机刚刚诞生的时候预见到如今集成度如此之高的智能手机系统、可穿戴设备和物联网系统呢？又有谁能预见到如今的互联网技术和大数据技术呢？历史的车轮滚滚向前，科技的进步日新月异，没有做不到，只有想不到。相信在几十年后，这项技术能够被推向工业化，让"给全球每一个沙粒一个IP地址，构建感知和连接一切的世界"的美好梦想成为可能。

三维成像

计算的交互与图形时代正在到来，在三维、全息、光
场里创造"真实"

文 / 戎亦文

纵观数万年的人类文明史(从约10000年前的美索不达米亚开始),几乎所有的记录媒介,壁画、石板、纸莎草、羊皮纸,无论是语言还是图像都采用了二维记录。我们不禁要发问:生活在三维空间中,难道不是三维记录最直观吗?

古人不是没有做过这样的尝试。我们可以看到,从4000年前的古希腊开始就有了雕塑这样可以呈现三维的记录方式。然而这样的记录方式难度高,且非常费工费时,是效率低下的三维显示技术。

古代画家已经懂得使用单点透视的方式作画,运用近大远小的手法让观赏者有空间的感觉,营造出一定的三维效果。这一手法后来被著名意大利画家达·芬奇发展成多点透视画法,深刻影响了整个人类绘画史和光学学科的发展。

文明之光照进近代,光学投影催生了电影,阴极射线管的发明创造了电视机。人类可以记录、制作和显示大量二维图影信息。但是如何将记录的三维信息也以三维的方式显示出来呢? 这一问题激发着众多科学家的思考和实验。

著名电影《星球大战》中,即使隔了几个星系,各个角色也能够顺利通过全息影像进行实时沟通,让人叹为观止。全息其实就是记录所拍摄物体的光学信息的照相技术,并通过记录胶片完全重建三维的物体影像,从不同的方位和角度观察照片,也能获得立体视觉。

图1 Dennis 年轻时的照片

全息影像技术的发明来自于一次意外的探索发现。1947年,在英国中西部的沃里克郡有一个小城叫拉格比,通用电气公司在这里有一间分公司叫汤普生休斯顿电气集团。该公司的高级工程师,匈牙利裔犹太人 Dennis Gabor 是电子显微镜行业的权威级人物,一生专注于阴极射线管的研究。

在研究显微镜的三维技术的过程中,Dennis发现这项技术可以应用于三维显示,但是如何获得高精度的真实的三维深度信息并且呈现出来呢? 这个问题本质上等同于:三维信息是如何成像的?

通过阅读大量的文献和进行各种实验研究,Dennis发现人眼主要通过四种机制来判断三维和深度信息的,只有这四个机制同时实现的时候,才能看到三维图像:

1. 对眼聚焦(Convergence):当双眼对眼聚焦到同一件物体上的时候,人脑可以根据眼球移动的角度来计算聚焦距离从而获得深度信息。

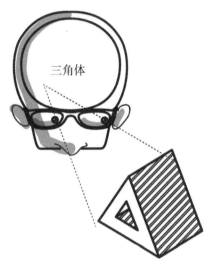

图2 对眼聚焦原理示意图

2. 视网膜失配(Retina Disparity):同一幅图在双眼的视网膜中的x、y轴坐标会略有不同,视觉皮层细胞会通过坐标不同来计算距离。

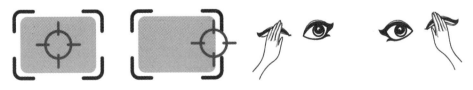

图3 视网膜失配原理示意图

3. 眼球聚焦(Accommodation):通过眼睛的聚焦来估计物体的距离。

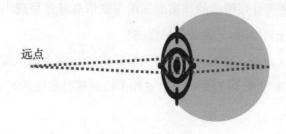

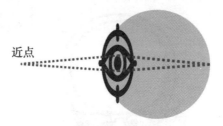

图4　眼球聚焦原理示意图

4. 运动视差(Motion Parallex):大脑通过运动中物体背景图像的变化来计算物体的距离。

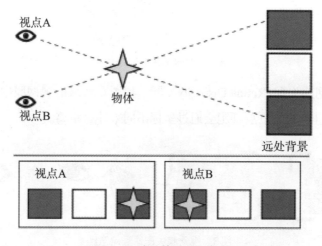

图5　运动视差原理示意图

也就是说,如果要显示逼真的三维信息,必须考虑到上述人眼对三维信息的计算和建模方式。这样才能让人相信自己看到的图像是三维的。

那么如何才能让人的眼睛启动这四个机制呢?换句话说,如何将图像的深度信息记录到二维介质上,再呈现出来呢?

经过不断探索,Dennis 发现:现有的成像系统记录和显示系统输出,都只包含了光的强度,而没有包含具有深度信息的相位。由此 Dennis 提出:如果把一束相干光源,分成两束相干光,一束经过物体,和另一束直接叠加,就可以同时记录强度和相位信息,这样就可以获得完整的三维信息。

图6　Dennis 讲述全息原理

1948 年 Dennis 在英国《自然》杂志上发表了著名论文《一种新的显微技术》(*A new microscopic*)。文中首次提出如果记录下完整的光场信息,包括强度和相位的时候就可以获得完整的三维图像。他给这种技术起名字叫全息术(Holography)。在希腊语中,Holo 意为完整。在文中他在电子显微镜上展示了这种技术的可行性。然而在可见光领域由于当时技术的限制,一直无法获得相干光源。

12 年后,激光的发明彻底解决了相干光源可见光的问题。1960 年 Ted Maiman 发明了激光,由于是从谐振腔中选模出来的光,可以保证完美的相位一致性。[1]很快,1962 年就有苏联科学家(Yuri Denisyuk)以溴化银作为记录介质,成功实现了 Dennis 在 1948 年提出的实验方法,得到了全息图片。[2]同年,美国密歇根大学教授 Emmett Leith 和 Juris Upatnieks 也获得了同样的成功。[3]正因为利用相干光源证明了全息的可行性,Dennis 获得了 1971 年诺贝尔物理学奖。

然而,通过激光将图像的深度信息记录在介质中,同时还需要激光来再现三维图像,就让这项技术有了许多局限性:一来用激光在一定显示面积上显示一定颜色是非常困难的,二来激光设备在当时非常昂贵。因此,科学家和工程师们开始利用白光再现全息技术。很快,美国工程师 H. Kogelnik 在 1969 年通过耦合波理论,证明如果感光材料能够衍射 100% 的入射光,那么在白光下可以看到全息图像。[4]很快就有人做出相应的产品,使用飞秒脉冲紫外激光器照射感光材料,获得体积全息图片(Volume Hologram)。这一类的技术,比如彩虹全息(rainbow hologram)被广泛应用在纸币和信用卡的防伪标识上。

图 7　利用全息技术制作的防伪标识

　　然而,全息术并不是三维照片。照片可以从一个观察点将场景的影像记录下来,这个观察点由记录光的入射方向决定。而全息术记录的并不是像,而是重建散射光光场的散射条纹,也就是全息的记录介质。即从记录的观察点来说,可以看到所有的光场信息。人眼识别三维信息的前三个机制在这种条件下是可以被欺骗的。但是第四个机制(运动视差),即人体在移动时看到位移产生的图像信息与现实不符,当你的观察方向和入射光方向有较大的偏差的时候,图像的距离信息就会产生错误,比如原本是 10 米的距离,在观察者看来却是 2 米。

　　如何解决位置移动后的问题?这是一个知易行难的事情。如果需要人认可一个图像是三维的,那么这幅图像必须包含这个图像的物体本身所有的 360 度光场信息。关键核心就在于如何显示这些信息。20 世纪 70 年代末开始,有

人提出使用高速旋转的反射扫描镜(旋转速度1000次／秒)来实现,主要分以下几个步骤:

1. 使用计算机记录360度三维信息。

2. 通过一个高速旋转的反射扫描镜和相关自由空间光学系统将飞秒激光聚焦。

3. 每旋转到一个观察方向,计算机指令输出这个方向发出的所有光场信息。

4. 当计算机记录的信息更详细了之后,甚至可以有动画输出,随着时间的变化输出不同观察方向的动画。

随着激光技术和计算机模拟技术的不断进步,2000年后,这项技术的研究开始有了长足的发展。商业界的迪士尼、学术界的麻省理工Media Lab在这方面均有许多贡献。

2015年,由东京大学教授Yoshio Hayasaki领衔的研究团队在激光全息方向上取得了更进一步的新成果。

他们采用自由空间光学元件和商用飞秒激光器,实现了自由空间中位置可控的漂浮全息成像。首先,在自由空间中位置可控本身就很不容易,这需要很多光学系统的设计工作;其次,他们还可以实现比静止图片难度更高的动画,这需要先进的计算全息学技术;最后他们还别出心裁地使用了高度聚焦的飞秒激光将空气电离。当人手触碰全息图像时还会碰到空气中的等离子体,模拟了触觉。

图8　自由空间具有反馈信息的全息图片

　　传统的全息技术需要有测量、记录、再现三个步骤,并且只能在记录的方向再现部分深度信息,随着计算机计算能力的发展和人们对视觉和数字图像处理技术的掌握,人们不需要再去记录,而可以直接在计算机内模拟360度完整的三维信息。参与研究的日本学者们利用液晶空间光调制器(LCSLM)控制单色短脉冲激光在每个像素上的强度和相位,获得了电脑生成的全息三维显示效果。这样的全息具有所有方向上发出/反射的光的信息,达到了真正意义上的"全息"。

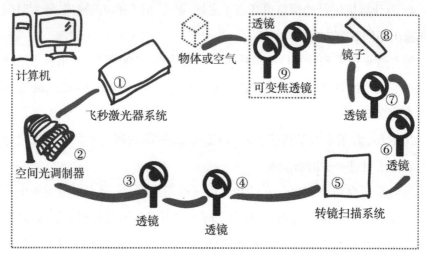

图9　基于液晶空间光调制器和飞秒激光的扫描型全息显示系统

　　然而,存在一个重要的问题:这套系统不具有实用性。这样一套系统需要多种设备:(1)飞秒激光器。一个低端的飞秒激光器就需要数万美元,而且无法支持RGB三原色。(2)高质量的LCSLM非常昂贵(Holoeye得数万美元),并且只支持很低的分辨率(768×768)。也就是说,我们在当今现有技术下,花费10万美元能搭建的计算及全息显示系统,只能显示指甲盖那么大的单色小型全息图像,这远远无法达到实际应用的要求。

　　那么,我们要得到比较真实的,有三维效果和深度信息的视觉内容,并且要做到较低成本应该怎么办呢?

　　20世纪60年代的麻省理工学院有一位鼎鼎大名的教授Claude Elwood Shannon。他是信息论的发明人,早期计算机技术研究的先驱之一,地位仅次于图灵和冯·诺依曼。1961年,Shannon在他位于波士顿查尔斯河旁的办公室里,见到了他最特别的学生——Ivan Sutherland。Shannon所处的时代,对计算机的研究主要专注在逻辑器件设计、计算功能实现及优化。而见解独到的Ivan认为,计算机发展的未来在交互和计算机图形学方面。在老师的鼓励下,他发明了计算机操作系统Sketchpad,摘得1988年图灵奖的世界上第一个图形操作界面(GUI: graphical user interface)也受益于此。后来Ivan成为了传道授业解惑的老师,培养出了一大批对计算机图形学和显示技术有重要贡献的专家。

　　1965年,在哈佛大学任教的Ivan教授开始深入思考三维立体显示的问题。苏联科学家Yuri在三年前已经实现全息显示。作为一个计算机图形学专家,他深刻地意识到,计算机生成的三维信息在当时的计算能力下是有限的。并且基于全息的激光显示系统,今天10万美元的设备在当时根本不具备制造的可行性。

　　既然无法显示完整的光信息,那么怎样的显示系统能够激活人的深度信息感知机制呢?Ivan教授发现,如果使用两个独立驱动的显示屏,应用好的图像处理算法,就可以激活三维视觉机制。在这样的理论驱动下,Ivan教授和自己的学生Bob Sproull在1968年创造了世界上第一个虚拟

图10　世界上第一台虚拟现实头显产品:达摩克利斯之剑

现实／增强现实头戴显示设备,称之为达摩克利斯之剑(Sword of Damocles)。

　　虽然是接近50年前的第一台虚拟现实头戴显示设备,这个架构已经非常完善。除了双目显示系统之外,它还配备了头部旋转和头部位置跟踪仪器。另外,为了正确地显示输出图像,这台设备不仅专门配备了计算机,还配备了图像

分割器、矩阵乘法器和向量生成器。专门用于特殊的图像处理。有了这些工具,这台设备成功地触发了对眼聚焦、视网膜失配、眼球聚焦和运动视差四个三维显示机制。

这个神奇的装置对于当时来说,成本太高,各方面的技术还都不够成熟。比如显示设备,其中的阴极射线管显示设备庞大笨重,并且很难获得高分辨率;另外由于在当时计算机计算能力和图像处理能力的局限,这些专门的图形计算硬件的效果一般。

尽管如此,这个系统还是一个划时代的产品,它的出现激励了一大批优秀的科学家和工程师致力于如何设计低成本的三维显示系统的研究。

如何开发低成本、易推广的立体(Stereo)技术呢? 如果有一个拍摄系统,对一个物体拍出来的两幅图和人眼睛实际看到的两幅图一样,然后再把这两幅图正确地显示给人的眼睛,人脑这个强大的计算机不就可以处理这些图片,获得无限接近所拍摄的真实物体的效果了吗?

很多人立刻想到了3D电影。三维双目显示电影的拍摄始于1890年,由英国摄影师William Green执导。由于当时技术、市场的局限,几经浮沉,最后在1985年重获新生。这一年IMAX开始自己制作3D影片,后来迪士尼、派拉蒙等一众大型制作室纷纷加入这一行列。

图11　早期3D电影拍摄设备(左)与最新拍摄设备(右)

那么3D电影是怎么工作的呢？如图12所示，经典的3D电影是通过两个摄像机，在约人双眼间隔距离（大约65毫米）拍摄影片然后记录下来。在显示的时候单独输出两路图像，然后通过光学系统（通常是透镜）同时送到人的两个眼睛中，这样就能出现三维的效果了。

这无疑是个非常有创造力的发明。简便直接，并且价格低廉。自从

图12　经典3D电影拍摄观看示意图

这种技术诞生后电影界一直在开发和改良这样的系统，直到最近几年大规模推向市场。2010年后IMAX 3D影院正是使用了此类技术的成熟版本，获得了巨大的商业成功。

但是这套简单的技术存在不少缺陷。观察者的位置必须垂直正对屏幕的正中，并且观察者的头需要保持不动，才能获得没有畸变的视觉效果。也就是说，IMAX三维电影放映的时候，全场几百人中只有坐在正中间这一个人，在保持一动不动的情况下，才能得到没有畸变的视觉体验，这在现实中几乎是完全不可能的。如果不坐在这个特定的位置上会怎么样呢？

1. 视场角失配：假设观察者距离电影屏幕过近，就会出现这样的现象，因为观察距离和再现距离不一样，实际视场角变大。屏幕上看到的宽度和实际宽度不一致。这个时候深度信息的显示就是错误的。

2. 屏幕大小影响：上文提到，眼球相对运动（Vergence）是人眼判断距离最重

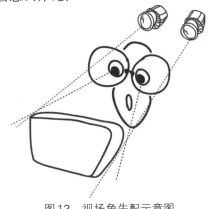

图13　视场角失配示意图

要的工具。以图14中间屏幕显示的大小和分别率为参考,在记录的时候,两个眼睛对焦的角度是一定的,如果屏幕尺寸变小,双眼对焦的角度就会往中间移动(参照图左),那么大脑就会认为看到的距离比实际距离近。如果屏幕变大(图右),双眼对焦的角度就会往两边移动,那么大脑就会认为看到的距离比实际距离远。要知道人脑是很聪明的。在电影连续放映的过程中,大脑会从其他物体的运动中察觉距离信息的错误,眼睛会试图调整图像,造成观看者的不适和眩晕。

图14　屏幕大小对距离的影响

3. 角度畸变:如果观察者坐在上文中设定的电影院正中间的黄金位置,所看到的图像是没有问题的。但是影院里面的观众大部分都坐在中线之外的位置(图15中的图右)。因为播放的角度是指向正中间,从其他角度看到的两幅图像的合成就会产生畸变。比如,一块国际象棋棋盘,人脑对棋盘是方形已有印象,当看到的是不规则四边形时,大脑就会不断地试图调整成方形,长期观看就会产生不适感。

图15　角度畸变示意图

4. 对眼聚焦和单眼调焦冲突（Vergence-Accommodation Conflict，简称
VAC）：在传统立体显示的过程中，如果像图16中的左图和中图一样，三维图像
的虚像位置大于或者等于屏幕的时候，人眼判断距离的两大利器，对眼聚焦[①]

和单眼调焦[②]的位置是一致的。
但是如果到了右图的情况，如果
显示虚像的距离比屏幕距离短，
那么人的对眼聚焦模式会专注在
虚像的位置，而单眼调焦会让眼
睛不停试图去聚焦屏幕的位置。
这一点会造成极大的不适。这个
VAC也是困扰了业界多年的著名
课题，有很多科学家对这个问题

图16　对眼聚焦和单眼调焦冲突图示

---

①对眼聚焦：双眼相反方向的运动，以获得或保持双眼单视的同时运动。——作者注
②单眼调焦：是脊椎动物的眼睛通过改变光的强度，来保持图像清晰度或者在物体距离
变化时能够准确聚焦的过程。——作者注

进行了专项的研究。

经过多年立体三维电影的发展，一代代科学家和工程师的探索，最好的解决方案逐渐清晰。

1968年Ivan Sutherland发明了世界上第一个虚拟现实头显之后，迎来了一个有趣的学生Edwin Catmull。这位学生毕业之后，创办了一间专注于用计算机生成动画的制作室皮克斯（Pixar）。他和老师一样坚信计算机生成动画会在动画片以及电影界掀起革命，能以低成本制作比传统特效更精良更真实的影片效果。后来，Edwin遇到了自己的投资人和合伙人史蒂夫·乔布斯，再后来皮克斯被迪士尼收购，Edwin成为迪士尼总裁。他执掌的迪士尼开始和洛杉矶南加州大学，以Mark Bolas为代表的几位教授合作，研究新一代基于立体显示的虚拟现实系统。

到了2010年，距离Ivan教授发明达摩克利斯之剑已经过去了42年。电子技术发生了翻天覆地的变化：首先是电子计算机的计算速度和当年相比提高了一亿倍以上；其次图像处理芯片的计算能力进步更加迅猛，计算机图形学的算法、图像显示原理的各方面都获得了许多的重大突破；更重要的是，随着智能手机行业的蓬勃发展，制作小尺寸高分辨率高性能的显示屏幕成本越来越低。

2011年，不到20岁的Palmer Luckey敲开了Mark Bolas教授的办公室门，Palmer Luckey从小就是个DIY爱好者，喜欢捣鼓电子设备。他阅读了Mark教授发表的论文，提出一个大胆的设想：如果用两块iPhone 4的屏幕固定在一起，安装合适的光学系统和遮光系统，就可以得到一个高质量的双目显示系统，成本应该只需要150美元。Mark Bolas对这个提议感到非常兴奋，他们立刻和迪士尼的科学家一起动手了，花了几个月的时间，成功地展示了一个高质量低成本的双目立体显示系统。

图17　从左至右,依次是 Palmer Luckey、John Carmack、Mark Bolas

　　Palmer 非常激动,为了筹集资金开始下一阶段的产品生产,Palmer 在美国著名的众筹网站 Kickstarter 上众筹他的产品想法,最终,筹集到200多万美元。然而,Palmer 和 Mark 教授的产品并没有解决之前提到的双目显示的问题。幸运的是,这款产品引起了 John Carmack 的注意。

　　John Carmack 可不是等闲之辈,他是世界上第一批商用图形处理引擎和算法的发起人,也是虚拟现实行业的老兵。至今那些震惊世界的2.5D第一人称视角射击游戏,如毁灭公爵系列、雷神之锤系列、古墓丽影系列的早期类3D图形处理引擎都是 John 开发的。他非常清楚双目显示系统存在的问题。Palmer 的产品令他非常激动。

　　他发现,通过现有的他所知道的软件、硬件技术和这个产品平台配合,便能解决双目显示的部分问题。如果使用合适的光学放大镜,再用算法输出正确的图像,就可以解决视场角失配问题。也可以通过图像处理轻松解决显示屏幕适配尺寸问题。同时,利用手机中普及的加速计和陀螺仪,可以以低成本、高速精确地测量使用者头部的动作,避免了因使用者头部运动产生的图像畸变问题。

　　2013年 John 和 Palmer 合力研发的第一代原型机面世,叫作 Oculus DK1。这款产品加入传统光学动捕技术,使其具备位置跟踪功能,同时把人通过 motion parallax 来判断距离的功能也融合到产品中。这一款产品成为双目三维显示的划时代产品。同一时间,他们众筹了第二代产品Oculus DK2。

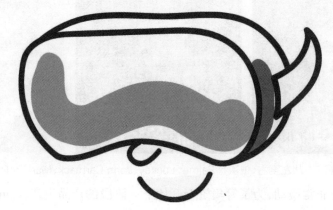

图18　CV1示意图

2014年,社交网络公司Facebook以20亿美元收购了Oculus。

双目显示系统是对全息显示一种不严谨的近似,人们一直在追求一种对全息显示的无限近似:这样一种显示系统,可以记录和再现任何光线入射的角度、颜色和强度等所有光信息,就好像透过窗户看外面的风景一样自然。那么这样的显示系统要满足什么样的要求呢?

作为一个窗户一般的显示系统,需要将不同景深的物体进行小孔成像,并且用光学传感器记录下来,再通过一个显示系统同时输出所有图像。这样才能像"窗户"一样忠实地显示所有入射光的信息。

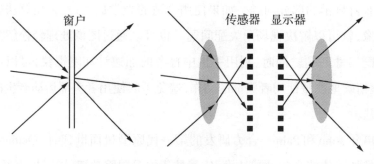

图19　"窗口型显示系统"功能图

其实,这样的系统早就开始有人研究了。早在1900年,人们研究照相机成像原理的时候就有这样的苦恼:拍摄的照片永远是一个瞬间在一个景深上的聚焦影像。如果想重新聚焦只能回去再照一次。能不能把所有景深的聚焦信息同时抓拍下来?

Gabriel Lippmann想出了一个办法:使用阵列小透镜对不同深度做成像。在原则上就记录了入射光的所有光场信息,称作光场薄膜。

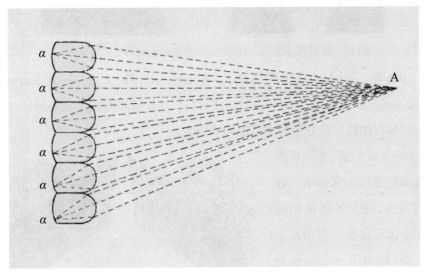

图20 Lippermann film 也称为光场薄膜

Lippmann因为在照相机成像上的卓越贡献获得了1908年诺贝尔物理学奖。然而他的贡献远远不止于此,他同时培养出了唯一一个同时获得过诺贝尔物理学奖和诺贝尔化学奖的科学家:居里夫人。若干年后居里夫人在X射线的成像和操作方面做出了许多卓著的贡献,这和老师Lippmann的影响大有关系。

图21 光场理论发明人Lippmann教授和他的博士生居里夫人

1936年，Gershun发表著名论文（A. Gershun. The Light Field. Journal of Mathematics and Physics. 18:1〔1936〕, 51｛151.｝）总结和阐述了光场的定义、理论框架和在相机以及显示方面可能的应用。

Gershun发现，光场相机和显示的原理非常简单。在相机方面，光学传感器相机的每个像素都在一个小孔透镜后面，相当于一个小孔透镜阵列和一个小孔传感器阵列的叠加。在这样的架构下，就可以记录完整的光场信息。在显示方面是一个逆过程。在一系列显示像素前

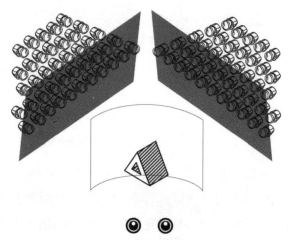

图22 光场显示原理图

面有一个小孔透镜阵列，把显示的每个像素都通过小孔成像的方式投射出去。

根据推算，和传统显示相比，假设要显示1000×1000分辨率，也就是100万像素的图片，传统显示需要的像素是1000^2，也就是100万像素。但是如果用相应的光场显示系统显示同样分辨率的图片，需要1000^4，也就是一万亿像素，而

106

且这个透镜阵列也需要100万个透镜。今天的技术条件下,5寸屏幕上的显示像素仅仅能达到500万像素。未来10年内做到1亿像素是有可能的,但是一万亿像素,以今天的显示技术来说是无法做到的。

以Lippmann为首的光学爱好者发现两条规律:

1. 在像素密集的情况下,系统并不需要许多针孔透镜。也就是说,1000×1000的显示系统中,只需要10×10的透镜阵列也能得到非常好的效果。

2. 无论是拍摄还是电脑制作,都不需要收取所有方向来的光,也能得到非常好的显示效果。

这两条近似法则让光场显示在实用化的道路上有了飞速发展。

在2013年的计算机图形学权威年会Siggraph上,来自图像显示技术供应商英伟达的科学家Doug Lanman,展示了他根据索尼HMZ-H1和其他几款商用头戴显示设备改进的光场显示器。通常来说,头戴显示因为屏幕离眼睛太近,需要安装大口径放大镜配合屏幕使用才可以让人眼聚焦。而Doug的系统通过10×15的透镜阵列和显示模组构建的光场显示系统,可以让整个设备极其轻薄,眼睛即便贴着显示器也能看到正确深度的图像。

这款光场相机由商用的OLED双屏系统,和公司定制的150个微透镜阵列组成的近似小孔投影阵列贴片制作而成。有效输出图像约6000像素。因为眼近所以完全没有对眼聚焦和单眼调焦冲突即VAC问题。

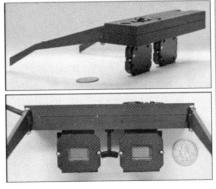
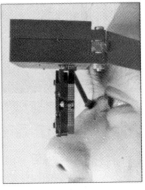

图23　英伟达(NVIDIA)实验室组装的光场相机

左右两条鱼的距离不一样。最上面一排是在理想状况理论计算下得到前后两条鱼对焦后人眼视网膜的图像,中间一排是在这个系统中用计算机模拟后的视网膜的图像。下面一排是样品实测的不同焦距下观察得到的图片。可以看到实际拍摄效果中,图片中央的位置两幅图在不同焦距上聚焦的效果和理论值比较接近。

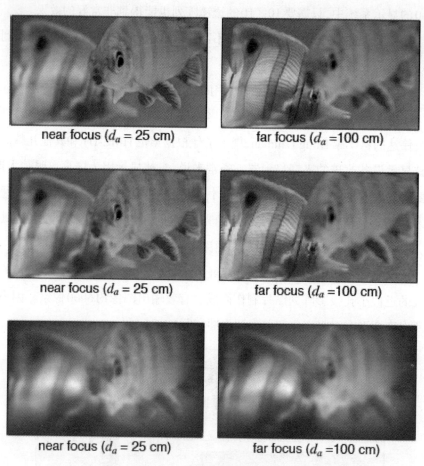

near focus (d_a = 25 cm)   far focus (d_a =100 cm)

near focus (d_a = 25 cm)   far focus (d_a =100 cm)

near focus (d_a = 25 cm)   far focus (d_a =100 cm)

图24　光场显示效果图

这是光场显示系统的一大进步。工业界意识到,在现有显示技术的基础上稍作改动就可以得到不错的光场显示效果了。那么这个技术还有什么局限呢?

1. 需要更高分辨率的微显示系统。这个样品使用的显示设备是720P分辨率。大概只有90多万像素。按照之前给出的理论推导，如果做到2亿～3亿像素，就可能在1080P有效分辨率下做不错的光场显示近似系统了。

2. 需要更大的微显示芯片。现在的显示芯片的尺寸对角线都在25毫米左右。经过计算，这样的视场角非常窄。此文使用的样品视场角在30～40度。虽然有的制造商通过倾斜芯片来扩大视场角，但是这会使用户的有效视觉面积变小。最好的方法是增加芯片尺寸。然而增加芯片尺寸的最大困难是坏像素造成的良品率低下。因此这也成为光场相机未来发展最大的制约因素。

3. 衍射极限。如果像素之间过于紧密就会接近衍射极限尺寸。经过计算，如果像素有效区域间隔小于1.3微米，视网膜就会出现模糊。也就是说，这个系统的角度分辨率极限在30像素每度（30ppd）。

时至今日，人类文明走过了一万年，我们从涂鸦到绘画，从纸质呈现到电子显示。随着时间的推移，显示技术给我们带来越来越多的惊喜，展现了出一个愈发真实的世界。光场显示系统在实用化的道路上不断迈出了坚实的脚步，技术宅们正在不断用黑科技颠覆传统，变革世界。

计算博弈

除了决策、合作、资源优化，数据模型算法还能
带来和谐世界吗？

文 / 李宇骞

机器学习,尤其是深度学习,近来异常火爆,几乎代言了整个人工智能。得益于机器学习,近年来计算机对于图片及自然语言的识别能力突飞猛进:我们可以与智能手机对话,可以让计算机自动圈出照片中的人脸甚至标上姓名……

但是,真正的人工智能不仅仅是精确地认脸、看图、读书、写字、说话,而应如孔明一般运筹帷幄、决胜千里、神机妙算。

这听起来过于科幻:目前的人工智能即使是精确而自然地看图说话都难以做到,更不用谈神机妙算的孔明了。同时,这听起来又过于可怕:如果机器聪明到如孔明一般,那《终结者》《黑客帝国》岂不都要成为现实,人类被计算机统治已经近在咫尺?

在接触了计算博弈论(Algorithmic Game Theory)之后,我的这些想法改变了。

首先,这并不科幻。举几个例子,谷歌、Facebook 的收入几乎全部来自于广告,得益于计算机谋士:在这些公司的每一则广告的背后,都有一套程序在优化资源分配和价格调整;这套程序不仅仅在优化谷歌或Facebook的广告收益,也在优化用户的体验以及广告商的回报。洛杉矶国际机场的警力调配也由一套聪明的程序自动生成,从而让有限的警力最大程度地震慑恐怖分子(图1)。

图1　洛杉矶国际机场、纽约的轮渡以及美国航空乘警的调度巡逻方案由计算机谋士自动生成,从而最大程度地震慑恐怖分子,让其无机可乘

其次,这并不可怕。尔虞我诈当然是一种博弈,然而诚实在博弈中的价值远远超过欺诈。在上述所有例子中,让各方尽量诚实[1]就是系统设计者优先考

---

①没错,系统设计者希望警察诚实地将自己的巡逻计划公布给恐怖分子。只不过这个巡逻计划并不是一个确定性的(deterministic)计划,而是一个混合策略(mixed strategy)。比如警察30%的可能性会巡逻一号航站楼,70%的可能性会巡逻二号航站楼。——作者注

虑并保证的特性。这并非只是基于道德,利益和效率同样会支持诚信,而非欺诈。Facebook 的工程师和科学家们经常夸赞其广告系统,因为该系统比谷歌的系统更能带来诚信,满足广告商的需求。

不过,诚实的计算机似乎也有可能毁灭人类。有这样的想法,往往是因为大多数人心中的博弈只有你死我活的零和博弈(zero-sum game),就好比 A 和 B 玩牌,A 赢了,B 就输了。然而现实世界的绝大部分情况并非零和博弈,而是玩(博弈)得好共赢,玩不好同归于尽(共输)。以电影《终结者》为例,机器以人类威胁自己为由毁灭人类,到头来反抗军回头又灭了机器。虽然这只是一部电影,但它很好地诠释了一种共输的可能性,而发起这场战争的机器实在说不上聪明,而是笨到自取灭亡。从人类的标准来看,智者应该选择和平相处、共同发展,而不是发起战争与掠夺,为了短期利益而给长期发展埋下无数祸根。这样的智慧同样适用于机器。

因此博弈不仅是对抗,更是合作。很多时候,想当然的策略,不论在对抗或是合作中,都并非是真正聪明的选择。比如建造一条新的公路,看起来似乎会减小交通压力,但有时却会让交通变得更堵(共输)。博弈论就是要避免这些情况,并做出真正聪明并利于所有人的决策。计算机强大的计算能力,正在加速让这样的想法从理论变为现实。

接下来本文将分别从对抗中的博弈、合作中的博弈和机制设计三个方面举例阐述。

对抗中的博弈:从纳什到斯塔克伯格再到冯·诺依曼

纳什(Nash)

但凡提到博弈论,纳什(Nash)这个名字几乎不可避免地要被提到。纳什是诺贝尔经济学奖得主,纳什均衡(Nash Equilibrium)几乎是传统经济学博弈论中的核心支柱。好莱坞大片《美丽心灵》(*A Beautiful Mind*)描述的就是这位传奇学者。这部电影是如此深入人心，以至于很多人心目中的纳什都是电影中纳什的扮演者罗素·克劳(Russell Crowe)，而我的导师每次提及纳什总要在罗素·克劳的照片右边再放一张纳什本人的照片(图2)，让大家不要混淆。

图2 《美丽心灵》中的约翰·纳什和现实中的约翰·纳什

纳什的成名之作是写了一篇证明纳什均衡在任何有限的游戏(finite game)中都必然存在的论文。姚期智院士(图灵奖获得者)曾经在课上教导我们：要写论文，就要写像纳什均衡那样牛的论文，只用半页证明就拿下一个诺贝尔奖。

纳什均衡的定义十分简单。如果游戏达到了某一种状态，使得游戏中任何一个玩家都不能只通过单独改变自己的策略来增加自己的收益，那么这个状态就是一个纳什均衡。

囚徒困境(Prisoner's Dilemma)是阐述纳什均衡的标准样例游戏。为了与时俱进，我学我的导师，将囚徒困境改成买车困境来给各位打个比方。假设小镇上只住着"你"、"我"两个人，我们各想买一辆小轿车或者SUV(运动型多用汽车)。小轿车舒适省油，但是一旦和SUV发生碰撞，则SUV没事而小轿车很有可能车毁人亡。两个同样类型的车相撞则各有一半可能车毁人亡。我们将此抽象成"你"和"我"两个玩家间的游戏,每个玩家都有两种策略:买小轿车或是买SUV。游戏所有可能的情况如表1所示。为了便于读者更直观地理解,我将利益用星级表示,利益从低到高对应1星—5星,当大家都买小轿车时,大家都享受舒适省油,因此收益都是4星;如果一个人买了SUV,另一个人买了小轿车,则买SUV的人收益提高为5星,因为生命比舒适省油更重要,而买小轿车的人收益降为1星;如果双方都买了SUV,那么双方都不舒适省油,而且于生命安全并无益处,所以双方收益都是2星。

表1　买车困境的游戏抽象

我的收益,你的收益	你买小轿车	你买SUV
我买小轿车	4,4	1,5
我买SUV	5,1	2,2

这个游戏只有一个纳什均衡,那就是双方都买SUV。虽然看起来这不如双方都买小轿车好,但是如果双方都买小轿车,那么其中一人单方面将小轿车换成SUV就可以提升自己的收益。而一旦一个人买了SUV,买小轿车的人又可以将自己的小轿车换成SUV来提升自己的收益。

以上都是经济学传统的博弈论,存在历史已长达半个世纪(对于计算机领域来说,这样的时间真的很长)。然而纳什均衡在计算机领域获得长足的突破则是进入21世纪之后的事了。

在计算机领域,最重要的一个问题就是计算复杂度。有些问题看似很小,但是其计算复杂度却很高:比如找到环游30个城市的最短路线,现在最快的计算机可能几个世纪都算不出来。有些问题看似复杂,计算复杂度却很低,比如找到将一万个城市连通在一起所需要修的最短路线,即使我们的手机可能一眨眼就能算出来了。

人们在很长一段时间内(将近半个世纪)都不知道纳什均衡的计算复杂度。直到2009年,Daskalakis、Goldberg、Papadimitrou才确定其计算复杂度为PPAD-Complete(Polynomial Parity Arguments on Directed graphs)。另一个类似

的词汇几乎是每个学习计算机的同学都熟悉的：NP-Complete（Nondeterministic Polynomial）。

即使没有学过计算机，你可能也或多或少也听说过NP-Complete或者NP完全问题。在很多影视作品中（我记得的最近一部是《基本演绎法》第X季），都戏称某某人有一个可以破解NP完全问题的程序，从而可以破解世界上各种系统的密码。因此，某某人可以黑进银行成为亿万富翁，可以黑进国防系统扰乱整个社会……

然而这些事情基本是不可能的。这个世界上有很多很多NP-Complete的问题，只要解决其中之一，那么就是解决了其中所有的问题。只可惜，穷极无数天才的心血，至今没有一个NP-Complete的问题找到有效的算法。注意，这和数学中的难题不太一样。数学中的难题很多都需要单独攻破。比如解决了黎曼猜想，不一定就等于解决了哥德巴赫猜想。NP-Complete则不一样，它包含了很多很多难题，而这些难题只要解决一个，就等于解决了剩下所有的难题。因此你可以认为几乎所有研究过计算机的天才们都曾经想要解决NP-Complete的问题，但他们无一例外全都失败了。

PPAD-Complete类似于NP-Complete。区别在于，NP-Complete问题是所有属于NP这类问题中最难的问题，一旦解决其中一个问题，就等于解决了NP中所有的问题。PPAD-Complete问题是所有属于PPAD这类问题中最难的问题，一旦解决其中一个问题，就等于解决了PPAD中所有的问题。同样的，至今没有PPAD-Complete问题被有效解决，所以计算纳什均衡的复杂度很高。

斯塔克伯格（Stackelberg）

过高的计算复杂度限制了纳什均衡在计算博弈论中的应用：如果计算机算不出来，我们又如何应用它来让计算机成为神机妙算的谋士呢？

接下来我们来看一个比较容易计算的斯塔克伯格策略。我有幸跟随了一位杰出的导师Vincent Conitzer，他于2006年首先提出了如何有效计算双人游戏中的斯塔克伯格策略,从而开启了斯塔克伯格策略在诸多领域中的应用,比如之前提到的洛杉矶国际机场警力调配(图3)。尽管斯塔克伯格策略的知名度远小于纳什均衡,但它成为了洛杉矶机场安保应用中研究者和有关部门的首选,其中一个重要原因就在于它容易计算。在了解了一些

图3　洛杉矶国际机场的警员和警犬正在根据斯塔克伯格策略巡逻

基本定义后(我们马上就会介绍),斯塔克伯格的计算可以简单概括为:领导者枚举跟随者的每一个策略,在假设这个策略为跟随者最佳策略之后,计算自己的最佳承诺。

斯塔克伯格策略的假设是游戏中有一个玩家是领导者,另一个玩家是跟随者(简单起见,我们这里只讨论双人游戏/博弈)。领导者会承诺一个可以让自己获益最大的策略,然后跟随者根据这个策略选择自己的最优策略。

乍看之下,如果领导者和跟随者是正在对抗的双方,比如警察和恐怖分子,那么事先承诺一个策略似乎很笨。这就好比玩石头剪子布,如果一方成为领导者,事先承诺只出石头,那不就摆明了是让跟随者出布赢吗?其实领导者承诺的策略往往是一个混合策略,比如承诺一定以1/3的概率出剪刀,1/3的概率出石头,1/3的概率出布。在做出这些混合策略的承诺之后,领导者可以获得比纳什均衡更高的收益。

这里我再借用一个我导师文章中提到的例子。假设"你"和"我"在玩一个很简单的游戏,"你"可以出左手或者出右手,而"我"可以点头或者摇头。游戏的收益如表2所示。如果我点头你出左手,那么我得1块钱,你也得1块钱。如果我点头你出右手,那么我得3块钱,你得0块钱。如果我摇头你出左手,我们都得0块钱。如果我摇头你出右手,我得2块钱,你得1块钱。

表2　一个阐述斯塔克伯格策略可以比纳什均衡更给领导者带来好处的游戏

	你出左手	你出右手
我点头	我的收益为1,你的收益为1	我的收益为3,你的收益为0
我摇头	我的收益为0,你的收益为0	我的收益为2,你的收益为1

在这个游戏中,唯一的纳什均衡就是我点头,你出左手,每人各得1块钱。这是因为不论你出哪只手,我点头的收益都是最大的。而基于我点头的情况下,你一定会出左手。

然而如果我是领导者,我可以承诺摇头。那么你就会出右手,此时我收益为2块钱,比纳什均衡多了1块钱。我的斯塔克伯格策略是承诺50%点头,50%摇头。那样出右手对你来说还是最佳的选择,而我的收益有一半的可能是3块钱,一半的可能是2块钱,平均是2块5,比纳什均衡多了1块5![1]

对于洛杉矶国际机场来说,我们只需要稍微替换策略的名称和收益数值,其他都是差不多的。一个简单的例子如表3所示。

表3　洛杉矶国际机场的博弈样例

	攻击1号航站楼	攻击2号航站楼
巡逻1号航站楼	警察收益为2, 恐怖分子收益为-1	警察收益为-2, 恐怖分子收益为4
巡逻2号航站楼	警察收益为-5, 恐怖分子收益为1	警察收益为1, 恐怖分子收益-2

当然,实际情况要比上表复杂很多,警察会生成一个类似于上表的输入数据,并交给计算机计算出每一个巡逻点应该被巡逻的概率,并根据这些概率实时生成随机的巡逻路线。

上述斯塔克伯格策略之所以被器重,首先当然是因为警力有限,警方无法全

---

①此时跟随者出左手和出右手都是最佳选择,我们假设跟随者此时会选择一个让领导者收益最高的策略。如若不然,领导者可以选一个很小但是大于0的数x,然后50%$+x$的概率摇头,50%$-x$的概率点头,让出右手严格优于出左手。由于x可以无限趋近于0,所以领导者可以让自己的收益无限趋近于2块5毛。——作者注

时段巡逻所有目标,所以必须要有所取舍。其次,纳什均衡不好计算,而斯塔克伯格策略容易计算。最后,我觉得很重要的一点就是不论情况如何,斯塔克伯格策略中领导者的收益不会低于纳什均衡中领导者的收益:最不济,领导者可以承诺纳什均衡中的策略,使得跟随者的最佳策略就是纳什均衡中的策略。

因此只要领导者可以做出一个让跟随者信得过的策略,那么用斯塔克伯格策略带来的收益一定是大于纳什均衡的。因此,有关部门并不怕恐怖分子知道自己的策略,就怕恐怖分子不知道自己的策略,或者不相信自己的承诺。从另一个方面来说,这也体现出诚信的重要性:如果有关部门失掉诚信,那么它就没办法玩斯塔克伯格策略,而只能回去玩纳什均衡了……

冯·诺依曼(von Neumann)

计算机之父是谁?这是一个饱受争议的问题。图灵(Turing)显然可以称得上是计算机之父,图灵奖也是计算机领域的最高奖项。《模仿游戏》(*The Imitation Game*)作为又一部评分超高的影片,估计又将很多人心目中图灵的形象定格成了主演本尼迪克特·康伯巴奇(Benedict Cumberbatch)的形象。

虽然该影片名字中就带游戏,而且这也是图灵所发表的一篇论文的标题,但是在我的印象中,另一位计算机之父——冯·诺依曼(John von Neumann)——和游戏(博弈)更有渊源。

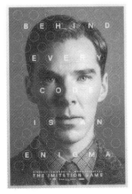  

图4　从左到右,分别是电影中的图灵、现实中的图灵和现实中的冯·诺依曼。

图灵机只是一个理论模型,而我们现实中使用的计算机,无论是台式机、笔记本、手机,甚至大到支撑谷歌的服务器集群,小到微型机器人的芯片,全部都源自冯·诺依曼体系架构。冯·诺依曼的名字对于任何一个学习计算机的人来说都是如雷贯耳的。然而,很少有人知道冯·诺依曼其实对博弈论也有过非常杰出的贡献。

冯·诺依曼证明了极小极大定理(minimax theorem),该定理从某种程度上证明了,任何一个零和博弈的合理策略,必然都对应于极小极大策略(minimax strategy)。因此在零和博弈中,你不需要担心是该选择斯塔克伯格策略还是纳什均衡,因为它们作为合理的策略,最后都等价于极小极大策略。并且,这个极小极大策略很多时候比斯塔克伯格策略还要好算很多。[1]

那么什么是极小极大策略呢? 这得从什么是零和博弈说起。简单起见,我们这里仍只考虑双人的情况("你"和"我")。

并非所有你死我活的博弈都是零和博弈。零和博弈要求在任何情况下,我的收益和你的收益相加为零(或者相加总是等于某个常数)。比如,如果我赢了得1块钱(收益+1)、你输1块钱(收益-1),但是你赢了得2块钱(收益+2)、我输1块钱(收益-1),就不是零和博弈。如果要成为零和博弈,那么你赢2块钱,我必须输2块钱。

因此,对于一般的游戏来说,每一个状态需要定义两个值,一个是你的收益,一个是我的收益,如表1或表2所示。然而对于零和游戏来说,我们只需要定义一个值,即我的收益。你的收益总是我的收益的负数。

也因此,在确定了双方的策略之后,我们只需要计算我的总收益,然后你的总收益就是其负数。所以对你来说,最大化你的收益就等同于最小化我的收益。

如果你总能窥探我的策略并依此选择你的策略以最小化我的收益,我就

---

[1]早在19世纪人类发现线性规划的算法时,它的算法便已经被发现(从某种意义上来说,线性规划和计算零和博弈的极小极大策略是等价的)。——作者注

会在此悲观假设之下选一种策略来最大化我的收益,这就是极小极大策略。比如石头剪子布,如果你总能窥探我的策略,那么我的最佳策略就是1/3的概率出石头、剪子或布,这就是我的极小极大策略。如若不然,比如我以1/2概率出石头,1/2概率出布,那么你在窥探了之后一定会大量出布让我输得很惨。

反之,如果我也能窥探你的策略,我也会选择一个最大化我的收益的策略,这两种情况最后所带来的收益其实是一样的(假设你也很聪明,而不是在知道我可以窥探你的策略之后仍然总是出石头)。

当然了,石头剪子布太简单了,用不着计算机谋士出马。德州扑克也是零和游戏,其最优策略的计算难度可能比围棋更胜一筹:虽然谷歌的 Alpha Go 击败了人类围棋的顶尖高手,但是目前还没有计算机程序可以在最宽泛的条件下击败德州扑克的顶尖职业选手。不过,在某些特殊条件下(比如限制每次赌注的数额),已经有计算机谋士可以媲美赌圣。

图5　Tuomas Sandholm 教授和他的德州扑克计算机程序

合作中的博弈

在现实中,单枪匹马闯天下的人毕竟是少数。大多数人都从属于一个企业或单位,与他人合作是必不可少的。即使是科学家,这个看起来非常独立的职业，也经常需要和别的科学家合写论文。

那么问题来了，大家合写的论文如果获了奖，奖金和功劳如何分配呢？一个企业做成了一笔大生意，利益又该如何分配到每一位员工呢？合作博弈论（Cooperative Game Thoery）主要研究团队合作取得成功之后，如何分配利益。这对于团队合作至关重要：如果团队中某些成员对分配不满，那么他们可能就会脱离团队，使得合作无法继续。

那么什么样的规则才是合理的规则呢？公平或许是大家最关心的特性。[①]

图6　罗伊德·沙普利（Lloyd Shapley）

说到公平，我觉得不得不提罗伊德·沙普利（Lloyd Shapley）。这就和之前不得不提纳什一样。沙普利同样是诺贝尔经济学奖获得者，同样去普林斯顿大学读了博士，并且同样有一个以他名字命名的概念：沙普利值（Shapley Value）。而这个沙普利值就是一个非常漂亮而又公平的利益分配规则。

在详细阐述沙普利值之前，我想再讲一个关于沙普利和纳什的非常有趣的故事。还记得前面提到的那部描述纳什的好莱坞大片的名字吗？据说，"美丽心灵（A Beautiful Mind）"就是沙普利对于纳什的评价。这里的"心灵"英文原文为"Mind"，其实意思和"头脑"更为接近。只不过"美丽的头脑"听起来感觉很奇怪，一般人不都会说"聪明的头脑"吗？据称，沙普利之所以只对纳什评价了"美丽的头脑"，是因为沙普利觉得"聪明（samrt）的头脑"另有其人。至于谁的

①除了公平以外，促使团队成员稳定合作而不脱离团队也是一个很重要的因素。由于篇幅所限，我们这里暂不讨论稳定性。——作者注

头脑可以称得上聪明,就请读者自行揣度吧。

简单来说,沙普利值就是每一个团队成员对于整个团队利益的平均边际贡献(Marginal Contribution)。什么是边际贡献呢?举个例子,假设有一个公司本来年收入为100万元,而在你加入了该公司以后年收入增加到了120万元,那么你的边际贡献就是20万元。

边际贡献受顺序的影响很大。一个非常简单的例子就是谷歌的第一个员工和第10000个员工,虽然他们的技术实力可能差不多,但是对于谷歌的边际贡献天差地别。第一个员工对于谷歌是从无到有的区别,而第10000个员工可能只能在某个小方面做了微小的贡献。也因此,一般来说谷歌的第一个员工所获得的报酬会远高于第10000个员工。

那么问题来了,如果一个团队有几个创始人是一起开始干活的,那么我们应该按照什么顺序来计算边际贡献呢?公平起见,我们枚举所有可能的顺序,对每一个顺序都计算一遍创始人的边际贡献,最后将所有可能顺序下的边际贡献做平均。这就是沙普利值。下面是一个源自维基百科的简单例子,它能帮助读者更好地理解。

假设有A、B、C三个创始人共同开了一家公司,年入600万元。最后三人发现,他们其中任何一人独立出来开这家公司都会倒闭。但是只要有C参与,另外只需要A或者B其中一人,那么这家公司其实就可以正常运作。换句话说,B、C两人可以创造600万元,A、C两人可以创造600万元,A、B、C三人也是创造600万元的收益;除此之外A单干、B单干、C单干,或者A、B合伙,都一分钱的收益也创造不了。

现在我们来计算沙普利值。一共有六种顺序可以计算边际贡献:ABC,ACB,BAC,BCA,CAB,CBA。六种顺序下每个人的边际贡献以及最后的沙普利值如表4所示。

表4　沙普利值实例

顺序	A的边际贡献	B的边际贡献	C的边际贡献
ABC	0	0	600万元
ACB	0	0	600万元
BAC	0	0	600万元
BCA	0	0	600万元
CAB	600万元	0	0
CBA	0	600万元	0
平均所有顺序(沙普利值)	100万元	100万元	400万元

除了定义十分简单之外,沙普利值的另一个优美的特性是它的公理化:沙普利值是唯一满足以下4条简单而直观的公理的利益分配规则:

1. 所有利益必须分配给每一位成员,不能有多余的、未分配的利益;

2. 如果两个成员在任何情况下贡献一模一样,那么这两个成员所分配到的利益也必须一样;

3. 如果一个成员在任何情况下都没有边际贡献,那么他分配到的利益应该为0;

4. 如果收益可以拆分成两块独立的部分,那么对这两块部分分别计算沙普利值然后相加得到的和,应该与直接对总利益计算沙普利值的结果是一致的。[①]

看起来沙普利值是那么的美好,但从计算的角度来讲它却没有那么简单。枚举所有的顺序是一件非常复杂的事情。比如30个人一共有2.65亿亿亿亿种不同的排列顺序。假设计算机一秒可以枚举一亿种顺序,那么枚举完所有顺序需要8.4亿亿亿年。[②]

---

①正式地讲,就是收益函数如果可以拆分成两个函数的线性叠加,那么沙普利值也可以线性叠加。——作者注

②除了枚举所有顺序,我们还可以枚举所有可能的团队的子集。虽然这样会快一些,但仍然是指数级的。——作者注

这也许就是为什么它虽然优美,却并没有被特别广泛应用的原因吧。也许沙普利值就像纳什均衡一样,虽然数学上优美,但从计算的角度来讲过于复杂。因此我们或许需要一个类似于斯塔克伯格策略这样的新规则来促使合作博弈论的广泛应用。那时,每个人的报酬都将根据一个透明而合理的规则,由计算机按每个人的能力和贡献自动计算得出。大家再也不用花时间为自己的工资讨价还价,或者为了报酬的不公而愤愤不平。而老板或是团队的首领也不用再为了如何合理分配奖励,让员工都能心满意足而绞尽脑汁了。

机制设计(Mechanism Design)

第二价格拍卖(Second-price Auction)

开篇提到,谷歌一年的广告收入有几百亿美元。我们知道,用户每次点击谷歌只能赚几毛钱,而一则广告的点击率一般来说都不到10%。也就是说,谷歌每年要给人们看几万亿次广告,才能换来这几百亿美元的广告收入。为此谷歌需要对每一个广告位举行一次拍卖。也就是说,谷歌一年要举行几万亿次的广告拍卖。

提到拍卖,大多数人首先想到的也许是艺术品,广告位有什么好拍卖的?才几毛钱,值吗?事实上,谷歌的广告其实和艺术品很类似。一件艺术品,对于某个人来说可能很好看很值钱,对于另一个人来说可能毫无价值。广告位亦是如此:假如一个广告位是一个急着买机票而无暇看电影的用户的,那么它的价值对于航空公司来说可能很高,对于电影院线来说可能一文不值。正是有拍卖机制的存在,才能让合适的广告位被合适的广告商买走,这不仅对谷歌来说极大地增加了收益,对于用户和广告商来说也是好事:在你想买机票的时候,你不用看到无关的电影广告;影院也不用将广告预算浪费在一些不看电影的用户身上。

图7　谷歌的每一次搜索都会触发一次广告(Ad)拍卖。比如此图中,携程赢得了广告位

然而一年几万亿次的广告拍卖可不是一件简单的工作。如果按照艺术品拍卖那样一次几十分钟的节奏,那谷歌一年可卖不了多少广告。因此一次拍卖必须十分高效。最简单的莫过于每个广告商同时开个价,价高者得,然后按所报价格支付。

乍一看,这十分高效。但是从博弈的角度来看却并非如此。

举个例子。假设刚刚那个航空公司觉得卖一张机票可以赚100美元,而一个看到广告的用户有1%的概率购买该公司的机票。那么平均而言,一个广告位对航空公司来说值1美元。那么航空公司该以多高的价格去竞拍广告位呢？如果以1美元竞拍,那对于航空公司来说毫无利益可图,因为花费和利润正好完全抵消。因此航空公司在上述拍卖机制中为了赢利,一定会以低于1美元的价格竞拍。那么到底是拍0.9美元还是0.8美元呢？这对于航空公司来说是一个麻烦的问题。

对谷歌和用户来说这也是个问题。假设有另一家服务稍微差一点的航空公司,虽然一张机票也是赚100美元,但是由于服务差所以用户只有0.9%的可能性买机票。因此,平均来讲这个广告位对于这家差一点的航空公司而言值0.9美元。如果好的航空公司竞拍了0.8美元,但是差一点的航空公司拍了0.85美元,那么差一点的航空公司就赢得了广告位。对于用户来说,他失去了原本买到好航空公司机票的机会。对于谷歌来说,它原本可以让好一点的航空公司以 0.9 美元的价格买下广告,这样不仅可以多赚钱,还能让用户更开心。

在机制设计(Mechanism Design)中,上述拍卖机制一般被称为第一价格拍卖(First-price Auction),因为竞拍价格最高的买家获得商品,并直接支付第一高的价格(也就是他自己的竞拍价格)。这个拍卖机制并不能激发买家诚实地报出自己对于商品的估值。比如前面提到的,认为广告位值 1 美元的广告商不会直接拍 1 美元,因为那样完全无利可图。

那么如何激励买家诚实报价呢?我们只需要将第一价格拍卖改为第二价格拍卖(Second-price Auction)即可:报价最高的买家获得商品,但是只支付第二高的报价。

如此一来,不论别的买家如何报价,该买家报出自己的真实估值都是最优的。分析很简单,有两种情况。一、假如别的买家的最高报价高于该买家的真实估值,那么该买家最好的结果就是不要赢得该商品,因为一旦赢得该商品,他将支付超过商品价值的价钱;报出自己真实的估值正好在此情况下不会赢得该商品。二、假如别的买家的最高报价低于该买家的真实估值,那么该买家应该赢得该商品;然而,不论该买家如何报价,只要他赢得该商品,那么他支付的价格总是一样的,也就是别的买家的最高报价;所以该买家随便出一个高于别的买家的价格报即可,比如自己的真实估值。

广义第二价格拍卖(Generalized Second-price Auction)

谷歌所采用的广告竞拍正是基于第二价格拍卖。只不过,由于谷歌搜索广告要稍微复杂一些,所以其拍卖机制全称叫作广义第二价格拍卖(Generalized Second-price Auctions),简称 GSP。

不同于一般的商品拍卖,广告拍卖(尤其是搜索结果的广告拍卖)有不止一位的拍卖赢家。比如当我们搜索手机的时候,谷歌会返回一系列的搜索结果,比如第一位是苹果手机,第二位是三星手机,第三位是小米手机等。广告也是如此:在用户搜索手机之后,谷歌可能会返回给用户三四个广告。因此这

Ads

Cricket Wireless Phones
www.cricketwireless.com/smartphones ▾
Find a **Smartphone** You'll Love with
Plans Starting at $40/mo. Shop Now!

Top New Smartphones
www.smarter.com/Top+New+Smartphones ▾
Top New **Smartphones**.
Browse & Discover Useful Results!

Pre-Owned Smartphones
buy.gazelle.com/Used-**Smartphones** ▾
No Contracts & 30-Day Guarantee.
Buy a Certified Used **Smartphone**!

Smartphone - 70% Off
smartphone.bestdeals.today/ ▾
Lowest Price On **Smartphone**
Free shipping in stock Buy now

图 8　关于智能手机的网络搜索

三四个广告都是拍卖赢家。然而,这些广告在页面中是有先后顺序的,如图 8 所示。一般来说位置偏上的广告比位置偏下的广告更能吸引用户的注意,因此也就对广告商越值钱。GSP 就是对广告商竞拍的价格进行排序,并按照顺序将这些广告返回到用户的搜索页面上,并对每一个广告商收取下一个广告商竞拍的价格。[①]下面是一个具体实例。假设 A、B、C 三家广告商分别以 $3、$2、$1 的价格竞拍一个用户的搜索广告,而谷歌将只会显示两个广告给用户。那么 A 和 B 胜出,A 排在第一位,B 排在第二位。谷歌向 A 收取 B 的竞价 $2,向 B 收取 C 的竞价 $1。可以看出,当谷歌只显示一条广告结果时,那么 GSP 就完全和第二价格拍卖(SP)等价了。我们知道第二价格竞拍是激励买家真实报价的。那么 GSP 作为第二价格拍卖一个非常自然的扩展,是否同样激励真实报价呢? 很可惜,答案是否定的。以下是一个反例。注意谷歌只有当用户点击广告时才会收取广告商费用,而一般排名越靠前的广告越容易被点击。

我们假设有三家广告商 A、B、C,对于一次广告点击的真实估值分别是 $3、$2、$1。假设排名第一位的广告有 60% 的概率被点击,排名第二的广告

---

①严格来讲,除了广告商竞拍的价格以外,谷歌还会根据广告的相关度和点击率对价格进行加权后再做排序。并且,谷歌只有当用户点击了广告以后才会收取广告商费用。简单起见,这里我们忽略这些细节。——作者注

有50%的概率被点击。假如B和C都真实地以＄2和＄1参与了竞拍，那么对A来说，谎报＄1.5的估值比诚实地报出＄3更为有利：报＄3的话，有60%（点击率）的概率A会赚取＄3并支付＄2，所以期望收益是0.6美元；报＄1.5的话，A会排在第二位，有50%（第二位的点击率）的概率A会赚取＄3并支付＄1，所以期望收益是1美元。

Revelation Principle（揭示原理）与VCG

那么对于复杂的广告拍卖，有没有一个拍卖机制可以激励买家诚实地竞拍呢？在机制设计中有一个著名的揭示原理（Revelation Principle），或者从其含义上来说更应该称为真实揭示原理。它告诉我们，不论我们有一个多么复杂而尔虞我诈的机制，这个机制在结果上总是等价于另一个机制，而在另一个机制中每一个人都会真实地揭示自己的想法。

这听起来不可思议，然而更不可思议的是该原理的证明不过寥寥数语。以下是该证明的一个通俗演义：假如靖王受霓凰郡主邀请演电视剧，靖王对片酬的心理价位是1000元一集，我们用机制X代表靖王直接和郡主讨价还价的机制，比如靖王说："我要1100元一集。"郡主说："太贵了，1000元吧。"靖王说："好吧，那我勉为其难接受了。"。但是靖王不好意思直接跟郡主提，于是找来梅长苏做经纪人，梅长苏为了帮助靖王实现1000元一集的心理价位，于是跟郡主说，靖王的片酬是2000元一集，但是给你个友情价，1100元一集就可以啦，最后郡主还价，还是以靖王的心理价位1000元成交，这个我们用机制Y表示。这里我们看到，其实X和Y的利益是一致的，是等价的。但是在X中，靖王说的虚假的想法"1100元"，而在Y中，靖王直接告诉梅长苏真实的想法"1000元"。对于靖王而言，他从"说谎"变成了"真实揭示"。

图9　博弈

　　同理,郡主也可以找一个代理人,使得郡主可以揭示自己的真实想法。在计算博弈论中,这样的代理人往往就是电脑或者程序。

　　那么具体什么样的机制是令人诚实的机制呢? 对于拍卖来说,VCG机制就是一种非常通用的令人诚实的拍卖机制。VCG是Vickrey-Clarke-Groves三位为此机制做出卓越贡献的科学家的名字的首字母缩写。而我们前面提到的第二价格拍卖(Second-price Auction)的另一个名字就是Vickrey Auction[①],一个VCG机制的特例。

　　Facebook作为在线广告的后起之秀,就果断采用了VCG机制来尽可能地促使广告商诚实地竞拍。其实在早期,Facebook和大部分别的在线广告平台一样,都延续了谷歌的广义第二价格拍卖(GSP)机制。然而由于GSP并不能完全促使诚实的竞拍,所以Facebook的科学家在很早期就开始实验VCG机制并和GSP进行比较。幸运的是,VCG很快就在实验结果上胜出了GSP,因此在Facebook的广告系统变得过于庞大而难以变动之前,Facebook的工程师就将所有的GSP都换成了VCG。

　　我的一些朋友在使用Facebook的时候,经常无法区分广告和朋友分享的

------

①Auction即为拍卖。

内容：因为广告内容很多时候太和自己的兴趣和生活息息相关，完全不像是电视上乱播放的那种和自己毫无关系的广告。从一定程度来说，我想VCG机制对此应该也做出了不少贡献吧。

展望未来

如果将现在如日中天的机器学习比作黑箱、黑魔法，那么我希望未来的计算博弈是透明和光明的白魔法。

诚信往往是一个好机制的首要追求。而要诚信，那么首先参与者要信得过计算机计算出来的策略和机制。因此计算博弈的未来应该让人们容易理解，感到放心可靠，毫无神秘感。

比如之前提到的合作博弈论，它现在还没有特别广泛的应用，但未来它可能会极大地促进人们的合作，简化人们之间利益的分配。试想一下，一切讨价还价和政治化的利益斗争都将消失，每一位团队成员只需要思考如何为团队做出更大的贡献，一个类似于沙普利值那样简单而明了的机制将综合每一个合作者的贡献，给出公平公正的酬劳。

同理，在不远的将来，也许透明的机制设计将代替能言善辩的政客，来制定我们生活中遇到的各种政策。所有的得失都被非常透明地表示出来，计算机利用透明的规则综合所有人的偏好和得失，制定出最优的政策。

这些事情在目前看来都过于天真。然而当几千年前我们的祖先仰望浩瀚的星空，他们一定觉得那满天的星星是如此的复杂和变幻莫测，只有巫师可以看懂。如果一个孩童胆敢梦想精准预测那些星星的位置和轨迹，祖先们一定会说这孩子太幼稚不知天道之无常：不要说星星了，日食月缺都是那么难以捉摸。然而现在，我们知道高中的经典力学即可精准地描述和预测天体运行的轨迹。

我相信有一天，酬劳的分配和政策的制定也会像经典力学一样，透明而简单,成为一门易懂的科学而不是深奥的艺术。

对于对抗博弈论,显然它在未来应该给我们的电子游戏带来更成熟的人工智能(Aritificial Intelligence,简称AI)。我们应该感受不到与人工智能玩和与人玩的区别。目前游戏AI的最大的问题就在于死板,缺乏随机性。我们可以很明显地感受到我们到底是在和高级AI对战,还是在和一个水平较差的人类对战。虽然高级AI可能比水平差的人更强大,但是一般我们更享受和人玩。

游戏AI的死板并缺乏随机性,主要是因为目前这些AI都源自于组合博弈论(Combinatorial Game Theory),代表作就是击败卡斯帕罗夫的AI。这种AI的决策是固定不带随机性的,谷歌的Alpha Go在一定程度上亦是如此。这样的策略对于棋类这样回合制且无隐藏信息(双方的棋都在台面上,一览无遗)的游戏是最优的。但是固定的策略对于德州扑克这样有隐藏信息(有对方看不见的牌),或者像石头剪子布这样双方同时行动的游戏来说,并不适用。对于它们以及众多的现代电子游戏来说,对抗博弈论应该比传统的组合博弈论更加适用。我们期待有一天,德州扑克的AI可以一举击败世界赌神。

我的导师Vincent Conitzer曾经说:"研究博弈论多了,最后不自觉地会以博弈的角度去想任何事情,甚至是家里的事情。"我认为这是一件好事。博弈的根本就是除了站在自己的角度去考虑问题,也会站在别人的角度去考虑问题。正是如此,才有纳什均衡、斯塔克伯格策略以及VCG机制,而不是简单的最优化自己关心的结果,毫不在意别人的感受。

高德纳奖及哥德尔奖获得者Christos Papadimitriou教授说计算博弈论就像一个十几岁的小女孩,亟待长大。我希望,她会很快长大成一个神"机"妙"算",能聪明解决各种问题的绝代谋士。

深度学习

赋能人工智能,让机器人比人更聪明

本文作者:张　晓

人工智能一直以来就是高科技行业中经久不衰的话题。"深蓝"电脑、百度大脑、微软的实时翻译系统、谷歌的无人驾驶汽车、亚马逊正在试验的能送快递的无人机，在这创新浪潮中，人工智能开始悄无声息地渗透进我们的生活。

在人工智能领域，深度学习（deep learning）是这一波高科技革命潮流中最璀璨的明珠。深度学习大大提高了计算机识别图像和语音的精度，在有些测试上还超过了人类的识别精度，比如 ImageNet 的图像识别测试、LFW 的人脸识别测试等。由于深度学习的卓越性能，各大高科技公司都在打造自己的研发团队，比如百度的深度学习研究院、谷歌的谷歌大脑团队、Facebook 的人工智能研究院等，还有无数的创业公司投入到深度学习的研发当中，创业时间不长就能取得很高的估值。那么为什么深度学习有如此强大的能力，甚至在某些领域超过人脑？为什么高科技行业要投入如此多的资源在这个研究方向上？想要把这个问题研究清楚，我们就要回到三十多年前，从深度学习的前身"人工神经网络"的诞生说起。

感知器：神经网络的第一次兴起和衰落

1958 年盛夏，美国华盛顿特区，生活像往常一样平静，政府办公区内西装革履的公务员来回穿梭着，博物馆里满是放假前来学习的孩子们（还有辛苦的家长）。可能很少有人知道，就在这个城市，一件人工智能领域里程碑式的事件就要发生。Frank Rosenblatt，康奈尔航空实验室（Cornell Aeronautical Laboratory）的科学家和资助他的美国海军一起在华盛顿举行了记者招待会，宣布拥有学习和认知功能的计算机——马克一号（Mark-I）的诞生。马克一号的理论基础是感知器算法（Perceptron），该算法现在已经成为人工智能领域的经典算法。通过对输入的数据进行分析，感知器算法可以根据所犯的错误调整自身的参数，从而达到学习的目的。

根据神经元算法，马克一号可以识别简单的字母图片，这在当时引起了科技界一片惊叹。当年7月1号的《纽约时报》报道:"海军军方向公众展示了一台可以讲话、行走、观看、写作和自我认知的机器原型。"然而这仅仅是美好的理想,1969年,麻省理工学院的两名科学家在他们合著的书中证明,单层神经元算法有很强的局限性,甚至无法学习到"异或^①"(exclusive or)表达式的规律。人工神经网络相关的研究因此停滞了10年之久,这被称为人工神经网络的第一个冬天。然而黑暗中却也蕴藏着希望,虽然单层的神经元算法能力有限,但如果将多层神经元连接起来,就可以创造出功能强大的多层神经网络,这为20世纪80年代神经网络研究的复兴打下了基础。实际上,现在火爆的深度学习中的"深度"一词,就是指神经网络层数的加深。

神经网络的结构

最简单的神经网络有三层组成:输入层、隐含层和输出层。

● 输入层:将输入的数据转化成一串数字;

● 隐含层:根据输入层的数字,计算出一组中间结果;

● 输出层:根据隐含层得到的中间结果,做最终的决策。

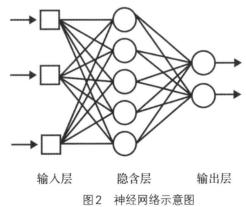

输入层　　　　隐含层　　　　输出层

图2　神经网络示意图

———————

①计算机逻辑术语,假设有两个输入A和B,异或的意思就是A和B值相同时输出0,不同时输出1。——作者注

举个判断颜值的例子来说明这几层的作用：

● 输入层将他（她）的照片转化成一组数字，比如每个像素的R／G／B值（如果照片有100万像素，那么输入层总共有300万个数字）；

● 隐含层计算出该长相的几个特点，比如身高、腿长、胖瘦、眼睛大小、鼻梁高低等；

● 输出层根据这些特点输出颜值的评分。

在上述过程中每一层神经元的输出取决于三个要素：

1）上一层神经元的输出；

2）层与层之间的连接：也就是神经网络结构图中的实线。如果不同层中的神经元之间有连接，那么这条连接左边（前一层）的神经元对连接右边（后一层）的神经元就有影响。影响的大小取决于这条连接的权重。权重越大，影响就越大。还是以判断颜值的应用为例：这个例子中，隐含层有一个神经元专门负责计算鼻梁的高低，那么这个神经元应该与输入层中描述鼻子附近像素的神经元建立高权重的连接，而与输入层其余的神经元只有微弱的连接关系；

3）激励函数：在神经网络工作时，每层神经元根据前一层的输出和对应的连接权重做加权求和后产生一个数值。而这个数值需要经过一个非线性变换后再传递到下一层去。这个非线性变换就是通过激励函数来实现的。实际应用中常见的函数包括sigmoid函数和tanh函数等。以sigmoid函数为例（图3），激励函数可以理解为将任意一个输入数值转化成0～100的分数的过程。还以神经网络判断颜值为例，当输入图像非常极端时，通

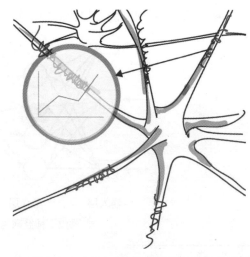

图3　sigmoid函数与神经细胞的兴奋传导机制有相似性

过激励函数产生的颜值分数也很极端:或是0分(惨不忍睹)或是100分(惊为天人)。当输入的图像是一张正常的人脸时,通过激励函数生成的分数就具有不确定性。这时,如果输入的脸过于平庸,神经网络对自己的决策就最不确定,给出的分数也最模糊(50分,也就是颜值一般,不高不低)。

激励函数的作用类似于神经细胞的信息传导。信息传导的一个重要理论是"全有全无律"(All-or-none-law),就是说一个初始刺激,只要达到了阈电位,就能产生离子的流动,改变跨膜电位。而这个跨膜电位的改变能引起临近位置上细胞膜电位的改变,这就使得神经细胞的兴奋能沿着一定的路径传导下去。而跨膜电位改变的幅度只与初始刺激是否达到阈值电位有关,与具体的初始刺激的强度无关。这个过程与神经网络中激励函数的性质非常相似。

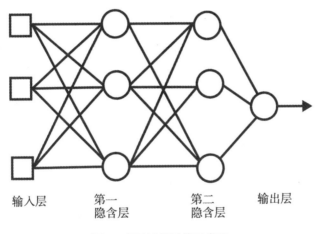

输入层　　　第一　　　　第二　　　输出层
　　　　　隐含层　　　隐含层

图4　多层神经网络示意图

复杂的神经网络的隐含层一般有多个(如图4),隐含层数量越多,表达能力越强,可以解决的问题就更多。深度学习之所以优于早期的神经网络,主要是它可以从大规模数据中有效地训练出更多隐含层。那么深度学习模型中不同隐含层的关系是什么呢?以图像为例,近期的研究[1]显示,最初的隐含层,一般表示简单的图像特征,比如边缘、直角、曲线等。后面的隐含层可以表达更高级的语义特征,比如汽车轮胎、建筑物的窗户、动物的头部轮廓等(如图5)。

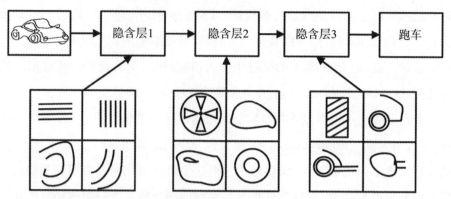

图5　神经网络隐含层图例,第一隐含层提取横竖线和圆形,第二层提取基础形状的组合,第三层分析更加具体的图像,比如轮胎的纹路、汽车轮胎部分的侧面等

现有公开的深度学习模型最多可以有150层网络,但无论结构多么复杂,只要知道了输入和网络的结构和参数,很容易根据之前的公式计算出最后的输出。具有挑战性的是如何根据已有的数据,优化计算出网络的参数(最重要的参数是神经元连接的权重),这就引出了一位人工智能领域的传奇人物Geoff Hinton和他发明的人工智能领域最伟大的算法(之一):后向传播(back propagation)。

神经网络的优化

20世纪80年代的一天早上,加州大学圣迭戈分校心理学系的David E. Rumelhart教授来到办公室,看到神经网络算法在计算机上通宵运算输出的结果,露出了欣慰的笑容。因为结果表明,他和同事Geoff Hinton[1]等人发明的后向传播算法,可以模拟布尔代数中的"异或"运算符以及更复杂的函数,这比20年前Frank Rosenblatt发明的感知器算法进了一大步。

---

①还有其他几位研究人员在几乎相同的时间独立地发明了后向传播算法,比如Facebook的研究总监Yan Lecun等。——作者注

后向传播算法解决的是多层神经网络的优化问题。神经网络的优化是基于一组训练数据的参数调整过程。这个过程类似老师教学生做题。不同的是在学校里老师教学的顺序一般是给出题目,再给出解题思路,最后给出答案。而在科研人员优化神经网络时,会给它大量的题目和答案,让神经网络自己去寻找解题的方法。所谓"训练数据",也就是这大量的题目和答案的组合。比如上一节最后,识别汽车图片的例子中:汽车的图片就是题目,汽车的类型(跑车、卡车、越野车等类别)就是答案。大量的图片和对应的汽车类型就构成了训练数据。优化过程完成后,解题的方法就蕴含在神经网络的各个隐含层之中。

在这个过程中,最初几层参数的优化最困难,因为它们与神经网络输出的函数关系最复杂。Rumelhart 和 Hinton 教授发明的后向传播算法,巧妙地利用了神经网络层与层之间的递推关系,从最后一层的参数开始,逐层向前优化。每一层参数的优化只和它后一层的参数有关,这就大大简化了需要表达的函数关系,有效地解决了多层神经网络的优化问题。

后向传播算法被发明后,神经网络在科技界又流行了一段时间。1987年9月15日的《纽约时报》以"计算机学会了学习"为题报道当时神经网络的研究进展,列举了从大学到公司利用神经网络的例子,其中之一是一家金融公司利用神经网络对贷款申请的历史进行评估测试,测试的结果是可以使公司在该历史区间的利润增长近30%,这很像是今天基于大数据的互联网金融的雏形。著名的科幻电影《终结者》系列中阿诺德·施瓦辛格主演的机器人的一句台词就是"我的CPU是神经网络处理器,一个可以学习的电脑"。然而好景不长,神经网络虽然建模功能强大,但由于当时的数据量有限,神经网络模型难以解释等问题导致人们对神经网络的热情减弱,开始偏向更简单、易于解读的模型,比如支持向量机(Support Vector Machine)。支持向量机对不同种类样本"间隔最大化"(maximize margin)的思路在样本数量有限时非常有效,所以在缺乏大规模训练数据的时代受到了科研人员的广泛欢迎。在整个20世纪90年代和21世纪初,神经网络的研究陷入了低谷,在各个人工智能领域的前沿学术会议上很少能看到神经网络的论文。如果在开会时一个科学家跟其他参会人员说他(她)是做神经网络研究的,听到的人便会露出不解的表情,好像在说为什么要去研究这种过时的东西?可是,只要合适的时机到来,是金子总会发光。

21世纪神经网络的复兴:深度学习横空出世

2013年春天的多伦多,谷歌办公室坐落在繁华的金融区内,毗邻美丽的多伦多港。Hinton教授经常到这里办公,将人工智能的新进展融于谷歌的产品中。虽然在这里办公的主要是负责市场和销售的同事,几乎没有做科研的员工,但在一些社交活动中,Hinton还是会和大家自我介绍一下,比如这样:

同事甲:经常看您若有所思,或低头思考,或写程序,您是从事什么工作的呢?

Hinton:你是用安卓手机吧?

同事甲:啊,是的。

Hinton:里面的语音识别好用吗?

同事甲:还不错,语音搜索比较准确。

Hinton:嗯,这就是我做的。

在让多伦多同事崇拜(或不解)之外,Hinton教授没有提到的是,他的公司(DNNResearch Inc.)之前刚刚卖给了谷歌,据传收购金额为上亿美元,而公司核心员工只有Hinton和他的两个学生,公司的核心技术就是深度学习的高效优化算法及其在计算机视觉、语音识别、自然语言理解中的应用。同一时期,除了Hinton教授,当年同时发明后向传播算法的Lecun教授被Facebook重金聘请为人工智能实验室的研究总监。各个大学的研究团队也纷纷转向深度学习相关的科研领域,仿佛没有在学术会议发过深度学习的文章就落后于时代了。那么深度学习相对于传统的神经网络做了哪些改进,足以受到学术界和工业界的科研人员的集体追捧呢?

当神经网络遇上大数据

2011年谷歌和斯坦福大学的科学家联合发表了一篇文章[2],利用谷歌的分布式系统来训练超大规模神经网络,把Youtube的视频输入到该神经网络中,在没有任何人为干预只有视频中的图片的情况下,该神经网络可以自行识别视频中的人脸、人体,甚至还有猫脸(Youtube上有很多萌猫的视频)。这个神经网络有10亿个神经元连接,动用了1000台机器、16000个CPU,在1000万个图像上进行优化。这篇文章在当时引起了巨大的反响,一个原因是它精准的结果,神经网络可以自发地找到在视频中反复出现的物体。另一个原因是这项科研项目在神经网络规模上的突破。20世纪60年代到80年代神经网络衰落的原因就是数据的缺乏和高性能计算资源的不足,导致无法在很大规模数据集上优化神经网络,随着20世纪末、21世纪初互联网和分布式系统的兴起,大数据的相关技术日趋成熟,这对深度学习的发展起到了巨大的推广作用。2012年,谷歌又在神经信息处理年会上发表了另外一篇文章,详细阐述了如何利用分布式系统来训练大规模神经网络。[3]

除了分布式系统,专用硬件的出现也促进了深度神经网络的发展。比如显卡(GPU)、为了某种算法定制的现场可编程逻辑门阵列(FPGA)和专用集成电路(ASIC)。专用硬件提供了强大的并行计算性能,神经网络的训练速度达到了质的飞越。除了系统层面的性能改进,算法的改进也使得深度学习的实用性有所提高。下面我们就分几个方面来总结近期使深度学习成为机器学习主流方向的几个技术进展。

分布式模型

对于超大规模神经网络,一台机器很难处理一个模型中所有的参数。所以需要将一个模型分解成不同的部分,分布到多个机器中,这样的一组机器就是一个模型,称作"模型副本"(Model Replica),如图6所示。

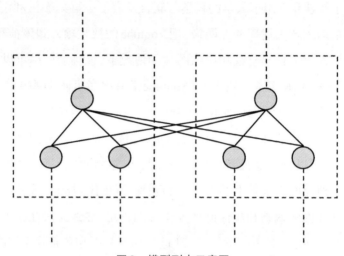

图6　模型副本示意图

利用每一台机器只处理一小部分模型参数的思路,我们只需增加机器就可以产生很大规模的神经网络。唯一的困难是有的神经网络连接需要横跨不同的机器,如图6中加粗的实线所示。这需要不同机器进行通信,而通信会带来网络带宽开销和计算上的延时。好在很多问题,比如图像处理,神经网络只需要"局部连接",也就是下一级的神经元只处理上一层中有限的几个神经元传递过来的信息。这就好像我们将一个图像分成几个子区域(比如蓝天的部分、地面的部分、建筑物的部分等),然后分别用神经网络模型中不同的神经元进行处理,得到不同子区域的处理结果后再汇总。[4]这种机制大大减少了不同机器之间的神经元连接,使得不同机器间通信的成本降低,提高了分布式模型方法的计算效率。

并行数据处理

分布式模型算法解决了对超大模型参数的存储问题。而并行数据处理解决的是如何利用大数据对神经网络模型进行优化的问题。这里我们借用日本经典动漫《火影忍者》中的一个桥段来进行类比,以便大家理解。《火影忍者》的主角漩涡鸣人有一个重要的技能叫作"影分身",就是瞬间创造出多个自己的克隆体(类似于模型副本)。这个技能除了用于打怪兽之外,一个重要的用途是利用多个影分身的头脑进行快速学习。基本思路就是让每个影分身同时学习一项新的高级忍术,学习一段时间让影分身回归本体,将学习的经验整合,这样就可以大大加快学习的进度。并行数据处理就是利用类似的思路来加快神经网络的优化。

在具体的优化算法方面,随机梯度下降(SGD)由于其简单易用的特性而广受欢迎。然而传统SGD方法很难并行化,因为该算法每次对训练数据集中的一条数据做处理,更新模型,然后处理下一条数据时以前一次处理的结果作为基础。这样的算法顺序性太强,虽然简单有效却很难利用多台机器加速计算。为了将不同的训练数据分布到不同的机器上同时计算,需要利用异步SGD的方法,如下图所示:

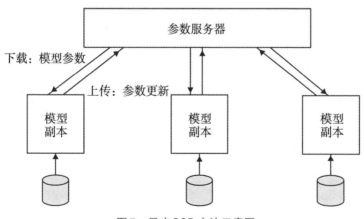

图7　异步SGD方法示意图

该算法的特点是每个"模型副本"只对输入数据的一部分进行优化,不同模型副本的优化结果通过一个"参数服务器"集群进行通信。每一个模型副本定期向参数服务器上传自己的优化结果,并下载最新的模型参数继续优化。如果说这里每个模型副本是一个影分身,那么参数服务器就是本体的大脑,在不断接受和归纳所有影分身学到的知识。这种异步的方式利用分布式系统来处理大规模的训练数据,使得我们可以用几万台机器来训练同一个模型,几个小时就可以完成以前需要计算几周的结果,因此利用大数据产生大规模神经网络的技术成为可能。

硬件加速

在计算机内部,除了通用计算单元CPU之外,还有用于图形显示的专用芯片,叫作GPU。GPU最早由英伟达在1999年发明,用于处理图像的变形、光照变化、渲染引擎等,主要用于游戏和电影特效。基本上在每一个3D游戏发烧友的电脑里都会有一块性能强劲的GPU。GPU的很多应用都涉及矩阵和向量运算,它的体系结构是为了快速并行的矩阵运算设计的。在单个机器上的并行计算一般有处理器上的多个核(core)来协作完成。比如现在一般的家用电脑有四核(core)就算是标准配置了,而GPU为了提高并行计算性能可以有成百上千个更小型且计算效率更高的核,比如英伟达在2006年推出的GeForce8800显卡有128个核;而2013年推出的Tesla K40有2880个核。另外,为了支持快速并行计算,GPU的缓存系统也进行了专门的设计,减小了缓存的容量,提高了访问内存的带宽(每秒内存读写的数据量)。因此在矩阵计算这个特殊的领域,GPU的优势不言而喻。因为神经网络在每一层之间的信息传递在数学上也可以表示成为矩阵运算,所以随着GPU性能的加强,科研人员就开始尝试利用GPU对神经网络的计算进行加速。比如2012年取得ImageNet图像识别测评第一名的Hinton教授的团队,在一台机器上利用了两个GPU训练同一个神经网络,取得当年最好的评测成绩。

深度学习的发展使英伟达公司看到了GPU在嵌入式自动化系统方面（譬如未来可以应用在可穿戴设备中、无人机、无人车）的潜力，于是将之作为公司重要的战略方向。这方面英伟达的最新产品就是Jetson系列的嵌入式芯片，该芯片只有信用卡大小，却有CPU、GPU、内存等计算机的重要组件，可以在该芯片上实时运行深度学习算法。该芯片可以用于无人车、无人机等智能机器平台。可以预想英伟达在这方面的持续努力肯定可以带动深度学习的实际应用。除了英伟达之外，高通（Qualcomm）、IBM等也在研究能够部署深度学习的芯片。将复杂的深度学习模型部署到低功耗低成本的芯片上将是芯片工业诞生下一个十亿美元公司的风口。

算法改进

除了硬件方面的提升，在软件方面一个重要的改进方向就是对优化出的模型进行压缩。比如将神经网络参数从一个浮点数压缩成一个数值范围有限的整数。或者设法减少每一层神经元的数量和不同层之间的连接数。这有两个好处。首先模型压缩可以提高模型的运算速度，这对很多需要处理实时数据的行业至关重要。比如在安防行业中，如果发现有可疑人员出现，深度学习模型应该在第一时间做出响应，向监控部门发出警告。如果有一定的延时，可能会造成无法挽回的损失。其次，这种优化可以使得神经网络占用计算资源更小，更适合应用在计算资源有限的环境中，比如手机、机器人、智能手表等。

除了速度上的改进，为了能够让超大规模的神经网络从大数据中学到有用的知识，而不是噪音，科研人员还提出了优化算法上的改进。比如有一种简单实用的方法叫作Dropout。就是在训练每一层神经网络时，随机将一些神经元的输出强制为0，也就是弃用（Drop）这个神经元。这种做法可以认为是将一个大型神经网络拆解成多个小规模神经网络，对它们的输出求平均。在求平均时，数据中的噪音便可以被有效降低。另外，更简单且非对称的激励函数（Rectified Linear Units）也被证明可以更快速有效地完成神经网络的学习。

开源战略

现在深度学习有很多开源软件可供选择,最受欢迎的是 Theano、Torch 和 Caffe。而 2015 年 11 月,谷歌也发布了自己深度学习系统 TensorFlow 的开源版本。TensorFlow 的特点是编程界面简单易用,模型开发出来后可以方便地部署到云端、手机、GPU 等多种计算平台上。由于 TensorFlow 采用了数据流图的结构,使得模型训练时不需要依赖单独的服务器(Parameter Server)来维护模型参数的状态,这使得 TensorFlow 的结构被大大简化了。作为谷歌内部最新一代的系统,TensorFlow 已经应用到多个产品部门中,所以开源 TensorFlow 的决定震惊了工业界和学术界。其实谷歌的这一步,也有制定行业标准的意味,为自己的云计算战略服务。最近几年很多重要的开源软件的设计思想都源自谷歌发表的论文,比如 Hadoop 和 HBase 分别来自于谷歌的 MapReduce 和 BigTable。这本身倒是没什么问题,谷歌与同行分享心得本是好事。可是在云计算时代技术标准非常重要,假如所有研究人员都用 TensorFlow 做模型,那以后如果他们需要利用云计算扩展自己模型的规模,考虑到已有的系统和云平台的兼容性,自然首选谷歌的云服务。所以开源 TensorFlow 除了推动整个深度学习领域的进展,也是谷歌在商业拓展下的一步好棋。

关于未来的大胆设想

20××年的某一天,小明下班后坐上自家的无人驾驶汽车去赴一个饭局。虽然路上很堵,但小明仍然可以在座位上听音乐上网。网站上有一页写到历史上的汽车,小明看得饶有趣味,不知不觉就开到了饭馆。下车的时候小明在想,以前的人们真是不容易,要考驾照,要在这么拥堵的路上浪费珍贵的生命来驾驶,还要找停车位,买行车保险,这么麻烦还真不如不买车。下车之后,小明让汽车去附近做专车拉活挣钱,饭馆的机器人服务员将小明带到朋友所在包间吃饭。

　　没有人能准确地知道让以上场景变为现实还需要多长的时间,但无可否认的是深度学习已经在图像和语音识别等基础领域取得了重要的突破,而这些正是上述场景实现的基础。未来的深度学习一方面有可能在目前尚不成熟的自然语言理解上取得更大的突破,另一方面有可能会被部署到更多的平台中,使得用户可以方便地体验深度学习算法带来的便利。相信随着相关软件和硬件的不断完善,深度学习的模型会变得更快更有效,在某些任务上比人类做得更好,成为下一波信息产业革命的重要推动力量,带动交通、安防、工业制造、电子商务等行业的跨越式发展。

　　虽然目前国际上最领先的人工智能技术掌握在谷歌、微软、IBM等公司中,但我国的人工智能技术与国际领先水平差距不大。一个重要的原因是在21世纪初的互联网革命中,我国涌现了大量优秀的互联网公司,它们的技术和数据的积累为深度学习技术研发提供了有利的基础。在国家层面,国务院在2015年发布了《关于积极推进"互联网+"行动的指导意见》,其中专门有一节论述"互联网＋"大战略下人工智能的发展规划。相信在政府部门和企业的一起努力下，我国深度学习技术的研究可以后来居上，并应用到不同的行业中，推动国家整体科技实力的提升。

柔性电子

可折叠显示器、人造电子皮肤，设备、人及机器
人的融合共生

文 / 王辉亮

让我们先来发挥一下想象力吧！电脑显示屏可以像手帕一样折叠起来塞进口袋，要两个壮汉才能搬动的大屏幕电视，一个人便可以像卷海报那样轻松地拎回家；遭遇不测而无法恢复的皮肤，可以换成全新的人造皮肤，不仅和原来一样健康美观，还能感受到极其微小的压力；将一块小小的薄片，贴在皮肤上，不仅可以24小时检测自己身体的健康状况，而且日常生活中的每一个微小动作都可以转换成电能，例如走路、开车、打字，甚至心脏的跳动。这些看似非同寻常的憧憬其实都可以通过柔性电子学变成触手可及的现实。柔性电子学，又称柔性电路，是一种制备轻薄、可折叠的电子器件及其形成的电路技术。

柔性显示来了

在介绍柔性显示屏前，我们先了解一下显示屏的两个基本电子器件：晶体管（transistor）和发光二极管（light emitting diode）。晶体管就像一道神奇的阀门，可以根据输入电压控制输出电流。我们平时所用的开关就是晶体管的应用之一，晶体管是所有集成电路最基本的组成部分。

很多人或许没有听过发光二极管，可是提起它的另一个名字LED，相信大家一定不会觉得陌生。相比传统的钨丝灯泡，LED光源明亮稳定，节约能耗，而且通过加入不同的物质，可以呈现出不同的色彩，完全颠覆了我们对照明的认知。北京奥运会的标志性建筑水立方，就是利用LED光源变幻出各种色彩和图案。奥妙在于LED通过电压控制器件发出强弱不同的光，而特定的材料会吸收特定的光，从而通过材料的选择改变发出光的颜色（波长）。

显示屏有两种驱动方法：被动矩阵型和主动矩阵型。被动矩阵型是采用X和Y轴的交叉方式来驱动发光二极管，这种方式驱动的屏幕越大，需要的线路就越多，速度也就越慢，而且显示点（pixel）之间会有电信号干扰，从而影响画面质量。主动矩阵型的显示屏是由之前提到的晶体管和发光二极管组成，显示区域的每一个显示点都由一个晶体管控制，几根线路就可以快速控制非常庞大的屏幕,显示点之间的电信号干扰会大幅减少,能耗也会更低。

传统的晶体管和发光二极管都是由无机半导体材料组成的,而柔性电路采用的器件则主要是有机半导体材料。这种材料于20世纪60年代被发现,以碳元素为主,也包括氢、氮、氧等元素。自80年代第一个用有机材料做出的发光二极管(OLED)和晶体管(Organic transistor)诞生起,研发人员就产生了用有机材料做柔性电子器件的想法。OLED显示主要依靠透明电极,这些电极不但导电,还能让显示屏发出的光透出去。传统的透明电极材料叫作ITO,是一种陶瓷材料,一弯曲就很容易破碎。硅谷的C3Nano公司则选用导电纳米材料来实现这个目标,由于纳米材料可通过溶液处理和打印,所以制备成本也会低了不少。研究的碳纳米材料主要包括:碳纳米管(carbon nanotubes)、富勒烯(C60)和石墨烯(graphene)。2015年,C3Nano收购了韩国最大的银纳米线公司(Aiden Co. Ltd),开始使用银纳米线制作透明电极。2015年6月,日立公司(Hitachi)已经开始使用C3Nano的透明电极材料,用于研发大面积柔性触摸显示屏。

除了Hitachi,不少公司都开始展示柔性显示屏产品(如图1所示),包括Plastic logic、三星、LG等。其中柔性显示屏做得最轻最薄的是一家叫作柔宇科技(Royole)的公司,是由斯坦福毕业生刘自鸿博士领导的团队创建的。这家公司做出的显示屏只有0.01毫米,卷曲半径可以达到1毫米,刷新了世界纪录。在一次展示中,由手机控制的录像就在这个薄如蝉翼的显示屏中播放,没有一丝缺陷。2015年10月,李克强总理还亲自参观了他们的研发中心。这家公司最近一次融资高达1.7亿美元,估值超过10亿美元,发展十分迅猛。

图1　柔性显示屏示意图

柔性器材：医学监测、诊断和治疗

柔性器件在生物医学方面也有非常广泛的应用。对于人体外部检测而言，刺激大脑电信号或者心脏律动的传统方法是将电极接合在导电凝胶之中，然后贴在体表。这种方法有许多不足，比如，由于凝胶会逐渐干燥，失去黏性，所以不能进行长时间、连续的检测；与人体体表接合较差，易滑落；舒适度偏低，尤其对于低龄化患者使用较为困难；将电极接合的过程也相对烦琐费时。

而柔性器件可以解决这些问题。柔软轻薄的柔性器件可以非常紧密地贴合在皮肤、心脏或者大脑上面，从而通过对电学或压力信号的检测获取更准确的身体信息。并且人体佩戴的体感较好，不会有明显的不适。人们甚至可以24小时佩戴这些薄如蝉翼的器件，随时监测人体的心跳、脉搏、血压、脑电波、心电图等各种身体指标。长时间随时监测，对于心脑血管疾病的诊断、预防和及时治疗意义重大。如果在器件中安装药物缓释材料，甚至可以有效地针对疾病进行治疗，比如糖尿病病人可以佩戴定期释放胰岛素的柔性材料。

伊利诺伊大学厄巴纳·香槟分校的教授约翰·罗杰斯（John Rogers）是这个领域的翘楚。他运用柔性电路的制备方法，将各种传感器制备在一个可以贴在皮肤上的超薄贴纸上，用于测量身体各项指标。[1][2]他还在2008年成立了坐落于波士顿的MC10公司，致力于研发推广舒适、安全和与人体皮肤紧密接合的检测性产品。

MC10公司的其中一项研究是与欧莱雅公司合作研制的高灵敏度可穿戴皮肤检测贴片，其电路由金属细丝制成，与柔性材料交织，佩戴时甚至不会感觉到它的存在，可以佩带几个星期，洗澡、游泳也不会脱落，信号的准确性也不会受到影响。所有检测信号可以通过蓝牙传送到电脑或者智能手机上，譬如血液流动引起的肌肤温度的变化——充足的血液流通是肌肤健康的标志性指标，还有皮肤的含水量——这可是检验绝大多数美容产品的标志性指标。这种检测贴片可以帮助欧莱雅公司研发深度补水乳液和清爽型润肤霜等诸多产品。这对于广大爱美的女性同胞来说绝对是个福音。想象一下，你可以24小时跟踪自己的皮肤含水量，用直观的数据来检测不同美容产品的使用效果，针对自己的皮肤状况选择最适合自己的产品和使用量。它还可以检测皮肤炎症，这对于敏感性皮肤的顾客更是救星。

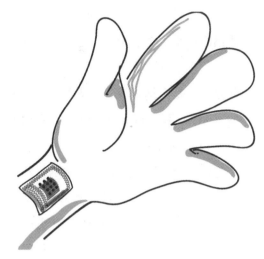

图2　柔性电路贴合在人体皮肤上

　　对于植入人体的器件来说，柔性器件具有更大的优越性。为了治疗一些严重的神经系统的疾病，如帕金森病、癫痫或者抑郁症，医生需要用外部电信号来刺激大脑神经元，使其恢复功能，也就是令人闻风丧胆的电疗。另一种方法是将检测电路运送到大脑深处的目标细胞进行深脑刺激。这些传统方法使用的是金属制成的电极，但坚硬的金属刺穿皮质会导致正常细胞受损或死亡，副作用非常大。与此相比，柔性材料的优越性就体现出来了，柔软材料制成的电极在刺穿过程中会极大地减少对正常脑细胞的损伤。柔性电极也可运用到瘫痪或者失去手臂的病人中，如果将柔性电极植入脑中读取信号就可以控制机械肢体。

　　由于柔性电极非常软，如何将电极运送到目标细胞成为科学家的研究重点。目前有三种运输方法：第一种是把柔性器件用可溶解的胶，粘在一个坚硬的物体表面将其运送到目标细胞（比如注射用的针头），待胶完全溶解后取出坚硬的物体即可。第二种是把极软的柔性电路放进注射器中，像打针那样将柔性电路注射到目标细胞，针管还可以同时传输液态药物或者细胞，使其共同作用（如图3所示）。[3]第三种方法则是将柔性电路冷冻，使其变得坚硬，就可以直接刺穿人体细胞到达目标细胞,再通过人体体温溶解继而发挥作用,整个过程并不影响其灵敏度和测量的准确度。[4]第二种和第三种方法都是由纳米界领军人物——哈佛大学的查尔斯·利伯(Charles Lieber)教授的团队在2015年发表报道的。

此外,使用表面积更大的纳米材料做成的电极,电阻抗更小,所以电极能记录更微小的信号。表面积大的材料还拥有更高电容值,这样用更小的电压就达到刺激神经的效果。传输到深脑的电极通常需要一个和外部仪器连接的电线,最新的技术可以通过无线电的方法在体外刺激神经或者接收检测到的信号。

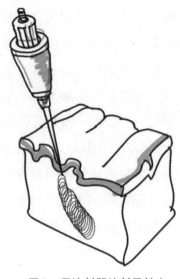

图3　用注射器注射柔性电路,记录神经信号

近几年,随着柔性材料的不断发展,许多柔性器件都使用可降解材料制作,还可以通过材料控制器件的降解时间,信号收集完毕之后在人体内自行降解,使病人免受二次手术之苦。

人造皮肤:用于人,用于机器人

在20世纪70年代的科幻电影《无敌金刚》里,主人公因飞机事故失去了自己的肢体和一只眼睛,机缘巧合地装上了人造皮肤覆盖的机械肢体和用摄像头做成的眼睛,由此获得了非同寻常的速度和力量,开始他危险刺激的特工生涯。20世纪80年代的《星球大战》中,卢克·天行者(Luke Skywalker)的机械手甚至拥有完整的感觉能力,能够非常灵敏地感觉到外界压力(如图4所示)。这些丰富的想象大概也是推动电子皮肤研究的原动力之一吧。

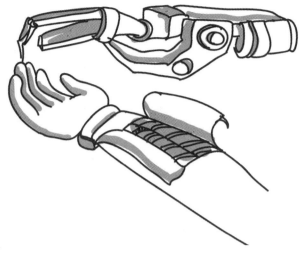

图4 《星球大战》中主人公的机械手

手指接近火苗感到灼热刺痛的瞬间快速缩回手指,这看似简单的动作却包含大量人体神经细胞的精准运作。我们的皮肤是人体感知系统的第一道大门,皮肤下遍布神经细胞网络,皮肤感受到的压力有任何细微的变动,都会通过神经细胞树突和轴突间的联系将信号传入神经中枢,送达大脑,让我们迅速做出反应。

皮肤的这种感知功能可以用传感器模拟。从20世纪90年代起科学家们就开始研发柔性器件做传感器,近几年,柔性传感器更是有了非常迅速的发展。对于制作电子人造皮肤的材料来说,有两点非常重要:一是要求材料对压力的敏感度很高,即便是非常细小的变化也可以被感知;二是要求材料具有较高的弹性度,不但能经受弯曲,还能够被拉伸。在这个领域,斯坦福大学的鲍哲楠教授和其所带领的团队取得了多项突破。他们发现用一列金字塔形结构的介电层(dielectric)可以大大提高电子皮肤的敏感度。[5]即使只有很小的压力也能改变介电层的厚度,从而改变晶体管的电流。应用这项技术制成的压力传感器的敏感度达到了历史新高,即使一只蝴蝶或者一只苍蝇落在上面,该压力传感器也能感受得到。同时这种传感器还能贴在手腕上检测脉搏,有望以后在疾病诊断领域有所应用。此外这种压力传感器的反应速度也极其快（＜10毫秒），比没有用这种金字塔结构的同种材料快100倍。为了提高电子皮肤的拉伸能力，他们把碳纳米管提前拉伸，这样回归原位时会形成弯曲的结构，再次拉伸时该材料的导电能力不会有太大的变化。[6]

有了感知功能的人造皮肤越来越逼真，然而还缺少人体皮肤的自我修复能力。即使是柔性电子器件也很难实现这个自然界的奇迹。鲍教授的团队却发现了一种能够自我修复的有机材料，加入导电的纳米材料改造后，不仅可以当作导电的压力传感器，还有自我修复的能力。[7]材料被切断后，完全丧失了导电能力，但过一段时间后，显微镜下被切断的材料外表不但能够完全修复，导电能力也基本上能够恢复如初。这种材料受到压力之后，纳米颗粒之间的距离会减小，导电性发生变化，因此对压力也有很高的敏感度。

人造皮肤的研究并不止步于让皮肤承受的压力转化为电流，终极目标是让这种感知上传到人的中枢神经，让使用假肢的人们真正恢复触觉。我们的皮肤之所以能感受到压力，是因为一种感受神经元上有机械性刺激感受器，而那些使用假肢的人群早已失去了这些感受神经元。2015年，鲍教授的团队联合斯坦福著名的神经学家卡尔·代塞尔罗思（Karl Deisseroth）课题组在《科学》杂志上发表了利用有机电子材料和纳米材料制成的有机械性刺激感受器功能的电子器件，能够把压力转化成不同频率的电子信号和光学信号，并且让神经元真正地感受到。[8]

柔性电子器件还可以应用于制作人造器官。无论对失去某些器官的人类还是机器人而言，这一点都非常重要。比如，人造眼其实就是一个柔性感光传感器的阵列，人造鼻就是一个非常精巧的气体传感器，而人造舌头则是一个能感觉出酸甜苦辣的液体传感器。通过应用不同材料，这些传感器甚至可以感受到人体器官感知不到的元素。而拥有这些超级器官的机器人，甚至能感受到空气中的污染物质、食物饮料中的营养成分，还能"看到"除了可见光以外的其他波长。

能量转化器件

如今能源问题日渐凸显,研究如何利用新能源、如何进行能量采集极其重要。如果使用柔性材料制作能源转化器件,可以极大提高能源利用率,颠覆我们的生活。

相信大家对摩擦生电都不会陌生,一种材料比较容易失去电子,另一种材料比较容易得到电子,有这两种特性的材料互相摩擦就可以带电。当两种材料接触在一起的时候,正负电荷中心在同一个平面,处于中和状态,则对外不显电性。如果施加一个外界机械力,使得两种材料分离,正负电荷就会永久地保留在材料上面,两种材料之间就会形成电场。如果在两种材料背后分别镀上一个金属电极,电场就会使得金属电极之间的电子发生转移,从而对外电路形成一个电信号。该原理应用到柔性电路,可以将电信号用来进行各种机械传感运动。比如佐治亚理工学院的王中林教授团队研发的智能键盘就是其中一种代表性应用。[9]由于人的皮肤容易失去电子,如果用容易得到电子的柔性材料制作智能键盘的表面,那么当手指接触键盘时,就会产生电子转移——手指带正电,键盘带负电。如果手指离开键盘,就会产生电场变化。这会使智能键盘内部安装的金属电极产生电势差。电势差会使电极之间发生电子转移,而转移的数量与手指敲击键盘的力度和手指与键盘的接触面有着密切的关系,因而可以识别使用键盘的对象,若有非授权人士使用这个机器就会触发警报系统。由于自然界大部分材料都具有容易得到或者失去电子的特性,这种器材选材非常广泛,因而成本低廉,而且工序并不复杂,易于推广。

除了摩擦生电,还有许多原本被浪费的能量也可以借助柔性器件转化为电能。譬如柔性材料制作的太阳能电池,基于柔性材料质量轻、贴合度高的特点,可以把它铺在高低不平的表面上将太阳能转换成电能,不仅可以大幅度提高太阳能利用率,而且便于工人携带作业,减轻表面承重。如果我们在书包或者野营帐篷上包裹一层柔性太阳能电池,就可以利用太阳能给手机电脑充电了(图5)。还有柔性热电器件,能够通过温度差把热能转化成电能,柔性器件包裹在正在发热的工厂机器上,或者包裹在家家户户都使用的厨具上,不仅可以保温,还获取了这些原本会被浪费的热能。柔性器件还可以安装在生活中所有有机械运动的地方,公路、车轮、运动器材,甚至鞋子,充分利用一切零散的能量。

图5　帐篷顶上的柔性太阳能电池

　　甚至人体也有许多能量可以被利用,心脏的跳动、运动时体温的升高都可以通过柔性材料转化成能量。穿一种超级衣服,在人体运动时造成材料分离,摩擦生电。未来移动电源可能会被淘汰,因为,人体本身将有望变成一个小型移动发电站,每个人都可以为自己的电子设备供电。

柔性材料制备方法

　　这一系列神奇的功能究竟是如何实现的?柔性材料究竟是如何制成的?这个部分将揭开柔性材料的神秘面纱。传统的电子器件和电路都是用坚硬的半导体材料硅以及金属导体制成,如果我们想使它们拥有柔性,有四种方法:

第一种方法是选用承受应变(strain)能力强的电子材料。所谓应变,是指物体在外力作用下发生的形变。这里所说的承受应变能力强是指材料受到拉伸以后,不但自身的结构没有被破坏,而且电学性能也不会变化。目前,承受应变能力强的新型电子材料包括有机的小分子、高分子、碳纳米管、硅纳米线等。这些新型电子材料还有一个特点,就是可以通过溶液进行加工处理,然后用打印的方法把它们制成器件。与传统电路的生产工艺相比,打印的方法不仅省去了好多烦琐的生产步骤,极大地提高了生产效率,而且生产过程中不需要高温,还降低了成本。但大规模生产应用这些新型材料仍有一些技术问题需要克服,比如说在非真空空气中和潮湿环境下的稳定性不够好,合成的过程比较复杂,重复性不高等。

第二种方法是把电子器件做薄。如图6所示,这个器件所能够承受的应变主要与卷曲半径(bending radius)和器件的厚度有关。所以如果材料厚度比折叠半径薄很多的话,这个材料所承受的应变也就不会那么大了。比如说,一个厚度为1毫米的材料,如果把它弯曲到半径为1厘米,那么这个材料所受

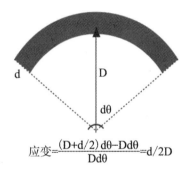

$$应变=\frac{(D+d/2)\,d\theta-Dd\theta}{Dd\theta}=d/2D$$

图6 器件承受应变(strain)与器件厚度(d)及折叠半径(D)的关系

到的应变应该是5%。而如果把这个材料的厚度减小1000倍,只有1微米的话,把它弯曲到1厘米所受到的应变应该就只有0.005%了。但我们把器件做薄会影响材料和器件本身的电学性能,工艺十分复杂,成本也会随之增高。另外,大部分传统半导体材料(硅、砷化镓、氧化物等)即便受到很小的应变,也很容易折断。

第三种方法是将一些易碎的电学材料放在塑料基底的中间。一般在基底弯曲的情况下,上表面所受到的伸张应变(tensile strain)是最大的,下表面会受到压缩应变(compressive strain),所以塑料基底中间的那一部分所受到的应变

是最小的。通过这种三明治结构的设计,把关键的易碎材料放在塑料基底的中间,可以极大地提高材料的卷曲半径,从而达到任意折叠、弯曲的设计目的。

第四种方法则是制作成网眼结构(mesh structure)。比起连续的线性或者平面结构,网眼设计可以在材料弯曲的时候让中间的空洞部分承受大部分的应变。此外,整个结构也会更柔软,更容易被弯曲。在横向的连接部分设计一些弯曲结构,甚至是一些凸出来的结构,这样连接部分底下的塑料可以承担基底弯曲所引起的应变。但这种弯曲的结构会使制作工艺变得更加复杂。而且,在同一个空间内,采用网眼结构制备出的器件密度会小很多,所以会影响大量器件的最终集成。

以上着重介绍的柔性显示屏和人造电子皮肤等技术只是柔性电子学或柔性电路的一部分。此类技术在能源、医学、环境、可穿戴设备等领域都有非常广阔的应用前景。电影中的超级英雄拥有的超凡脱俗的能力正在从荧屏步入现实。梦想实现的方法,正是无尽的想象力和不懈的科学探索。柔性电子学如同科学星空中冉冉升起的一颗璀璨明星,闪耀着人类探索未知、突破极限的智慧光芒。

延寿抗衰

调节生命长度的密钥存在吗？已经是老龄化社会了，
还能更长寿吗？

文 / 时　珍

我的博士生导师Gary Ruvkun教授有不少写入生物教科书的重量级研究：除了发现可以调控基因表达和个体生长发育的非编码小RNA（核糖核酸）——这恐怕是他的最得意之作——Ruvkun实验室还首先报道了胰岛素类生长因子信号通路在衰老过程中的调控作用和机制。当时刚加入实验室的我徘徊在衰老研究领域的大门前，考虑是否要在博士期间致力于对衰老的研究。不过最终，还是对非编码小RNA的兴趣占了上风，于是我对这些基因组的"暗物质"开始了研究。不过，在实验室耳濡目染衰老研究组的成果让我一直对这个领域充满兴趣，至今都还是我在自己研究课题之外的一个关注点。"衰老—长寿"领域无论是八卦流言还是正经的科学理论和发现都多到侃上几天几夜恐怕也聊不完，在这篇文章中我只能挑几段最有启发性的故事，希望引发读者更多的思考和阅读。

徐福的故事、辟谷的历史记载，还有荒诞的炼丹皇帝等，无论是传说还是事实，都反映了几千年来人们对"长生不老"的无限向往，同时也说明了人类对衰老的无知。在现代科学高度发展的今天，衰老是很多科学家研究的课题。不过，红葡萄酒、抗氧化保健品、羊胎素等现代流行的抗衰老概念和产品就真的是长生不老的"灵丹妙药"吗？ 怀疑和科学的态度是最好的评判标准，还是先让我们看看科学家都在研究什么、怎么研究的吧。

吃葡萄不吐葡萄皮可以让人长寿？

在众多对衰老和长寿的研究中，饮食和长寿有着最悠久深远的联系。近百年来，科学家在模式生物从酵母到秀丽隐杆线虫到果蝇到小鼠中的研究中都发现：少吃有助于长寿。一个有代表性的例子是1986年加州大学洛杉矶分校的科学家做的实验。他们给饲养的老鼠定量饮食，比较对照组（敞开吃，每周饮食摄入大约115千卡热量）和每周定量只摄入85、50、40千卡热量的三个实验组（四组老鼠都同样保证摄入足够的维生素和微量元素）。结果发现，摄入热量少的"节食组"的老鼠不仅身材苗条而且吃得越少越长寿。一般老鼠的寿命只有两年,但是节食最猛的老鼠创造了它们的长寿纪录——活了四年半。同时,与对照组相比,"节食组"老鼠的免疫系统功能也明显增强,患癌症的比例下降(Weindruch et al. 1986)。[1]

观察到了这个现象还不够,爱刨根问底的科学家最关心的问题是:为什么降低卡路里摄入能够延长寿命?

随着生活水平的提高,人们如今能享受到更多美食,可是很多研究结果却又让人担心美食中的热量(单位:卡路里)会影响寿命,难道为了长寿就必须放弃飘香诱人的美味吗? 如果知道了低卡路里摄入能延长寿命的生物学机制,并对自身摄入的热量进行控制,我们说不定就可以随心所欲地大快朵颐,还能"长生不老",岂不两全其美。

科学家们对酵母的研究揭示了一些关键性的答案。酵母是单细胞生物,因此衡量它"长寿"的标准与绝大多数动物不同。科学家通常用细胞分裂的次数而不是它们存活的时间来反映酵母的"寿命",这也被称为"生殖寿命"。麻省理工学院(MIT)的Leonard Guarente研究组再次证实,生长在低糖(糖是酵母主要的卡路里来源)培养基上的酵母比正常培养基上的酵母更"长寿"。在此基础上,他们通过大规模筛选实验来研究到底是什么因素让这些低卡路里摄入的酵母"长寿"。结果发现,一个叫作Sirtuin(Sir2)的蛋白发挥了关键性的作用:酵母缺失Sir2蛋白后,即便生长在低糖培养基上也不能"长寿"(Lin et al. 2000)。[2]这听起来不妙,似乎与"在大快朵颐中长生不老"目标背道而驰? 别急,这个结果启发了Leonard Guarente研究组做了一个反方向的实验。这次,他们利用基因编辑的方法提高了酵母中Sir2蛋白的数量。你猜怎么着? 生长在正常培养基上的过量表达Sir2蛋白的"超级"酵母,几乎与与低卡路里摄入的正常酵母同样"长寿"(Lin et al. 2000)。这太棒了! 也就是说如果能增加Sir2蛋白的量,不节食也可以长寿?!

Sir2究竟是何方神器? 原来,Sir2蛋白在一种化学小分子烟酰胺腺嘌呤二核苷酸（Nicotinamide adenine dinucleotide，简称NAD）的辅助下，可以改变一些蛋白特定的化学修饰来调控它们的生物活性。几个被Sir2调控的关键性靶蛋白在保护基因组的稳定性、细胞内环境平衡等许多生物学过程中都可能发挥功能。虽然Sir2与抗衰老之间具体的机制还远不够清楚，但它潜在的抗衰老功能足以让大家兴奋不已。

在酵母的实验中，科学家利用基因编辑来增加Sir2蛋白的数量，但在人身上实现基因编辑还存在不少技术上的不成熟和伦理上的争论（参见相关文章：《基因编辑：一场由酸奶引发的新革命》）。既然增加数量有困难，科学家转而寻找方法来增强Sir2蛋白活性。2003年，哈佛大学的David Sinclair研究组在《自然》杂志上发表了一篇文章，报道能够增强Sir2生物活性的多酚类小分子物质，比如白藜芦醇（resveratrol）。"喂食"酵母白藜芦醇就可以像减少卡路里摄入一样延长它们的生殖寿命。最重要的是，白藜芦醇在体外培养的人类细胞系中也同样能发挥效应（Howitz et al. 2003）。[3]听起来太神奇了！

葡萄特别是葡萄皮中含有丰富的白藜芦醇。也许不是所有人乐意为了长寿而"吃葡萄不吐葡萄皮"，不过红葡萄酒在长时间酿造过程中获得了葡萄皮中的白藜芦醇成分。这似乎解释了为什么酷爱红葡萄酒的法国人虽然喜好高脂肪食物而依然健康长寿，甚至总体上患心脏病的比例还比较低。在这篇白藜芦醇学术文章（Howitz et al. 2003）之前，红葡萄酒已经被认为有诸多保健功效，比如抗氧化、降低心血管疾病和癌症的发病率等。这些依据不仅给葡萄酒业带来效益，还

图1　葡萄皮含有的白藜芦醇是否能延缓衰老还有待考证

创造了无数新商机,比如提取的白藜芦醇作为保健品登上了货架。一些研究抗衰老药物的科学家也成立了自己的公司,名利双收。

这么说我们在和衰老的千年之战中又扳回一局?

可惜,事实并非如人所愿。在更多的科学家进行大量研究实验后发现,不仅 Sir2 在多种生物中对延长寿命的功效和机制都非常有争议,多数对白藜芦醇功能的神话般宣传更是言过其实。最糟糕的一个例子是,康州大学健康中心(University of Connecticut Health Center)的 Dipak Das 曾被认为是白藜芦醇和衰老研究领域的领军人物之一。但是,在他发表的一百余篇报道白藜芦醇功效的文章中,后来被发现有大量被捏造和篡改的数据。到目前为止,已经有数十篇论文被正式撤回,而更多的论文还在调查之中。这个科学界的丑闻更是增加了人们对 Sir2 和白藜芦醇的质疑。2011 年,21 个作者联合署名文章,澄清缺乏足够的实验证据支持白藜芦醇作为营养保健品(Vang et al. 2011)。[4]白藜芦醇还被认为具有抗氧化功能,但是科学家通过严格的临床实验,发现没有任何证据说明这些一度流行的抗氧化产品对人体具有宣传的保健功能,摄入过量甚至还可能有害。所以,即便细胞氧化损伤是衰老的原因之一,延缓衰老也并非吃一粒抗氧化胶囊那么轻而易举。

不过,东方不亮西方亮。Sir2 的辅助因子——NAD——是个在新陈代谢、基因表达调控等许多生物学过程中都非常重要的多功能小分子。对 Sir2 的研究和很多从其他切入点开始的新研究都表明,提高细胞中 NAD 的含量对神经退行性疾病有明显改善,另外,有些实验还说明提高 NAD 的量可以减缓衰老。

NAD 给大家带来的抗衰老新希望到底是否会成为下一种生物黑科技,未来会发现什么,还让我们拭目以待。这个故事至此已经充分体现了各种生命现象以及人类疾病的复杂性,衰老作为其中一例,远非一个饮食触发开关就能解释或是控制的那般简单。"研究"一词的英文"research"拆开来就是"re"-"search",意思是不断反复地寻找。在这不断研究的过程中,科学家们只有本着严谨、无偏见的精神来设计和分析实验,才能一步步接近事实真相,开辟人类新知识的源

泉。与人类生活和健康息息相关,并存在高度功名利益诱惑的衰老研究领域,
更应如此。

对"吃"的继续深度研究

白藜芦醇神话破灭让许多喜好吃的食客大失所望,难道"长生不老"和"大
饱口福"真的是鱼和熊掌不可兼得?

先别急下定论。虽然"节食有助于长寿"法则在多种模式生物中一再被验
证,拥有严谨和怀疑精神的科学家们并没有完全信服这条规律在我们人类身
上同样适用。在研究衰老的模式生物里,和人类关系最相近的是小鼠,虽然同
属哺乳类动物,而鼠类毕竟和灵长类动物(比如人类、猩猩和猴子)有非常多的
不同之处。那为什么不研究灵长类动物呢? 因为且不说来自动物保护组织的
反对,灵长类的自然寿命短则五六年,长则百年,是个耗资巨大、极其考验耐心
和毅力的实验。

尽管困难重重,科学家还是迈出了研究灵长类动物衰老的第一步。从20
世纪90年代末起,威斯康星州国家灵长类动物研究中心(Wisconsin National
Primate Research Center,简称WNPRC)和美国国家衰老研究所(National Insti-
tute on Aging,简称NIA),都选择了恒河猴作为研究对象,各自开始了长达二十
余年的跟踪研究。

2009年,威斯康星州国家灵长类动物研究中心(WNPRC)率先在《科学》杂
志上发表了研究成果(Colman et al. 2009)。[5]还没来得及仔细阅读他们的统计
数据和结论,我的目光就先被他们的第一张图吸引住了。对照组猴子无精打采、
身上毛发所剩无几,而低卡路里摄入的节食组猴子精神焕发、皮毛锃亮。看上去
差别真不小!

阅读完了全文才发现统计数据和结论与图片给我的第一印象相差径庭:
对照组和节食组的猴子其实有同样长的寿命! 尽管节食组的猴子体重明显

低,患几种典型的老年性疾病(糖尿病、癌症和心血管疾病)的比例也有所降低,但它们却死于其他原因,并没有更加长寿。

美国国家衰老研究所(NIA)的结果随后在《自然》(*Nature*)杂志上发表(Mattison et al. 2012)。[6]他们的研究说明,不仅节食组与对照组的猴子有类似的寿命,节食组在典型老年性疾病导致的死亡率上也与对照组没有显著区别(表1)。而后一结论与之前威斯康星州国家灵长类动物研究中心(WNPRC)的研究报道不同,美国国家衰老研究所(NIA)在文中解释道:不同研究所猴子的饲养条件(尤其是食物)的差别可能是导致不同结论的原因。

表1 对比 WNPRC 和 NIA 的恒河猴"节食—寿命"研究结果

	威斯康星州国家灵长类动物研究中心(WNPRC)		美国国家衰老研究所(NIA)	
样本数量	总数:76		总数:86	
	对照组	节食组	对照组	节食组
	15只母猴,23只公猴	15只母猴,23只公猴	24只母猴,22只公猴	20只母猴,20只公猴
实验设计	节食组:最初3个月中每个月减少10%的卡路里摄入,随后保持低于对照组30%的卡路里摄入。在实验开始时,所有猴子都已成年(7~14岁)。		实验开始时,猴子处于不同的年龄段(少年、青少年和成年)。	
实验结果				
	对照组	节食组	对照组	节食组
整体死亡率	无显著差别		无显著差别	
由老年性疾病导致的死亡率(糖尿病、癌症和心血管疾病)	14 / 38(37%)	5 / 38(13%)	11 / 46(24%)	8 / 40(20%)
	节食组明显偏低		无明显差别	
平均体重	节食组明显偏低		节食组明显偏低	

总结起来，这个长达几个世纪、耗资巨大的实验虽然仍有值得讨论的地方，但都指出了"节食有助于长寿"法则在灵长类动物里并不完全适用。另外，人类节食是否能延长寿命还完全没有定论。这对于那些喜爱美食的人们而言，是个大大的好消息。但是，衰老和长寿机制的复杂性，以及在每个生物种中的特异性，对科学家而言无疑是个巨大的挑战。

逆境中绝处逢生

"故天将降大任于是人也，必先苦其心志，劳其筋骨，饿其体肤，空乏其身，行拂乱其所为，所以动心忍性，曾益其所不能。"孟子用这一段话告知天下人：艰苦环境的磨砺让人奋发成长，成就大业。但他可能想不到的是，这一段哲理在一定程度上，居然放之"生物四海"而皆准。

前面我们提到了"饿其体肤"（降低卡路里摄入）在一些生物中延长寿命的例子。很有趣的是，这些长寿的个体通常具有更强的耐受力，能够抵御不利环境以及疾病。于是，科学家提出了一种假说：减少卡路里可能是一种轻微的压力，刺激机体产生防御性反应来增强抵抗不利环境和疾病的能力，从而延年益寿。注意了，这不是精神上的压力（酵母、线虫们还没有进化出能让它们为食物发愁的高级神经系统），而是指不利的环境压力，比如食物的缺乏、过高或低的温度、有害化学物、紫外线等。

孟子的《告天下》在线虫身上的体现着实让人瞠目结舌。不过一毫米长的小小线虫有一套特殊本领：发育中的线虫幼虫在遇到非常不利的环境时，比如食物缺乏或虫族过度拥挤，会暂停正常的发育程序而进入"dauer"幼虫模式。逆境中的"dauer"幼虫不仅拥有耐受各种不利环境的极强能力，似乎也停止了衰老的过程。于是，这些极端坚忍、长寿的dauer可以熬过艰苦的岁月，等待环境好转时重新恢复正常发育模式（图2）。

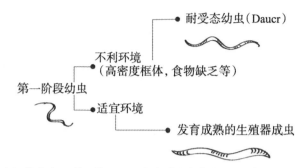

图2　秀丽隐杆线虫在不利环境下可以发育成生存期长、耐受性极强的"dauer"幼虫

除了减少卡路里摄入,科学家发现很多种不利的环境刺激都反而增强个体的耐受力,并且延长寿命。但在这里,特别需要强调的是个"度"的问题。轻微的压力能够刺激和提高耐受力乃至延长寿命,但超过了最适当的"度",不利环境就会降低个体耐受力和生存力。这说明了生物个体自我调整和修复的强大能力,但每种环境刺激最适宜的"度",在不同物种甚至是不同个体之间都存在差异,这也解释了为什么衰老研究在生物科学领域中都是争议最多也极富挑战性的。

"返老还童"术

更加奇葩的"长生不老"是所谓"返老还童"。小学时我爱看的一部书《自然——未解之谜》中一篇文章讲述了极罕见的"返老还童"现象,这至今是人类未解之谜:几位老人重新长出乌发或者新牙齿的奇事,直到现在都让我印象极深。而人们想象世界中的"返老还童"就更加离奇:荣获三项奥斯卡大奖的2008年美国大片《本杰明·巴顿奇事》(*The Curious Case of Benjamin Button*)就讲述了这样一个返老还童的怪人本杰明·巴顿。他以一个耄耋老人的形象降临于世。童年在养老院长大的"小"本杰明一副老态龙钟模样,与纯真可爱的小姑娘黛西初识便一见如故。而时光在他的身上倒流,本杰明越来越年轻、越来越强壮有力。几十年后,逆生长的本杰明帅气十足(布莱德·皮特饰演),与正是花容月貌的黛西在各自人生的中点重遇，共度了一段最甜蜜的时光。而当岁月慢慢爬上了黛西的额头，她曾经的恋人本杰明却继续逆生长成了小孩童模样，最终"倒长"成一个小婴儿在黛西怀中与世长辞。这一段穿梭在倒流时光岁月中的温暖却短暂的爱情让我唏嘘不已，由衷地觉得如此的返老还童真不是件快乐的事。

还是让我们回到现实世界。至今，真正生物学意义上的"青春永驻"还是人类未实现的愿望，就更不说如此"返老还童"了。遗憾的是，像"小"本杰明一样老态龙钟的儿童倒是真实存在的。这些不幸的儿童患有一种十分罕见的先天性遗传病，被称为"早衰症"（Hutchinson-Gilford Progeria syndrome），他们无论在外表还是身体功能上都像老人一样屡弱且易患例如心血管类的老年性疾病。2003年，科学家终于通过不懈努力找到了疾病的"元凶"：原来，一个负责支撑细胞核结构的重要蛋白（LMNA）发生了变异（Eriksson et al. 2003）。[7] 细胞核就像是细胞的控制中心，贮存着最重要的生命遗传信息。在 LMNA 变异的细胞中，细胞核的支撑骨架出现问题，变得形状不规则（图3）。这些病变的细胞无法对遗传物质进行正常的储存、保养和读取，整个机体于是大厦将倾。

虽然早衰症极其罕见而且难治愈，但是科学家们并没有放弃。他们不仅在努力寻找治疗早衰症的药物，而且把研究早衰症特例作为一个切入点，来不断加深人类对自然衰老过程的认识。

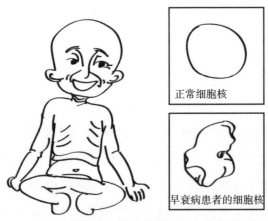

正常细胞核

早衰病患者的细胞核

图3　早衰症在细胞生物学层面上的解释：对比正常细胞核和早衰病患者细胞核形状

启发和展望

尽管在21世纪的今天,完全字面意义上的"长生"和"不老"依然是不太现实的奢望;但是振奋人心的统计数据显示,在2013年世界上已经约有一半国家的人均寿命在70岁以上,其中近20个国家达到80岁以上。这相比20世纪初时的"人生七十古来稀",非常有力地显示了人类社会在20世纪取得的飞跃性进步。

"最美不过夕阳红,温馨又从容",记得我和姥姥一起看过的《夕阳红》节目让我觉得优雅的晚年生活是人生旅游中很幸福的一段。但是现实中衰老往往带给人们痛苦,因为衰老不仅指器官机能上的衰退,还和心血管疾病、糖尿病、癌症、神经退行性疾病等的发病成正相关。所以,如今大家希望的"长生不老"越来越注重的不仅是寿命,更重要的是健康、高质量的晚年生活,这也被称为"健康寿命"。

由于人均寿命的提高,人口老龄化成为当今社会面临的新考验。因此提高老年人的健康水平和生活质量,也就是延长"健康寿命",是当今科学研究的主要目标之一。值得一提的是,就在本文截稿前不久(2015年年底),美国食品药品监督管理局(U.S. Food and Drug Administration,简称FDA)经过长时间的商讨后,终于通过了一项将Metformin(二甲双胍)用于减缓衰老的人类实验。Metformin是一个几十年前已经通过FDA批准的用于治疗二型糖尿病的药物。近年来的临床数据显示Metformin不仅有效降低糖尿病人的血糖,还或许可以降低多种老年性疾病的发病率,延长人们的寿命。FDA近期批准的这个项目是从2016年开始,在3000名非糖尿病的老年人身上试验Metformin是否真的能够降低癌症、心血管疾病和神经退行性疾病三个主要的老年性疾病的发病率。听起来这么神奇的药物,而且价格非常便宜,为什么我们不可以现在就都来尝试服用它来"长生不老"呢?原来,虽然Metformin在人类身上的安全性已经有足够的临床证据,它还从未在非糖尿病人身上使用过。同样,把衰老作为"病"来"治",这还是前所未有的全新思路。因此,FDA能够批准这样一个"抗衰老"项目,是非常激动人心的一件大新闻。这说明证明延长"健康寿命"这个新"长生不老"理念已经不再是少数有钱人的奢望,而是正逐渐变成国家卫生健康部门的纲领方针、走进寻常百姓家实实在在的新理念。有趣的是,不仅仅各大生物公司和FDA这样的健康机构越来越注重"健康寿命",近年来以谷歌(于2015年划归于新成立的Alphabet旗下)为首的一些IT(信息技术)公司也纷纷举起公共健康卫生的大旗。例如,2013年谷歌投资成立的Calico公司(2015年成为Alphabet公司旗下的子公司,和谷歌并行),专攻衰老的机制和找寻抗衰老的途径。在21世纪,人类是否能结合生物和信息等多学科的知识和技术,在"长生不老"上有新的突破,研发出新的生物黑科技? 让我们拭目以待。

基因编辑

一场由酸奶引发的新革命,DNA 的众妙之门已
然打开,人类准备好了吗?

文/时　珍

是什么样的生物新黑科技开启了基因组编程时代的大门？是怎样的发现让科学家与好莱坞明星同台，获得硅谷亿万富翁赞助的"豪华版诺贝尔奖"？又是怎样的事件触发全球科学家以及社会舆论对生物技术安全和伦理进行大讨论？以上这些问题的答案都是一个长到连生物学家都记不住的名字：成簇规律间隔短回文重复序列（clustered regularly interspaced short palindromic repeats）。大家都干脆亲切地称呼由它英文首字母组合成的新词——CRISPR。CRISPR作为一种最新也最受瞩目的基因编辑技术，给人类遗传病的治疗带来了新的希望，而对CRISPR安全性的考虑以及对伦理上的挑战也同样是它成为万人关注焦点的重要原因。

CRISPR富有传奇色彩的故事要从它诞生那一刻讲起：在20世纪90年代，科学家就发现的一小段很奇特的细菌DNA序列。这一段看上去无厘头的序列成为长达两个世纪的不解之谜，最终居然与乳品业的科学家为了提高酸奶发酵菌的抗性所做的研究不期而遇。科学家不懈探索终于揭晓谜底。科学家通过研究CRISPR意外地发现了它是细菌的"独门神功"，小小的细菌竟然也有一套免疫系统，令人刮目相看；而就在科学家不断深入了解它的机理的同时，生物技术科学家也获取了编辑基因组的新"杀手锏"……

那么，到底什么是CRISPR？且让我从头说起它的前世今生。

CRISPR：细菌的独门神功

虽然有些讨厌的细菌会让人生病，但实际上绝大多数细菌都与人"和平共处"。另外，很多种细菌还是人类的朋友，它们被用于发酵工程，帮助人类生产食品、药物以及清洁能源。

细菌也会生病，它的敌人主要是被称为"噬菌体"的病毒。噬菌体侵染细菌后，会启动一套"黑客"程序，盗用细菌体的材料和能量来生产和包装数以万计的病毒。随着这些新病毒的释放，一个细菌体便化为乌有。这对主要依赖于细菌进行发酵的乳品业(比如酸奶和乳酪工业)是个头疼的问题(图1)。

噬菌体

乳品发酵菌

图1 哭泣的乳品发酵菌:用于乳品发酵业的细菌会受到噬菌体病毒的侵染,造成酸奶和乳酪减产

为了帮助细菌有效地抵抗噬菌体,科学家们进行了很多研究工作。他们发现了一个有趣的现象:在细菌与噬菌体的战役中,虽然噬菌体通常大获全胜,但是细菌并没有全军覆没。更重要的是,这些顽强存活下来的极少数细菌再次遇到同种的噬菌体时,能够非常有效地抵抗噬菌体的攻击。这些存活下来的细菌究竟有什么"过人之处",能够战胜曾经的"常胜将军"噬菌体? 正是这个问题促动了生物学家们进行不断研究。在2007年,这个问题终于有了答案。

答案的线索可以追溯到1987年,日本科学家们在几种细菌的基因组中发现了很奇特的一段重复序列。每个重复的单元是一小段序列接着一段它的反向序列(在生物学上被称为"回文"),再接着一小段看上去很随机的序列(科学家称之为"间隔序列")。这样的单元可以重复许多次,连成一串排在细菌的基因组里(Ishino et al. 1987)[1](图2)。

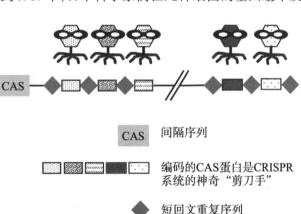

CAS 间隔序列

编码的CAS蛋白是CRISPR系统的神奇"剪刀手"

短回文重复序列

图2 成簇规律间隔短回文重复序列(CRISPR)示意图:不同的间隔序列分别对应不同种噬菌体的基因组。在细菌基因组上,邻近位点编码的CAS蛋白是CRISPR系统的神奇"剪刀手",关于这一点我将在下一节中详细阐述

因为实在是令人费解，这篇论文当时并没有在科学界引起重视。在接下来的差不多20年中，随着基因组测序的普及，科学家们不断在多种细菌和古生菌的基因组中都发现了这个奇特的重复序列。这让科学家们更好奇了，这个奇特的重复序列也获得了自己的学术大名——成簇规律间隔短回文重复序列（Jansen et al. 2002）。[2] 因为又拗口又难记，科学界都只称呼它的英文首字母的组合——CRISPR。几位西班牙科学家搜集了来源于几十种不同细菌基因组中的上千段CRIPSR的"间隔序列"，在一个包含当时所有已知基因组的信息库里进行序列比对，找寻还有哪些生物可能具有类似的序列。你猜怎么着？许多"间隔序列"居然和一些噬菌体基因组序列高度一致（Bolotin et al. 2005, Mojica et al. 2005, Pourcel et al. 2005）[3][4][5]（图2）！太奇怪了，细菌用着一种奇特的方式在小心翼翼地收藏着敌方的信息。莫非，这些信息是用来对付噬菌体的？

为了证明这个猜想，来自丹麦Danisco生物制品公司（现被杜邦公司收购）的科学家进行了一组严格控制的实验。Horvath和他的同事们选择了用于乳品发酵的嗜热链球菌作为研究对象，筛选出在噬菌体侵染后产生抵抗性的菌株，与噬菌体侵染前的不具备抵抗性的菌株进行对比。结果发现在产生抵抗性的菌株的CRISPR位点上，插入了一个新的重复单元。而这个单元的间隔序列恰好与用来侵染的噬菌体完全匹配！而当他们把这一个序列单元从有抗性的细菌基因组移除后，发现这些细菌就不再对同种噬菌体有抗性了。反过来，最直接、最震撼的证据是，当他们把这个序列单元插入到一个本来不具有抗性的细菌CRISPR位点后，这个改造过的细菌居然就能顽强抵抗这种噬菌体了！2007年的那个春天，这篇论文发表在最顶尖的《科学》（Science）杂志上（Barrangou et al. 2007）[6]，就此打开了生物科学界一扇新的大门。

这个革命性的发现给科学家带来了更多的疑问：最重要的问题包括，细菌到底是怎么利用噬菌体的这一小段DNA序列扭转战局、转败为胜呢？在接下来的短短几年内，众多科学家发表了数百篇论文阐述CRISPR的机理。虽然在不同种细菌里具体机制有所差别，但最基本的原理都一致而且简单：细菌通过这一小段序列就能够准确定位噬菌体相对应的序列，然后咔嚓一刀把噬菌体的DNA链剪断。被剪断基因组DNA链的噬菌体就像被敌方拔掉了大旗，再也无心进攻了(图3)。

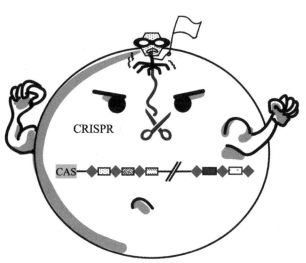

图3　细菌雄起：CRISPR是细菌得以战胜噬菌体的"独门神功"，而被剪断基因组DNA链的噬菌体只有乖乖投降

非常有趣的是，细菌抵抗特定种类的噬菌体的本领是获得性的：每次和一种新的噬菌体交手后，细菌就会把敌方的信息收藏到CRISPR位点中，用于以后抵御同一种噬菌体，这是典型的反攻型战略。这个极其令人惊讶的发现让大家对细菌刮目相看。一直以来，大家都认为只有高等生物，比如人类，才拥有这种可以用来对付细菌和病毒的特异性免疫系统（当然，人类的免疫系统主要是由特异性的免疫细胞组成，与细菌的CRISPR系统完全不同）。而事实上，细菌在与病毒上亿年的持久战中，就进化了这一套独门神功。

编码基因组的CRISPR神奇搭档："搜索引擎"+"剪刀手"

计算机版的生命科学论

每个领域都有不少专业名词让人望而生畏，不过你并不用担心接下来将要登场的比如基因组、基因编辑之类的生物专业词。只要你对计算机稍有了解，就一定很容易理解我接下来用计算机的一些基本概念来类比解释生物学。其实说起来，发展到了基因组学时代的生命科学同样是一门信息科学，而生命科学与信息科学交融的一个典型的例子就是信息科技大佬谷歌公司，如今谷歌瞄准了新兴的医疗大数据浪潮，大步进军生命科学领域。

每种生物都有自己的一套基因组。基因组就像一段很长很长的源代码，比计算机的"0""1"字符稍稍复杂，基因组主要有"A""G""C""T"四种字符（它的生物学名叫作碱基）。人类的基因组由约30亿对碱基序列构成，包含着一个个体生长发育的所有信息。

自1990年启动的人类基因组计划（Human Genome Project）被称为"生命科学的阿波罗计划"，这项伟大工程的任务只有一个：获得人类基因组全部源代码的序列。测序工程从1990年启动，2001年完成草图，同年2月，两大生命科学领域最顶尖的杂志《科学》（Science）和《自然》（Nature）同时在封面报道了人类基因组计划草图这一里程碑式的工作。2003年，科学家最终完成了99%的人类基因组序列测定。而有了人类生命的序列代码只是了解生命奥秘的第一步，因为基因组使用着一门对人类来讲完全陌生的高深的代码语言，只有破解出这门语言的单词拼法、语法结构才能读懂基因组这本"天书"。也就是说，遗传学和基因组学的主要任务就是研究清楚基因组中一段段代码是如何控制我们的身高体重、相貌性格，等等。

遗传学家的研究方法很直接，就是删除或者修改一段代码后，观察个体性状发生的变化，以此来推测这段代码的功能。听起来简单，操作起来却是极具挑战性的。首先，要在上亿个碱基序列中精确定位到某段代码，如果没有高效的搜索方法，这项工作就如同大海捞针。虽然科学家们已经发明了很多技术来实现基因编辑，但是几乎没有一种方法是既准确高效，又简单低成本的。而2011年，科学家在逐渐了解到CRISPR的分子学机制后立刻意识到，细菌的这一套本领真是大自然给基因编辑领域的一份馈赠。于是几个小组快马加鞭地研究如何利用CRISPR完成基因编辑。为什么CRISPR让科学家们如此兴奋？他们最终如何妙用细菌的"神器"来编码基因组呢？

基因编辑决胜法宝之一：搜索引擎

首先，CRISPR系统的非凡之处在于它的精确定位系统。要在一本30亿字的"天书"里准确定位到一个目标绝非易事。如果用于搜索的"关键词"太短，那么在基因组的多个位置都可能出现同样关键词，这在基因编辑上是非常可怕的错误：因为它可能导致对目标之外的代码进行改动。理想的搜索方式是对一段长度约为20～30个碱基对进行精确匹配，因为在20个碱基对的序列中，"A""T""C""G"四种字符随意排列组合的种类就有$4^{20}=1.1\times10^{12}$种。从概率上计算，同样的一个序列大约在一万亿长的碱基对序列里才会出现一次，因此在30亿长的人类的基因组中出现完全同样序列的概率极小，也就是说，出现命中目标之外的几率是极小的。

可惜的是，以往基因编辑的"搜索工具"要么用于搜索的"关键词"太短，要么搜索时的匹配精准率还不够高，而CRISPR几乎满足最理想化的搜索方式。这也难怪，在细菌在与病毒上亿年的苦战中，细菌只有掌握极其快速准确的定位才能成功切割噬菌体的基因组，同时不出现错切自己的基因组这样的"乌龙事件"。在这样的生命对决中进化而成的CRISPR神功，它的精确定位功能对生物学家而言实在是天赐之喜。

基因编辑决胜法宝之二：神奇"剪刀手"

精确定位到目标还只是成功的第一部分，接下来如何对代码进行修改也大有讲究。要知道，基因组是所有生命的"蓝图"，包含着一个生命体几乎所有的信息。因此每个细胞都拥有极其严格的保护机制，以确保这些最为珍贵的生命代码不被轻易更改，这就像对文档加锁保护。生物学家的解决方法就在找到需要修改的位点后切断DNA（脱氧核糖核酸）链，这样就像解除了保护，同时激发细胞启动修复程序。有趣的是，细胞通常使用的有两套修复方案，分别被生物学家用来做不同的编辑功能（图4）。

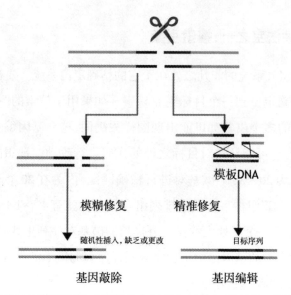

图4　细胞的两种DNA修复机制,分别被生物科学家巧用来实现"基因敲除"和"基因编辑"

　　一种是"模糊修复",这种相对简单的修复方案就是重新搭接上被切断的DNA链,但是在搭接的过程中经常会导致DNA链上个别代码的更改。而在基因组的功能区域,哪怕是单个字符的缺失、插入或者更改都可能导致整个一段代码失效。因此,生物学家恰好利用了"模糊修复"极易出错的这一特点来让一段代码失效,这种技术也被称为"基因敲除"(图4:左侧图)。

　　另一方面,在一些基础研究和绝大多数临床应用中,都需要对代码进行精确编辑。于是,科学家就要利用细胞的精准修复功能。由于绝大多数物种的基因组都有双数对的、分别来自父亲和母亲的完整代码本,在其中一个代码本的DNA链受到损伤后,细胞会完完全全地按照另外一套代码本的序列进行修复。虽然来自父母亲的代码本不完全相同,但是在绝大多数位点都是一致的,所以细胞使用这套"精准修复"保证重要信息的完整性。有趣的是,细胞按照另外的代码本进行修复的这个特性也给基因编辑带来了机会。科学家想出办法给细胞提供一段人造的代码本,这样细胞忠实地按照科学家提供的样本修复后的DNA序列就正正好好是编辑后的序列(图4:右侧图)。巧妙吧!

好了,讲了这么一大通,让我们重归CRISPR正题。神奇的是,细菌的CRISPR恰恰具有这两大重要系统的功能,即搜索引擎和一个"剪刀手"。这样一来,这对绝妙搭档不仅是细菌战胜噬菌体的法宝,也变成了生物学家编辑基因组的利器。

能够把CRISPR用于基因编辑,大功属于加州大学伯克利分校Jennifer Doudna实验组和瑞典于默奥大学Emmanuelle Charpentier实验组。在2010年到2012年的几年中,她们合作发现了细菌里最简单的CRISPR系统,在此系统上又进一步合并了其中的搜索元件。于是,大大简化后的CRISPR系统只需要一个被称为CAS9的蛋白和一段序列:这段序列就是搜索神器,引导CAS9蛋白这个"剪刀手"来实现定点剪切功能(图5)。同时,科学家发现这套CRISPR系统在细菌以外的生物体也可以正常工作。这一系列研究都为CRISPR用于高等生物基因编码铺平了道路。最终,2013年年初,CRISPR转化为生物工具,来自麻省理工学院的张锋组和哈佛大学的George Church组同时报道了利用CRISPR实现基因组编辑的新技术。[7][8]他们在高等生物(比如人类)的细胞中表达CAS9蛋白和一段靶向人类基因组的引导序列。这样CAS9"剪刀手"就可以准确地在人类基因组的靶向位点剪切,来实现"基因敲除"。同时,科学家也可以提供一段额外的代码本来达到精确编辑。于是,一个蛋白和一段DNA序列就这样开启了人类基因组的新编程时代。

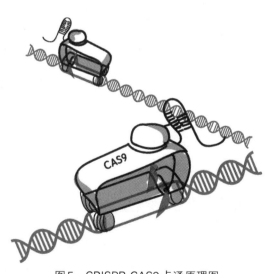

图5 CRISPR-CAS9卡通原理图

CAS9神奇剪刀手配备CRISPR引导序列,就像驰骋在基因组DNA双链上的高速号列车,一旦发现有和引导序列相匹配的位点,CAS9就挥动剪刀切断DNA链

一夜成名后的荣誉与挑战

CRISPR 基因编辑技术自 2013 年年初被发表后,立刻成为基础科学以及医疗领域的新宠。与此同时,CRISPR 的发现者和技术发明者也获得了科学界的最高认可,几乎包揽了除诺贝尔奖(目前还没有,让我们拭目以待)以外的大大小小各种奖项。

特别值得一提的是,同时在阐述 CRISPR 基本机制和促进技术转化过程中做出重要贡献的两位女科学家:加州大学伯克利分校的 Jennifer Doudna 和瑞典于默奥大学的 Emmanuelle Charpentier 得到了格外让人心动的 2015 年生命科学突破奖(Breakthrough Prizes)。这是由硅谷巨头 Sergey Brin(谷歌创始人之一)与前妻 Anne Wojcicki(23andMe 生物基因公司创始人之一),Mark Zuckerberg(脸书董事长及总裁)及夫人 Priscilla Chan, Yuri Milner(俄罗斯风险投资家)还有 Art Levinson(苹果公司董事长及基因泰克董事长)联合发起的鼓励基础科学研究的最新奖项。有如此强大的赞助商阵容,难怪生命科学突破奖的奖金高达 300 万美元,由此得到了"豪华版诺贝尔奖"的别名(要知道,诺贝尔奖金仅 110 万美元)。该奖项如同奥斯卡奖一样隆重,参加者身着盛装,电影明星卡梅隆·迪亚兹(Cameron Diaz)和本尼迪克特·康伯巴奇(Benedict Cumberbatch)也受邀出席。

基础科学领域的新星

前面提到过,遗传学家需要通过改变基因组的遗传代码来研究它的功能。而传统的基因编辑技术相对耗时长、成本高、成功率低。CRISPR 的出现,给基础生命科学研究带来了革命性的变化。举个例子,以前研究人员要想获得一个新的转基因小鼠模型,通常需要花一两年的时间,经过干细胞—嵌合体小鼠—转基因小鼠多道程序。而 CRISPR 极大地简化了这个过程,把时间缩减到了短短的三个月。

更酷炫的是,科学家发挥无限的想象力在原有的CRISPR神奇剪刀手基础上,不仅创造出了特异性更高、可调控的"超级剪刀手",还有一系列大大拓展"剪刀手"原先功能的新技术。比如,用来增强或者减弱特定基因功能的元件,还有用来显示特定序列在基因组上位置的标记元件等。这些巧用CRIPSR的新技术就像雨后春笋一样,成为生命科学家在基因编辑、基因表达调控和细胞生物学等多个方向研究中的新工具。

临床应用:希望与挑战

我们的基因组就像一段长长的代码,在生命的繁衍过程中不免出现极少数代码在拷贝时出错,而人类的很多疾病都是由某些特定代码的错误导致。相信大家对现在逐渐流行的"精准医疗"的概念已经有所耳闻。简单来讲,这个过程就是对个体进行基因检测,先抓出在基因源代码层面上导致疾病的"罪魁祸首",然后再进行针对性的治疗。除了药物治疗等方法,在基因水平上的治疗相当于对源代码进行矫正。这种方法最为直接,但潜在的危险性也最大。

CRISPR技术在基础研究中大显身手,而它最受关注的潜力还是在治疗疾病中的应用。如果能用这种既简单又高效的技术进行基因治疗,它可能会成为人类健康的大功臣。理想很丰满,现实很骨感。总结起来,CRISPR技术距离实际临床应用的目标还有差距,原因主要有三:

第一,我们在上一节里曾经提到"从概率上计算,CRISPR出现命中目标之外的可能是极小的"。到底有多小呢?科学家在不同系统中进行反复实验后发现,原来CRISPR在进行目标搜索时允许引导序列上极个别位点的不完全匹配,导致有可能命中目标之外的序列,但是在临床上的基因定点治疗需要万无一失!因此,众多科学家不断努力提高CRISPR的精准度以期服务于临床。

第二,基因治疗需要精确修复机制(如图4所示),可是在大多数修复模板存在的情况下,细胞还是会启动模糊修复模式。这不仅无法治疗疾病,甚至可能导致基因功能完全丧失，造成更严重的后果。如何提高精准编辑的效率，仍然是科学家们需要攻克的难关。

第三，虽然CRISPR在基因编辑的大家族里算起来是效率最高的一个，但是要达到理想的治病效果，CRISPR的效率还需要大大提高。

总之，CRISPR技术已经是人类向前迈进的一大步，给基因治疗带来了新的希望。自CRISPR出现的短短两三年内，它在技术上成熟和完善的速度以及受关注的程度都让人瞠目。我们有理由相信，尽管目前还不完美，但是完善后的CRISPR或许是未来的完美基因编辑技术，将有希望真正成为临床上基因治疗的福音。

完美婴儿？ 科学、伦理与法律

自然和生命，很久以来被认为具有某种神奇的魔力而令人敬畏。这种敬畏之心在一定程度上来自人们对很多生命现象未解之谜的无知。但是，科学技术的飞速发展，生命科学家一步步揭示生命原理，人类蓦然意识到自己不仅可以理解生命，甚至可以对一个生命体的生长发育进行一定的干预和控制。此时，就像一个在心理上完全没有准备的人突然获得了超能力，他一时间手足无措，正如同人类拥有超强大超乎想象的新科技的这一历史瞬间。此刻，基因编辑技术的迅猛发展和巨大应用潜力对人们的生命观和健康观，更重要的是，对整个社会的伦理和法律体系都提出了前所未有的挑战。

2015年3月，《MIT科技评论》（*MIT Technology Review*）上发表了一篇评论性文章《定制完美婴儿》（*Engineering the Perfect Baby*），副标题是：科学家正在发明可以编辑未来孩子们基因的技术，我们是不是应该立刻阻止它的发展，否则就太晚了？

一石激起千层浪：国际顶尖学术期刊《自然》《科学》紧接着刊登了评论文章，呼吁科学家暂停对人类胚胎基因组编辑的研究。

恰恰此时,来自中国中山大学的黄军就研究组在2015年4月的*Protein & Cell*杂志上发表了对利用CRISPR技术编辑人类胚胎的研究发现,结果显示CRISPR技术在精确编辑的应用上还不够完美。[9]虽然他们使用的是在体外受精过程中出问题的胚胎,这些胚胎是不能发育成人的,但是批评者纷纷评论这个实验相当于人工修改和制造人类,一些新闻头条报道"基因编辑人类胚胎的传闻变成事实"。这无疑在社会舆论对人类胚胎基因编辑正在进行激烈辩论的当口,投下了一颗重磅炸弹。

虽然目前我们对人类基因组的了解也很有限,距离制造出真正的"完美婴儿"还非常遥远。但是,公众的担心不是没有道理。毕竟,一个受精卵包含着生长发育成一个人的全部遗传信息。也就是说,人类如今确确实实已经走到了改造自身基因的历史性的门槛前,只是在层层法律、伦理和社会舆论的压力限制下没有研究组敢"越雷池一步"。

2014年,一项仅在美国的社会调查显示:近一半的社会群众认同把基因编辑技术用于人类胚胎来降低重大遗传病的风险,而只有极少数(15%)的民众接受用这项技术让宝宝变得更聪明。由于这两种不同的应用其实用的是同一种技术,而假设只有其中一种是合法的,这将对法律规则的实施和监督上提出了更高的要求和挑战(当然,前提是未来真有一天,我们了解了基因到底如何控制人们的智力水平来让宝宝变得更聪明)。

我们在技术、法律、道德体系和心理等各个方面上,到底有没有准备好跨进这个改造自身基因的新时代? 截至2015年初秋本文截稿时,我们对人类胚胎的基因编辑还没有一个在社会层面的统一规则,甚至就连CRISPR的核心发现和技术发明人的群体内部,都有着相对保守和开放的不同声音。但是,人类科技和文明的车轮飞速向前行驶,它从未停歇给我们准备的时间。而回顾人类的发展历史,大多数飞越性的进步并非人们的精心筹划,却是由于新文明和新科技与传统的知识体系、伦理和法律相摩擦冲撞,引发人类新的思考,这才有了新的哲学、伦理观和法律体系。在这个生命科学大放异彩的世纪,从克隆技术、转基因,到器官工程、试管婴儿的一系列新生物技术在最初出现时,甚至至今都仍存在争议和谴责的声音,而它们给人类健康和生活带来的进步和希望是毋庸置疑的。

科学技术是把双刃剑,而如果因为畏惧它可能导致的问题就囿于当下,就不会有人类文明的发展进步。只有科学家联合所有社会力量,用理性、包容的态度评判,用严格、有效的法律规范管理,才能推动新科技造福人类。

尽管目前人类胚胎的基因编辑还尚未形成一个统一规则,但是广泛的社会关注说明,人类已经迈出了解决问题的第一步。(注:2015年5月18日,美国国家科学院〔NAS〕和国家医学院〔NAM〕宣布,将为人类胚胎和生殖细胞基因组编辑制定指导准则。)

下一代基因测序

DNA 摩尔斯密码的翻译器，生命基础科学的历史性突破，
多路力量比拼速度、成本与精准度

文 / 王雅琦

身体里的摩尔斯密码:基因

在这个地球上,成千上万种生物都不断在繁衍生息。同样作为人类,生儿育女是再自然不过的事情。物种与物种之间的区别是不可逾越的鸿沟,同物种中,下一代继承了上一代的性征。千百年来,各类物种忠实地遵循着这条自然规律。那么是什么决定了物种的性征,是什么让不同的性征代代相传,这条自然黄金规律背后的密码又是什么? 让人惊讶的是,决定这一切的是一种小小的分子——DNA,一种独特的双链结构分子。

带有遗传信讯息的DNA片段称为基因,是生物遗传性的基本分子单位。组成简单生命最少要265到350个基因。全部基因的补集被称为基因组,基因组存在于一个或者多个染色体上。染色体是由一条带有成千上万组基因的DNA长链组成的。一般基因的长度是10^3到10^6个碱基对;染色体的长度通常为10^7到10^{10}个碱基对。基因传递到下一代的过程是性状遗传的基础。许多生物性状就是受多种基因以及基因和环境之间的作用影响的。基因的进化是自然选择的过程,最适应环境的基因被存留下来,并且延续到下一代。

组成DNA的含氮碱基

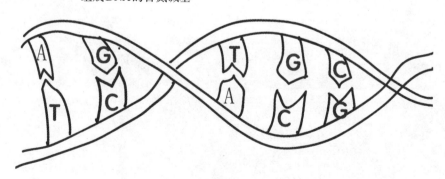

图1　组成DNA的含氮碱基

组成DNA的含氮碱基有四种：腺嘌呤（Adenine）、胞嘧啶（Cytosine）、鸟嘌呤（Guanine）和胸腺嘧啶（Thymine），简写为A、C、G、T。DNA的两条链之间结合起来，形成独特的双螺旋结构。

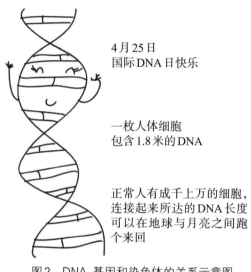

4月25日
国际DNA日快乐

一枚人体细胞
包含1.8米的DNA

正常人有成千上万的细胞，连接起来所达的DNA长度可以在地球与月亮之间跑个来回

图2　DNA、基因和染色体的关系示意图

ACTG碱基就是书写生命之书的基本文字，他们组成了各种各样的生命的密码——基因。基因组成了生命之书的章节，预示着生命的发展、变化和消亡。基因就像摩尔斯密码一样，用符号传递丰富的信息。千百年来人们一直孜孜不倦地想要读懂这本用基因密码书写的生命之书，了解生命的奥秘。秦始皇差遣徐福远渡东海，去寻找长生不老药（想了解更多"长生不老"的秘密，请移步至本书有关基因编辑的相关文章）；埃及的法老们在沙漠上筑起雄伟的金字塔，仰望星空，希望从神灵那得到解读生命天书的奥秘。生命的密码，在现代科技的帮助下，正逐渐揭秘。

读懂身体里的密码天书：基因测序技术

读懂身体里摩尔斯密码的第一步就是要了解基因ACTG碱基对的排序。

实验室里用于确定基因组内完整 DNA 链碱基序列的技术称为全基因组测序（Whole Genome Sequencing, WGS）。科学家们由此展开解读神秘密码的征程。1985 年，美国的科学家们首先提出了"人类基因组计划"（Human Genome Project, HGP）。这个计划目标是对构成人类基因组的 30 多亿个碱基对进行精确测序，发现所有人类基因，并且确定所有基因在染色体上的准确位置。在掌握所有这些信息后，进一步成功破译人类全部的遗传信息。也就是说完全的破译和读懂这本生命的天书。

30 多亿个碱基对！这是一个天文数字，由此可以想象这个项目将需要多少的时间、人力和资金。美国、英国、法国、德国、日本和中国的科学家们共同参与了这项耗资 30 亿美金的"人类基因组计划"。这项雄心勃勃的计划当年与"曼哈顿计划"和"阿波罗计划"一起并称为人类科学史上的三大计划。这项计划在 1990 年正式启动。历时 10 年后，于 2000 年 6 月 26 日，参加人类基因组测序计划的六国科学家们共同宣布，人类基因组草图的绘制工作基本完成[1]。草图涵盖 95% 的常染色质区域的序列。

之后科学家们曾多次宣布人类基因组计划完工，但是推出的都不是完整版。2006 年，宣告破解生命之书完结的里程碑式的事件，是美国和英国的科学家们在著名的《自然》杂志上发表了人类最后一个染色体——1 号染色体的基因序列。在人体 22 对常染色体（性染色体是第 23 对染色体）中，1 号染色体包含 3141 个基因，有超过 2.23 亿个碱基对，数目是其他常染色体平均数目的两倍。1 号染色体的破译难度最大，所以被科学家们留到了最后，作为收山之作。150 名来自英国和美国的科学家团队，花费了 10 年的时间，才完成了 1 号染色体的测序工作。1 号染色体序列的发表，使得 99.99% 的人类基因测序完成，标志着解读人体生命天书计划的完结，也为这项历时 16 年的人类基因组测序计划画上了句点。

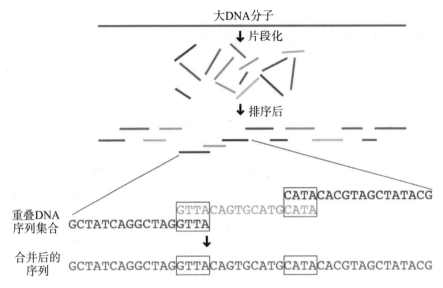

图3　基因测序技术流程示意图

　　传统观点认为除基因以外的非编码的DNA是没有活性的,没有参与生命编程的过程,是垃圾DNA(Junk DNA)。然而,科学家们并没有草率地忽视这些非编码DNA。他们开启了一项人类基因组测序计划的后续计划——The ENCODE Project。

　　2003年,来自美国、英国、西班牙、新加坡和日本的32个实验室的422名科学家们,正式启动了这项旨在解析人类基因组中所有功能性元件的大型跨国研究项目。这400多名科学家们花费了约300年的计算机时间,对147个组织类型进行了分析,收集了超过15兆兆字节的数据。通过对这些天文数字数据的研究,科学家们发现人类基因组内非编码DNA并非垃圾,相反,80%都具有生物活性。这些研究结果可以帮助科学家更好地理解某些疾病的遗传学风险。2012年,ENCODE项目把阶段性的研究成果整理成了30多篇论文,发表在影响力甚高的学术期刊《自然》《基因组研究》和《基因组生物学》上。EN-CODE项目也被享有盛名的《科学》杂志评为2012年度的十大科学突破之一。

最先进的摩尔斯密码翻译器:下一代基因测序技术的前世

那么科学家们是怎么实现基因测序的呢？这一节就来说说基因测序技术。顾名思义,下一代基因测序技术(NGS)指的是新一代的测序技术,也是现在最广泛应用的测序技术。介绍下一代测序技术前,先简单介绍一下传统基因测序技术,用一句话概括就是测出AGCT几个碱基对在DNA链中的排列顺序。最早使用的两种测序方法分别是Maxam-Gilbert测序法和Sanger测序法。

Maxam-Gilbert测序法需要在被测的DNA的5'端标记上放射性标记物,一般是gama-32磷,然后将标记后的DNA片段提纯。通过化学反应,可以把DNA上的G、A＋G、C、或者是C＋T的碱基修饰,形成可以被切断的"切口",然后被化学修饰过的DNA分子和哌啶反应。哌啶就是剪刀,把DNA链从化学修饰过的"切口"上切断。DNA就形成了从带有反射性标记物的5'端到切口处的片段。[2]然后这些长短不一的片段平行从变性丙烯酰胺凝胶(denaturing acry; aminde gels)上"跑过"。片段长短跟其分子大小成正比,在变性丙烯酰胺凝胶中移动的距离长度和分子大小成反比。所以变性丙烯酰胺凝胶就能把不同大小的片段分开来。胶片最后被曝露在X射线下成像。DNA片段上标记的gama-32磷使不同大小的DNA片段在胶片上以黑条带的形式显示出来,DNA的碱基排列顺序就可以通过切口和被切下来的片段大小推测出来。但是这种测序法非常繁琐,需要提纯被标记和被切后的DNA片段才能得到准确的结果。并且当DNA链很长,比如达到几千个碱基时,推测测序就变成了一个复杂庞大的数学推理问题。

另一种测序法被称为Sanger测序法或双脱氧链终止法(Chain Termination Method),是由弗雷德里克·桑格(Frederick Sanger)在1977年发明的。这个方法问世以后,因相对简单的操作和比较可靠的测序结果,迅速成为众多科学家们的首选,且测序法用到的有毒化学物质和放射性标记物相对Maxam-Gilbert

测序法要少。Sanger测序法因这几个优势迅速成为第一代DNA的测序仪的核心技术。

Sanger从20世纪80年代到21世纪初的这段时间内备受推崇。科学家们也对这项技术进行了不少的改进。比如用荧光标记物代替放射性标记物，使得测序更安全，而且灵敏度更高。还有毛细管电泳法和自动化操作的实现，使得这项技术可以更便捷而且成本更低。Sanger测序法是当年"人类基因组计划"的顶流之柱。但是成本非常高，得出一个基因组的序列需要花费1亿美金。

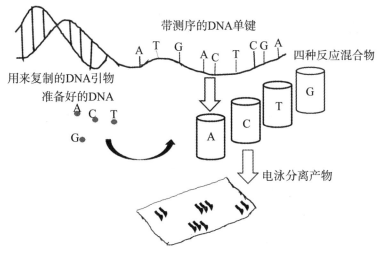

图4 Sanger测序法示意图

经典的Sanger测序法需要一个DNA单链，DNA引物（Primer）、DNA聚合酶（polymerase）、脱氧核糖核苷三磷酸（dNTP）（deoxyribonucleoside triphosphate），并混入限量的一种不同的双脱氧核苷三磷酸（ddNTP）（modified dideoxynucleoside triphosphates）。ddNTP缺乏DNA链延伸所需的3-OH基团，使DNA链的复制延生终止[3]。ddNTP切断的片段有共同的起始点，但是终止在不同的核苷酸碱基上。和Maxam-Gilbert测序法相似，最后得到的片段产物也通过变性聚丙烯胺凝胶电泳分离，通过X光成像。通常有四个平行的反应，每个反应中加入不同的dNTP，比如图5中从左到右，加入的dNTP分别是

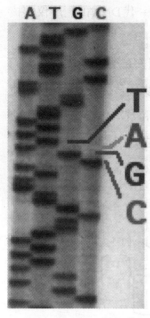

图5 Sanger测序法中的凝胶电泳图

dATP、dTTP、dGTP和dCTP。终结在不同位置的片段在凝胶上根据大小被分离开来。图示上可以看出,在四条凝胶条上暗条的出现位置不同,根据这些暗条相应的排列顺序就可以推测出DNA的序列。图5中线条标记的位置,根据暗条从上到下的排列可以知道碱基的排序是TAGC。

荧光标记法的出现极大简化了Sanger测序法。但是Sanger测序技术也有它的瓶颈。Sanger测序通常遇到的一个问题是因为引物结合在DNA5'端,使前15到40个碱基对很难测准。另外一个问题是,当链长到700至900个碱基以后,测序的质量就变得很差,数据几乎没有办法使用。目前的技术能在一个反应中测量300到1000个碱基的DNA链。当碱基长度只有个位数或者二位数时,凝胶可以有效地把不同长度的片段区分开来。但是当碱基数目达到上千以后,比如说1000个碱基的片段和1001个碱基的片段的大小的差别只有千分之一,就无法通过凝胶孔径来筛选长度差别极小的片段,因此,特定碱基的位置就很难被准确定位。

科学家们想出的解决方案是把DNA长链分割成很多段不超过特定长度的子链,比如说每个子链不超过500个碱基,然后对每个子链分别进行测序,最后把每段子链的序列排列组合起来,就得到了完整的DNA长链的基因序列。这个方法就像拼图游戏一样,把整个拼图分隔成一个一个的小图,然后再把分散的小图还原成最初的图画。这个方法听着很美,但是造成了分隔长链的多余的工作量,而且在还原的过程中,准确还原每个子链在长链中的排列顺序也非易事,这个过程中也容易产生误差率。

科学家们总是不断追求更新、更好、更完善,他们当然不会止步于Sanger

测序法。虽然Sanger测序法担任了重要的历史使命,作为曾经最有效的工具破解了人类基因组,帮助人们读懂了生命天书。但是长江后浪推前浪,Sanger测序法还是不可避免地逐渐退出基因测序的舞台。在21世纪前10年的后期,下一代基因测序技术的出现,彻底改变了基因测序领域,把测序一个基因组的成本从1亿美金减少到1万美金,整整降低了10万倍!

下一代基因测序技术的今生

下一代基因测序技术(NGS)粉墨登场,顿时在学术界和工业界掀起热潮。各个实验室竞相发表无数和NGS相关的文章。关于NGS相关产品的开发也成为各大生物科技公司的重点战略计划。业界大佬们都盯住了NGS这块大蛋糕,都想要分得一块。下面就来谈谈下一代基因测序技术的今世。

下一代基因测序技术也被称高通量测序(High-throughput sequencing),其实是一个包括了多种不同现代测序新技术的一个总称,英文里称为catch-all term。这些现代的测序技术和传统的Sanger测序相比,更快捷,成本更低,给基因和分子生物学方面的研究带来了革命性的突破。下一代基因测序中最重要和使用最广泛几个主要技术有Illumina(Solexa)测序技术、罗氏的454测序技术(Roche 454 sequencing)、Applied Biosystems的SoliD测序技术(已被Thermo Fisher Scientific收购),还有Life Technology的Ion Torrent测序技术(也已被Thermo Fisher Scientific收入旗下)。这几个主要的技术最初平分秋色,但是随着发展,有些被市场残酷地淘汰,有些逐渐开始一统天下。说到下一代基因测序的发展史,故事层出不穷,高潮迭起,精彩程度不亚于春秋战国时代的群雄争霸。

故事要从1977年说起。在1977年Sanger测序法和Maxam-Gilbert测序法发明以后,1987年Applied Biosystems推出了第一台自动化的、以毛细管电泳分离(capillary electrophoresis)技术为主的测序仪——ABi370。11年以后,Applied Biosystems推出了第二代测序仪ABi3730XL。这些测序仪成为美国国立卫生研究院(NIH)和塞莱拉公司引导的人类基因组计划使用的仪器。塞莱拉公司命运多舛,2001年在《科学》杂志上发表了他们的初步测序结果,同一周,以NIH为领导的公共测序组织也在《自然》上发表了他们的独立测序结果。一年后塞莱拉的总裁——天才人物克莱格·文特尔(Craig Venter)博士离开了公司,塞莱拉成为一个检测诊断公司,前景堪忧,不断亏损,最后没有逃过被收购的命运,在2011年被美国最大的临床诊断公司Quest Diagnostics收购。虽然ABi370和ABi3730XL在当时已经是很有效和"快速"的测序仪,但是2005年Illumina研发的Genome Analyzer问世,还是让ABi370和ABi3730XL相形见绌。

图6　Scientific产品宣传图片(左),Illumina产品宣传图片(中)、(右)图片来源:Thermofisher

　　Genome Analyzer把一次测序实验的容量从84kb碱基增长到1Gb碱基。下一代基因测序是一次理念和技术上的革新。自从问世以来,下一代基因测序技术的测序容量就以超越摩尔定律的速度增长,每年的容量都翻倍。2005年,根据Illumina产品的宣传手册上的数据显示,Genome Analyzer一次实验可以产生1Gb的数据。到了2014年,Illumina开发出的HiSeq X™ Ten测序速度增长到一次实验1.8Tb,增长超过1000倍! 测序速度的提高意味着什么? 简单举个例子,当年的人类基因组计划总共花费了15年和30亿美金才完成。如果运用下一代基因测序仪,一天之内就能测出45个人类基因组,每个基因组的花费为1000美金。这个是怎样一个令人震惊的革新! 15年到1天的变化!

　　下一代基因测序计划也彻底改变了科学家们的思维方式,花费1000美金就可以得到一个人类基因组的序列,科学家们可以一年之内对成千上万的人类基因组进行测序,在个体基因序列的基础上找到个体的病原,并设计"个人量身定做的药物"（personal medicine）。测序速度的火箭式提高，成本的不断降低，意味着更多不同个体的基因组可以被测序揭秘，科学家们已经越来越接近找到造成癌症、自闭症、心脏病和神经分裂症等不同疾病的基因源头。

群雄争霸的年代：下一代基因测序公司

在下一代基因测序的战场上，也如春秋战国时期一样，当年各大品牌Applied Biosystems、Illumina、Life technologies、Roche 454还有一系列小公司一较高下，在刀光剑影的较量下，Applied Biosystems从最初的第一台测序仪的生产者沦落到被Thermo Fisher收购，风光不再；2013年10月Roche宣布关闭454，并在2016年中最终停产所有的454测序仪；相对Applied Biosystems和454的惨淡，Illumina却异军突起，傲视群雄，大有一统天下之势。Life Technologies的Ion Torrent努力地和Illumina一较高下，试图从Illumina口中分得一杯羹。这节就来聊聊这些下一代基因测序公司风起云涌的现状。

行业巨头Illumina

首先从行业巨头Illumina聊起。Illumina诞生于1998年，由五名科学家创立。Illumina最初的技术是基于塔夫茨大学（Tufts Univercity）开发出微珠芯片技术（BeadArray Technology）。2007年，Illumina收购了硅谷东部的Hayward的Solexa公司，从此开始了基因测序王者之路。收购专长于开发商业化的人体基因测序仪的Solexa绝对是Illumina的英明之举。2009年，Illumina推出私人化的基因测序服务，标价四万八千美金。一年之后，Illumina把标价降低到一万九千五百美金。但是这个价钱对于普通人还是太贵，虽然知道自己的基因序列是件很诱人的事情，但是高昂的价格还是让很多人望而却步。Illumina通过实现基因测序的量产化，在2011年把基因测序的价格降到了4000美金。这是一个可以让很多普通工薪阶层负担得起的价格了，越来越多的人希望进行个人基因测序,知道自己身体的密码,了解自己可能会受到哪种疾病的威胁。

Illumina市场前景一片看好,2012年罗氏试图用一股44.5美金,总价57亿美金的价格收购Illumina,最后提价到68亿美金,但是Illumina拒绝了罗氏的收购。2014年,Illumina重磅推出HiSeq X Ten测序仪,进一步让大规模基因测序成为可能,并且把全基因组测序的价格降低到了1000美金/人。Illumina信心勃勃地向大众宣告,只要有40台HiSeq X Ten测序仪一起工作一年,产生的基因测序数据就能超过之前世界上所有测序仪在过去近40年里产生的测序数据的总和!不过HiSeq X Ten是由10台仪器组成的测序仪群,总体售价为1千万美金。2014年1月,Illumina已经占有了超过70%的测序市场份额,全球90%左右的DNA数据都来自Illumina的测序仪。Illumina的股票从最初2000年的不到20美金飙升到2015年的239美金,翻了10倍。

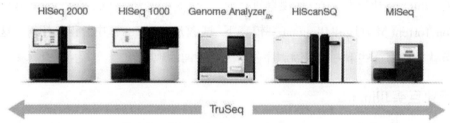

图7　Illumina推出的历代测序仪产品图片来源:Illumina产品宣传图片

Illumina的测序技术到底是什么?笔者来分析一下Illumina称霸群雄的"葵花宝典"。Illumina的测序技术主要有四个步骤[4]。

第一步是DNA样品库群的制备(Library Preparation)。首先DNA被切成许多100到150个碱基左右的片段。每个片段的两端都通过连接反应(Ligation)加入了衔接子(Adaptor)。

第二步是DNA库的扩增(Cluster Amplification)。DNA库群被加入到流通片上(Flow cell),通过两端的衔接子随机杂化,接到流通片上。一些多余的连接子也杂化到了流通片上。大量没有加入衔接子的核苷酸、酶加入到流通片表面,通过聚合酶链式反应(PCR)进行DNA片段的复制扩增。Illumina在

DNA片段在流通片上复制扩增的独特技术称为双链桥状复制（double-strand bridge amplification）。被复制的DNA和在第一步接在流通片上的DNA模板之间形成了DNA双链，模本和复制本DNA链之间都是有一端通过衔接子固定在流通片上，另一端没有固定。接下来的DNA变性反应，使桥状的双链分开，成为一个独立的接在流通片上的单链DNA片段。通过这个复制和变性解链的过程，几百万个DNA片段聚集在流通片的各个通道内。

第三步是碱基的测序。首先确定第一个碱基，流通片被大量的AGTC的核苷酸和DNA聚合酶冲刷，AGTC分别根据配对原则加到固定在流通片的DNA模板链上。AGTC核苷酸有各自不同的荧光颜色标记，同时带有终结子，所以DNA模板链上一次只能加上一个荧光核苷酸。这轮反应结束后，流通片被激光照射，产生可以检测到的荧光。根据不同的颜色，AGTC在流通片上的位置被记录下来，这样不同DNA片段的第一个碱基就确定了。接下来，第一个碱基上的终结子被移走，第二轮的反应开始，相同的原理，DNA片段上的第二个碱基也被确定，直到完成流通片上所有的DNA模板片段的测序。

第四步是数据分析。由不同片段的测序结果，得出完整的DNA长链的碱基序列。

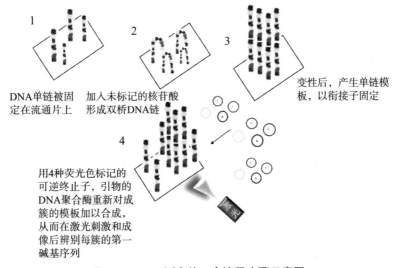

1 DNA单链被固定在流通片上

加入未标记的核苷酸形成双桥DNA链

3 变性后，产生单链模板，以衔接子固定

4 用4种荧光色标记的可逆终止子，引物的DNA聚合酶重新对成簇的模板加以合成，从而在激光刺激和成像后辨别每簇的第一碱基序列

激光

图8　Illumina测序的四个流程步骤示意图

Illumina省略了用凝胶筛分DNA片段确定碱基位置的步骤,大大简化了测序的过程。同时Illumina的测序技术中也加入标准物(Reference),通常是序列已知的DNA链,用来判断和校正测序中可能出现的误差。

罗氏454(Roche 454 Sequencing)测序技术[5]

罗氏454测序技术和Illumina的测序技术相似,也是探测光信号,并且同时测序多个片段。Illumina测序技术中,DNA被切成100到150个碱基的短片段,在454的测序技术中,DNA的片段长了很多,可以达到1000个碱基左右。衔接子加到每个片段的一端,然后固定到微珠上。每个微珠上只固定一个特定的DNA片段。接着和Illlumina技术类似,DNA片段在微珠上进行聚合酶链式反应。微珠被置放到载片的微孔内,每个微孔内只放置一个微珠,一个微珠上覆盖了成千上万的特定序列的DNA片段。同时,每个微孔里还含有DNA聚合酶和测序反应所需要的缓冲溶液。

每个载片每次被大量的AGTC的核苷酸中的一种冲洗,每种核苷酸都会根据碱基配对原则加到微珠上,与DNA模板结合。比如说一个模板上的碱基序列是AACT,当模板被dTTP核苷酸冲洗时,就会有两个T核苷酸加到模板上。每次核苷酸加到模板上都会产生光信号,这些光信号可以被检测到并分辨出来自哪个微珠。核苷酸被洗干净,接着下一个核苷酸溶解加入载片,重复上一次的测序过程,直到所有四个核苷酸都被依次加入到载片上。454测序技术记录下每次测序循环的信号图,显示四种核苷酸不同的强度信号,然后碱基的序列就可以被电脑识别和排序。

Ion Torrent 测序技术[6]

Ion Torrent半导体测序仪是目前唯一能够从Illumina分到一部分市场份额的测序仪。Ion Torrent的研发部门位于硅谷的南湾(South Bay)。与Illumina以及罗氏454测序仪都不相同的是,Ion Torrent不是利用光信号,而是利用测序反应中pH(酸碱度)的变化作为检测信号。

Ion Torrent顾名思义就是英语里"离子激流"的意思,这个名字完美概括了其测序原理。当脱氧核糖核苷三磷酸dNTP结合到DNA模板分子上时,会和模板分子之间形成共价键,然后释放出一个焦磷酸盐(pyrophosphate)和一个带正电的氢离子(H$^+$)。dNTP只有和配合的碱基对结合时才产生氢离子,Ion Torrent技术就是利用检测反应中是否释放了氢离子来确定碱基的种类和序列。在一个有很多微孔的半导体的载片上,每个微孔里都含有很多单链的等待测序的DNA片段模板分子和DNA聚合酶。载片被没有任何修饰和标记的ACGT dNTP依次冲洗。只有当dNTP和与其配合的DNA模板上的碱基配对后,才能产生氢离子,因而造成微孔内酸碱度的改变。酸碱度的变化可以被离子场效应晶体管(Ion Sensitive Field Effect Transistor,缩写ISFET)检测到。在Ion Torrent的检测系统里,载片上的每个微孔下面有一层对离子敏感的探测层,在探测层下方是ISFET晶体管。所有的探测层都嵌入在互补金属氧化物半导体(Complementary Metal Oxide Semiconductor)的芯片中。每次当氢离子产生,都会激发ISFET的离子感应器,一系列的电脉冲从芯片传输到电脑,然后电脉冲信号被翻译成DNA的序列。

Ion Torrent是直接检测离子信号,因而不需要对dNTP做任何的修饰和标记,也不用使用昂贵的光学检测仪器,可以实现快速检测和节省测序前的开支。所以Ion Torrent的广告语就是更快、更便捷并和环境兼容。Ion Torrent的测序宣传的是实时检测dNTP与DNA模板的配合反应,实际上测序的速度是由每个测序环节中循环dNTP的速度决定的。每个dNTP与模板的反应大约需要4秒钟,完成一个100到200碱基长度的测序大约需要一个小时。

Ion Torrent测序技术的局限也是很明显的。其中一个问题就是当很多重复的碱基出现时,Ion Torrent无法准确分辨出重复碱基单元的个数。举例说,一个DNA片段中有8个重复的G碱基,测序时产生的离子信号和只有7个重复G碱基的片段产生的信号将非常相似,所以Ion Torrent的测序极有可能会测错重复碱基单元的数目。另外一个局限是Ion Torrent一次能够测量的DNA长度比其他测序法略低，虽然其公司宣称现在能达到400个碱基长度的测序，但是目前还没有外部数据来证实这个说法。另外测序的通量较其他测序仪也偏低，Ion Torrent正在努力通过提高芯片的存储量来提高测序仪的通量。但是现在Illumina已经一统天下，俨然已成为行业的标杆，大多数的学术文章和实验报告都是采用Illumina的测序仪作为报告数据的。Ion Torrent很有可能在改进技术以前，就被Illumina淘汰出市场。不过目前Ion Torrent最大的竞争优势还是在成本上。一台Illumina的MiSeq测序仪大约售价12万5千美金，而Ion Torrent PGM测序仪的售价在8万美金左右。另外使用Illumina测序仪一次测序花费750美金，而Ion Torrent只需要225到425美金。

SoLiD 测序技术[7]

最后简单介绍一下Applied Biosystems的SOLiD sequencing技术，虽然其远不及Illumina和Ion Torrent使用广泛，但是还是一种具有代表性的下一代基因测序技术。SOLiD（Sequencing by Oligonucleotide Ligation and Detection）是由Applied Biosystems在2006年推出的（已被Life Technologies收购，Life Technology又被Thermo Fisher Scientific收购）。

这项测序技术和罗氏的454测序技术以及Illumina的"合成测序"（sequencing by synthesis）不同，SOLiD的核心技术是双碱基连接测序（two-base based ligation sequencing）。DNA长链首先被分切为上百万或者上千万的碎片，每个片段的长度在35到50个碱基之间。然后每一个不同的片段分别固定在一个磁性微珠上。DNA片段和微珠连接的一端有统一的P1衔接子，所以每个片段和微珠相连的那段的衔接子的碱基序列都是已知和固定的。

接下来，聚合酶链式反应（PCR）在微珠上发生，克隆出无数的DNA片段，这些片段下一步通过共价键固定在玻璃载玻片上。在SOLiD测序仪的流通片上，引物（Primer）杂化到DNA模本片段衔接子上，四组荧光标记的双碱基探针接下来连接到引物上,探针是由8个碱基组成的小片段,位置在1和2碱基具有测序功能,3、4、5的碱基只起到帮助探针和模板DNA配合的作用,不含有任何测序信息。6、7、8位的碱基和荧光分子相连,在荧光信号被记录下以后切断并和探针前5位的碱基分离,只有和DNA模板配合的探针才能够和引物接上。荧光信号在探针和模板结合的过程中被记录下来,荧光标记物被从探针上切断下来。然后进行下一轮的连接反应(ligation)。测序在多轮连接(ligation)、检测(detection)和切断(cleavage)的循环过程中完成。循环的次数决定了被测序的DNA链的最终长度。但是因为每个探针只有最前的两个碱基参与了测序,后三个碱基没有测序信息,所以第一轮测出的序列之间有三个碱基位置的空白。

这就需要进行另外四轮的错位测序,才能获得完整的DNA链序列信息。当一轮的测序完成以后,复制产生的DNA被移去,下一轮的测序开始,在这个测序轮回中,引物的长度比上一轮的引物少一个碱基(n-1),其他步骤和第一轮重复。因为这个引物长度减少一个碱基,所以探针能连接的初始碱基比上一轮错位一位。第二轮测出的序列含有一半和第一轮重复的信息,但是补充了每个重复碱基前一位碱基的信息。这样五轮测序过后,就能测出DNA的完整序列。探针的荧光由参与测序的两对碱基的组合决定,比如,AT组合是红色,AG组合是黄色,CC组合是蓝色,等等。SOLiD的测序方法很独特,但是也比较烦琐。不过,因为每轮测序都会重复检测一半上一轮测序的碱基,确保和提高了测序的准确性,结果更加可信。SOLiD测序技术的准确度可以达到99.94%,超过罗氏454的99.9%和Illumina的98%。而且SOLiD技术也可以解决罗氏454测序技术中无法解决的分解重复碱基单元具体数目的问题。但是每次能测序的片段很短、通量低、速度慢。所以没有Illumina和Ion Torrent应用广泛。

畅想未来下一代基因测序技术的发展

科学的进步永无止境。科学家们已经开始了第三代基因测序技术的研究。有一个很著名的面试问题是一间屋子里有三盏灯,屋子外的墙上有三个开关。只允许进入屋子一次,怎么才能知道哪个开关控制哪盏灯。很多人都是从打开开关,看哪盏灯亮来找答案。其实也可以从热的角度(摸灯泡)找到解决方案。这个故事和第三代基因测序技术有异曲同工之妙。第三代测序技术中有代表性的方案都是另辟蹊径。下面来说说几个出名的第三代的测序技术的雏形。

首先是纳米孔技术(Nanopore DNA Sequencing)。技术的原理是当不同的核苷酸(nucleotides)通过共价键结合了alpha-溶血素环式糊精(一种环状的多糖)的孔洞时,会产生不同的电信号。所以当DNA链通过这些修饰过的环式糊精的孔洞时,离子流就会改变。这个改变是由DNA链的形状、大小和具体的碱基序列决定的。不同的核苷酸可以不同程度的延缓离子通过纳米孔的时间。不同碱基序列的DNA链通过纳米孔洞时,产生和碱基序列对应的不同的电信号[8]。这个方法不需要像第二代测序技术一样修饰核苷酸,可以大大简便测序前的准备工作。精确控制DNA从纳米孔中通过是成功测序的关键之一。目前主要应用的有两种纳米孔。一种是固态材料纳米孔,一种是蛋白纳米孔。蛋白纳米孔是利用结合了天然alpha溶血素的细胞膜。固态纳米孔是利用合成材料,比如说氧化铝和氮化硅混合物。固态纳米孔技术的关键是确保合成的纳米孔矩阵中,包含大量的孔径小于8纳米的纳米孔。

纳米孔技术最早是由英国的一家创业公司 Oxford Nanopore Technologies 开发的。据说 Oxford Nanopore 的几个核心技术人员是当年开发 Illumina 桥状 DNA 扩增技术的骨干。目前 Oxford Nanopore 正在开发的几种产品有 MinION、PromethION 和 GridION。Oxford Nanopore 曾在一次国际会议上展示过 MinION 的样品机。MinION 只有一个 USB 大小,但是却能一次产生 150 兆碱基的数据量。可以和体积庞大的 Ion Torrent 和 Illumina 测序仪一较高下。虽然目前 Oxford Nanopore 还没有任何上市产品,不过不少业内人士对这项技术的发展持乐观态度。

另一种正在开发的技术是利用了显微镜技术测序。原理是把核苷酸用化学物质(比如卤素)染色。然后用原子力显微镜(Atomic Force Microscopy)或者是透射电子显微镜(Transmission Electron Microscopy)来分辨每一个碱基的序列[9]。这种方法可以实现长(＞5000碱基)的DNA的测序。不过这两种显微镜是非常昂贵的仪器,通常都在百万售价左右。另外怎么实现自动化的读取显微镜获得图像信息,并且转化为碱基序列,也是需要思考的问题。

还有一种有意思的方法是质谱(Mass Spectroscopy)测序法。每种核苷酸的分子量都不一样,可以被质谱轻易地检测和区别开。差别只有一个碱基或者几个碱基的短链DNA也可以被质谱分析出来。所以质谱从原理上可以取代凝胶来区别不同大小的DNA片段。已经有一些研究人员利用质谱来进行测序,但是目前质谱测序不能够超过100个碱基的长度[10]。

其他一些正在开发的技术还包括:DNA微矩阵技术(DNA Microarray Sequencing)、隧穿电流测序(Tunneling Currents Sequencing)、杂化测序(Hybridization Sequencing)和微流体Sanger测序(Microfluidic Sanger Sequencing)。这里就不一一详述了。

第三代基因测序技术的奋斗目标是更高的测序通量、更短的测序时间和更简化的测序准备,比如说不使用修饰过的核苷酸、探针和DNA聚合酶,等等。从20世纪70年代末到21世纪初,基因测序技术已经实现了一个质的飞跃。从第二代到第三代测序技术的飞跃将是更加振奋人心的和快速的。也许未来某天,我们可以人手一个小的USB测序仪,快速测出我们的基因,分析所测取的数据,读取自己身体里的摩尔斯密码!

基因测序技术让我们终于可以解读生命的天书,了解自身身体的奥秘。这是人类了解自然,了解世界和了解自我的一个里程碑。

在令人兴奋的同时,基因测序技术也带来了不少道德伦理上的争论。比如说隐私问题,在这个信息发达的时代,怎么安全地储存个人的基因信息,并且防止这些私人信息泄露。

还有基因角度上的社会歧视。比如说一个个体的基因序列显示这个人将会在某一年龄爆发一种疾病,那么这会不会影响到这个个体的交友、婚恋、工作和发展,会不会带来其他人异样的眼光?

怎么防止利用基因牟利的商业行为也是一个待探讨的问题。前面谈到了个人化药物(personal medicine)的概念。需要警惕保险公司和医药公司对有基因缺陷的个体索取更高额的保费或者是医疗费用。

这些目前都还没有解决方案。不过任何新生事物都会受到质疑。虽然问题存在,但是基因测序技术还是随着人们对科技无尽的追求而不断进步。基因测序会怎么发展,将来怎么利用这项先进的技术和怎么规范随之而产生的一些社会问题,相信这些疑问都会随着时间的推进迎刃而解。

从克隆到人类多能干细胞

从神秘的克隆技术到万众瞩目的 iPS 细胞，成熟体细胞被诱导回多能干细胞状态，一根毫毛真的可以变成一只猴子？器官再生的序幕即将拉开？

文 / 李凌宇

林肯、乔丹和他们的小伙伴们生活在一个与世隔绝的神秘社区。科学家告诉他们,地球污染太严重已经不再适合人类居住,他们是地球最后一批存活的人类。在这个社区里面,每隔一段时间就会有一次抽签,被抽到的"幸运居民"可以去一个世外桃源般的小岛上自由自在地生活。每个人都憧憬着有一天自己能被抽中,离开这个没有自由、备受监管的社区。

当林肯和乔丹被"幸运"抽中后,却发现了一个惊人的秘密——原来所谓的世外桃源岛根本不存在,所有社区里的居民不过是某些有钱人的克隆体,当他们的本体出现疾病需要器官移植的时候,科学家们就会以抽签的名义把需要的克隆体隔离出来,取出他们鲜活的器官来拯救外面的人类。林肯亲眼目睹了他的朋友,在手术刀下活生生被解剖。于是,林肯和乔丹决定逃出克隆岛……

器官移植的困境

以上这段故事来自 2005 年的科幻电影《逃出克隆岛》(*The Island*),这个故事显然不是给制造克隆人、贩卖器官的科学家们歌功颂德的,但却也从侧面反映出人们的某种期望:当自己的某个器官坏掉又无法通过药物治疗时,能够找到与自己配型一致的健康器官做移植,如果连基因都一致,那就更好了!这样就可以避免使用副作用很强的抗免疫排斥药物了。你有没有羡慕过那些再生能力很强的动物?比如壁虎,尾巴断掉之后过不了几天就可以长出一条新尾巴,又比如海参,遇到敌害时可以抛出自己的内脏,一段时间之后会再生出一副新的内脏。可惜作为高等生物的人类没有那么强大的再生能力,一旦器官衰竭或受损,就要依赖器官移植治疗来延续生命。

2014 年的统计数据表明,美国约有 12 万人在等待器官移植,每过十分钟就会有一个新的名字被加入到这个等候名单中。然而,由于器官捐献者的数目有限,平均每天会有 21 个人因为等不到合适的捐献者而死去。在人口基数更大的中国,每年需要器官移植的患者大概有150万人,而器官捐献者的人数又比美国低很多,每年只有约1万人能够得到器官移植。尽管全球都在呼吁器官捐献,但是光靠死者获取器官捐献显然不是长久之计。

为了解决器官短缺这个问题,科学家们八仙过海各显神通。有人尝试做异种器官移植,比如把动物的器官移植到患者体内。有医生就尝试过把猪的脑细胞移植到病人的神经系统中,然而不同物种之间存在着严重的免疫排斥反应,而且也面临来自伦理层面的质疑。还有的科学家致力于用橡胶、金属等材料制造人工器

图1　器官移植的困境

官,人工器官的确有一定的前景,但是仍有大量自然器官的功能难以用机械来模拟实现。有没有什么更好的办法可以实现人类器官再生呢?

1996年,克隆羊多莉的诞生让人们眼前一亮!一只大活羊都能被克隆出来,克隆个器官出来应该也不是什么难事吧。《逃出克隆岛》就讲述了这样一个通过克隆人类获取移植器官的故事。单从逻辑上看,这种做法似乎真的可以解决器官移植的困境,克隆人拥有和本体几乎一样的基因,也不存在免疫排斥,而且"随叫随到",不用等待。但实际上呢,这个在电影里已经被实现了的想法不仅有悖于人类的伦

图2　克隆羊多莉

理道德,技术上讲也是行不通的,目前科学家们所掌握的技术水平还不足以克隆出完美的人类。

什么是克隆

克隆羊多莉都已经繁衍出两代了,为什么克隆人却那么难呢?要理解这个问题,让我们先来了解一下什么是克隆,以及克隆技术的发展现状。

我们知道一个完整的生物体由多种类型的细胞组成,这些细胞大致可分为两大类:体细胞和生殖细胞。体细胞在身体里占绝大多数,比如皮肤细胞、神经细胞、肌肉细胞等,它们就像蜂群里的工蜂,勤勤恳恳在自己的工作岗位上奋斗一生,但是它们不具备把细胞核里的遗传信息遗传给下一代的能力。生殖细胞主要包括卵细胞和精子,它们就好比蜂王和雄蜂,担当着传宗接代的大任,当精子冲破重重障碍钻进卵细胞之后,精子的细胞核与卵细胞的细胞核融合在一起,这时就形成了一个全新的细胞——受精卵,受精卵可以发育成一个拥有父亲和母亲双方遗传信息的新个体。

1962年,英国科学家John Gurdon做了一个划时代的实验[1],他把蟾蜍卵细胞的细胞核去掉,又将一个体细胞的细胞核移植到这个卵细胞中,他还对这个换了核的卵细胞用电流和化学试剂进行刺激,然后奇迹发生了,这个卵细胞以为自己是受精卵开始发生快速的细胞分裂,形成了胚胎并发育成了一只蝌蚪,这只蝌蚪的遗传信息几乎完全来自于那只贡献了体细胞核的蟾蜍,只有线粒体DNA来源于卵细胞,所以,这只新生的蝌蚪可算得上是那只提供体细胞核的蟾蜍的翻版。这个实验证明了体细胞的细胞核也具有发育成一个完整个体的能力,而卵细胞的胞浆如同魔法师,可以唤醒体细胞细胞核中潜藏的能力。1996年,伊恩·维尔穆特(Ian Wilmut)和他的同事们用同样的方法克隆出来了著名的多莉羊,多莉羊的诞生让"克隆"这个名词变的家喻户晓,其实这个方法还有个学名,叫"体细胞核转移技术"(Somatic Cell Nuclear Transfer, SCNT)。

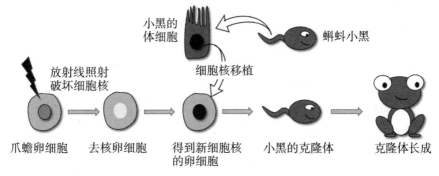

图3　体细胞核转移技术

归根结底，克隆只是提供了一个从单性生物体获取胚胎的方法，克隆得到的胚胎的遗传信息不是父方和母方的结合体，而是完全来自于提供体细胞核的一方。《大话西游》里唐僧说过一句名言："人是人他妈生的，妖是妖他妈生的。"当然，克隆人也有克隆人他妈，通过体细胞核转移技术得到的胚胎需要被移植到代孕妈妈的子宫内才能发育成胎儿并出生，那些在电影里用来培育克隆人的大罐子在现实中是不存在的。胚胎发育过程极为复杂，一个细小的环节就够一群生物学家们研究一辈子了，就算再给他们五十年，估计也做不到在体外把胚胎培育成正常的婴儿。克隆人出生以后也会像普通婴儿一样在这个社会中慢慢长大，形成克隆人自己的人格和记忆。所以，假如真的有克隆人存在，他们也会像你一样是个有独立意识的活生生的人，而不是任人摆布和买卖的商业产品。除了伦理因素之外，也有技术原因限制了克隆人的产生。克隆技术并不完美，克隆动物的成功率只有几百分之一，那些侥幸出生的动物还常常伴随着各种缺陷和疾病。据统计，接受了核转移的卵细胞中只有部分卵细胞会发育成胚胎，其中大部分的胚胎还会因基因受损或表观遗传修饰的缺陷而停止发育，能坚持到出生的又会有不少夭折或畸形的情况发生，最终能健康存活下来的真是凤毛麟角[2]，多莉羊就是277个核转移的卵细胞中唯一存活下来的幸运儿，但是它后来也出现了早衰的问题，只活了六年便"寿终正寝"[3]。

尽管继克隆羊之后，科学家们又相继克隆出猪、牛、马、猴、狗等各种动物，恨不得能来一个十二生肖全集,但是无一例外,它们的成功率都非常低,这是什么原因造成的呢?打个比方,为了保证体细胞们都老老实实地在自己的岗位上工作,不开小差,不跳槽,在胚胎发育过程中体细胞的细胞核都像被"黑法师"施了"魔咒"一样,这个魔咒让体细胞们牢牢记住自己的本分,不会突然变成其他细胞类型或者变成不受控制快速自我复制的细胞,这个"魔咒"对人类身体机能的正常运行极其重要。然而在实验动物克隆的时候,我们则希望卵细胞中的"白法师"可以解除这个魔咒,唤醒体细胞核的所有潜能,这样细胞才会像受精卵一样发育成完整的胚胎。但是"白法师"的法力似乎不够稳定,就跟段誉的六脉神剑一样,时灵时不灵。所以,我们做动物实验的时候需要一下子做上百个细胞,幸运的话会有那么几个中招的。而克隆人就不一样了,如何收集大量的卵细胞?去哪里找那么多代孕母亲?如果生出大量畸形和体弱多病的婴儿该怎么办?所以,由于克隆技术还不完善,跟克隆人相关的法律也还不健全,而且涉及的伦理问题会引起舆论的极大反对,所以目前生殖性克隆人是被禁止的。大家大可不必担心科学家们会被金钱冲昏头脑,秘密地搞出一个《逃出克隆岛》那样的克隆人公司。而且克隆人从经济利益考虑也是极不划算的,制造克隆人不仅成本高、生长周期长,而且造出来的克隆人很可能会有严重的生理缺陷,从克隆人身上取器官无异于杀鸡取卵、涸泽而渔。

治疗性克隆

既然克隆人是被禁止的,那科学家们为什么还热衷于克隆人类胚胎呢?接下来,分析一下"治疗性克隆"。

1998年,也就是克隆羊多莉出生之后的第二年,美国科学家James Thomson从体外授精形成的人类早期胚胎中培养得到了胚胎干细胞(embryonic stem cell, ESC)[4],胚胎干细胞是一种多能性干细胞系,在培养皿里可以无限增殖,如果给它们一些合适的因子刺激,它们可以定向分化成任何种类的细胞,比如神经细胞、胰岛细胞、心肌细胞,等等。这样,我们就可以从细胞培养皿里得到任何一种我们想要的细胞,然后用这些细胞来给病人做移植治疗了。这里需要强调一下,目前我们还没有达到随心所欲控制胚胎干细胞分化的境界,但是科学家们正在朝着这个方向努力。

Thomson建立的胚胎干细胞系来源于体外授精得到的人类早期胚胎,如果我们可以用某个患者身上的体细胞核克隆出早期胚胎,然后用这些胚胎建立胚胎干细胞系,那么这个细胞系的遗传信息完全来自于该患者,我们可以将这些胚胎干细胞分化成治疗患者所需的某些种类的细胞或器官,然后移植到患者体内,这势必是一种非常有效的治疗手段。患者不必苦苦等候配型合适的捐献者,也不必承受接受移植之后的免疫排斥折磨。以上所说的就是"治疗性克隆",即通过克隆手段得到可以治疗人类疾病的胚胎干细胞。现在全球有很多国家支持治疗性克隆的研究,但是为了避免有人打擦边球以治疗性克隆为名义制造克隆人,法律规定克隆的人类胚胎不能被转移到子宫内,而且在发育到14天之前必须被销毁。为什么是14天呢?因为从14天开始胚胎里的多能性细胞通过迁移和分化形成了三个胚层,从生物学角度来讲已经算是一个生物个体了,为了避免产生谋杀人类的嫌疑,克隆的人类胚胎必须在发育到14天前被销毁。

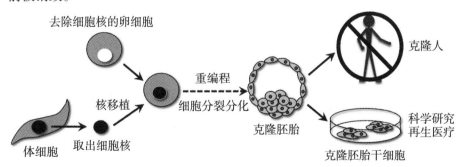

图4 治疗性克隆流程示意图

"治疗性克隆"的前景看起来非常美好,自1998年第一株人类胚胎干细胞建立以来,一大批科学家披荆斩棘前赴后继。但是克隆人类胚胎并建立胚胎干细胞这条路远比大家想象的要艰难。尽管不断有声音冒出来说:我们克隆出人类胚胎啦!但是克隆得到的人类胚胎都很不健康,无法正常发育,更不用说从中提取胚胎干细胞了。科学家们在探索中不断碰壁,2004年和2005年,韩国科学家黄禹锡宣称他的团队使用几百个人类卵细胞,获取了两株克隆得到的人类胚胎干细胞系,科学界为此欢呼雀跃了好一阵子,结果最后被发现是造假。那么,如果克隆不出人类胚胎干细胞,前面所描绘的再生医疗的美好前景是不是就泡汤了呢?

冲出克隆岛

大救星——iPS细胞

别着急,东方不亮西方亮。一项新技术横空出世,那就是诱导性多能干细胞(induced pluripotent stem cells,iPS细胞)技术。

2006年,日本科学家山中伸弥(Shinya Yamanaka)及其研究团队通过向小鼠皮肤细胞转入4个基因Oct4、Sox2、c-Myc、Klf4,得到了与小鼠胚胎干细胞性质相似的干细胞类型,这种细胞被命名为"诱导性多能干细胞(iPS细胞)"[5]。文章刚一发表便在学术界引起了极大的轰动,那时笔者恰好在威斯康星大学麦迪逊分校学习胚胎干细胞培养及神经分化技术,有幸聆听人类胚胎干细胞的开山鼻祖Thomson教授亲自对这篇文章进行分析和点评。这种通过向体细胞导入多能性基因从而获得多能干细胞的技术确实非常鼓舞人心,让困在克隆孤岛中的同行们看到了一线光明,但是大家最大的疑虑就是:这种新方法在人的细胞里行得通吗?

第二年,山中伸弥团队不负重望,还是通过导入那四个基因将人类的皮肤细胞成功诱导成了多能性干细胞[6],此后,科学家们便把Oct4、Sox2、c-Myc、Klf4这四个转录因子合称为Yamanaka因子。Thomson团队也不甘落后,几乎在同一时间,他们使用另外一种基因组合Oct4, Sox2, Nanog和Lin28也将人的体细胞诱导成胚胎干细胞[7]。现在,我们简称这项通过向体细胞导入多能性基因,从而获得多能干细胞的技术为iPS技术。两个分别位于日本和美国的研究团队各自独立获得人类诱导性多能干细胞,这证明了iPS技术的可行性和可重复性。iPS技术的成功意味着我们不再依赖于克隆人类胚胎就可以获得能够发育成各种类型的细胞、组织、器官的多能性干细胞。iPS细胞也很有可能成为未来器官再生的主要细胞来源。

那么,为什么区区四个基因就可以把皮肤细胞变成多能干细胞呢？要知道,山中伸弥实验室可不是随随便便拿来四个基因丢进细胞里就有大发现的,选择这四个基因的过程就跟古代皇帝选妃一样:首先要看家世门第,通过查找以往文献选出那些已知的对维持胚胎干细胞多能性起重要作用的转录因子,经过这轮筛查只有24个基因入选。然后还要"入宫"面试,这24个基因被一起导入体细胞中看是否会产生多能干细胞,然后再依次去掉一个基因观察是否会影响干细胞的产生,经过多轮面试,最后剩下来的"佳丽"就只有Oct4、Sox2、c-Myc、Klf4这四个基因了。这四个基因进入到体细胞之后上下打点,使出各种手腕,它们抑制了体细胞特异性基因的活性,同时又激活了干细胞其他特异性基因的功能,通过一系列的级联反应(cascade)使得支持干细胞的势力越来越强大。星星之火可以燎原。慢慢的,在这四个基因的操纵下,一个体细胞就彻底变成多能干细胞了。

对于绝大多数科研工作者来说,iPS技术比体细胞核转移技术要容易操作得多,而且又摆脱了克隆人类胚胎的伦理制约。自2007年两篇关于iPS的文章发表之来,几乎每一个研究胚胎干细胞的实验室都开始着手建立自己的iPS系统。接下来几年,用各种不同疾病患者的体细胞诱导得到的人类多能干细胞如同雨后春笋般在全球各地的实验室萌发出来。而曾经投身于研究克隆人类胚胎的科学家们也纷纷"弃暗投明",就连克隆羊之父Ian Wilmut也在第一时间放弃了克隆这条艰辛之路,跟大家一起跳上iPS这辆大篷车冲出"克隆岛"。在这里,"克隆岛"又被赋予了另外一层意思,意即通过克隆人类胚胎获取胚胎干细胞的困境。iPS技术的出现,带领科学家们冲出了这个困境,开启了一个干细胞与再生医学的新纪元。

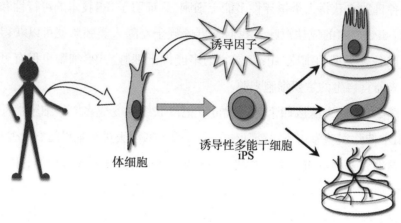

图5　诱导性多能干细胞(iPS)的产生及应用

情归硅谷

iPS技术影响深远,这项技术让日本科学家山中伸弥从一个默默无闻的科研工作者一下子变得举世皆知。而山中伸弥的成功跟硅谷还颇有一段渊源。1993年,山中伸弥从大阪市立大学药理学博士毕业,在这之前,他曾是一名失败的外科医生,因为发觉自己不擅长做外科手术,山中伸弥决定投身基础科研。博士毕业后,他向多家做转基因小鼠的实验室投出简历申请做博士后研究,而拿到的唯一一封录用通知就来自于加利福尼亚大学旧金山分校Gladstone研究所的Thomas Innerarity实验室。正是在这里,山中伸弥如愿以偿学到了如何做转基因小鼠,并且开始接触小鼠胚胎干细胞,也正是在这里,他逐渐明白了如何成为一个优秀的科学家,并且确立了今后要通过从事基础研究为疾病治疗做贡献的长远目标。

1996年,山中伸弥结束博士后训练,带着他在Gladstone研究所学到的技术以及三只转基因小鼠回到日本继续他的梦想。但是回到日本后,他很快患上了"离开美国后抑郁症",因为日本的学术界不像美国那么宽容,同行们都意识不到他的工作的重要性。还好,1998年远在美国的Thomson教授获取人类胚胎干细胞的消息大大鼓舞了山中伸弥的斗志,这让他看到了胚胎干细胞的医疗应用前景,同时,他自己的研究工作也开始有了起色。十年磨一剑,2007年,山中伸弥和他的学生们终于将人类分化成熟的皮肤细胞诱导回胚胎干细胞状态,为今后再生医学的发展开创了先河。日本政府专门为他成立了iPS研究中心,这时,他曾经做过三年博士后研究的Gladstone研究所也邀请他回来开设实验室,为了报答Gladstone研究所在自己事业发展早期所给予的支持,山中伸弥爽快地接受了邀请,开始在日本和硅谷两地之间奔波。

说到这里需要补充一下,硅谷不仅是计算机科学的天堂,也是再生医学研究的圣地,仅加利福尼亚大学旧金山分校的再生医学与干细胞研究所(Eli and Edythe Broad Center of Regenerative Medicine and Stem Cell Research at UCSF)就有125个实验室,称得上是全美屈指可数的最大最全的再生医学研究中心之一,他们致力于研究各种疾病的发病机理及治疗,其中包括心脏病、糖尿病和神经性疾病。而硅谷的摇篮——斯坦福大学也于2002年在血液干细胞先驱欧文·威斯曼(Irving Weissman)的领导下,成立了专门的干细胞与再生医学研究所,这里的研究方向主要包括成体干细胞、人类胚胎干细胞、iPS细胞及癌症干细胞。除了大学和医院,还有众多新兴的生物科技公司也将干细胞和器官再生作为自己的主攻方向。硅谷为科学家们提供了极好的工作环境,也无怪乎山中伸弥乐意把他的实验室分舵设在硅谷了。

荣获诺奖

2012年,山中伸弥与约翰·格登(John Gurdon)一起荣获诺贝尔医学奖,获奖理由为"发现成熟细胞可被重编程为多能性"。在上文的"什么是克隆"一节中我们讲过,在1962年John Gurdon证明了蟾蜍(干细胞)体细胞的细胞核被转移到去核卵细胞之后具有发育成一个完整个体的能力。而出生于1962年的山中伸弥在44年后发现，只需几个特定的转录因子就可以把分化成熟的体细胞诱导回多能性干细胞状态。这就像一个接力赛，冥冥之中，格登和山中伸弥完成了跨越半个世纪的联手，当然，这个过程中也包含了千千万万其他科学家的贡献。科学技术的发展就是这样，有其必然性也有其偶然性。

这种把分化成熟的细胞诱导回干细胞状态的方法又被叫作细胞重编程。不管是将体细胞核转移到卵细胞胞浆中的体细胞核转移技术，还是向体细胞导入多能性转录因子的iPS技术，它们所做的都是细胞重编程。细胞重编程完全颠覆了人们以往对发育和细胞特化的认识。通过细胞重编程，我们可以让细胞逆生长，让本已失去可塑性的、成熟的体细胞变成可发育为全身各种细胞的多能干细胞。通过重编程得到的干细胞为研究疾病发展、实现器官再生和个性化医疗提供了重要基础。

革命尚未成功

iPS技术带领大家冲出了困难重重的"克隆岛"，但这还不是故事的结尾，而仅仅是个开始。毋庸置疑，通过iPS技术，科学家们非常容易就可以得到来自病人的多能干细胞，而且可以将这些细胞定向分化成为神经细胞、心肌细胞、胰岛细胞等各种不同类型的细胞，这个系统为科学家研究疾病的发展机制以及药物筛选提供了一个有效的平台，然而，iPS距离临床应用和器官移植还有很长的一段路要走。

为什么iPS细胞暂时还不能应用于临床呢？首先，胚胎干细胞本身用于医疗就是很危险的，干细胞如果分化不完全就移植到病人体内很容易形成肿瘤，而iPS细胞比一般的胚胎干细胞更为危险，诱使iPS细胞形成的四个转录因子中有两个是致癌基因，这会大大增加引发癌症的风险。其次，科研人员需要借助病毒将四个转录因子导入体细胞中，而病毒会将外源基因随机插入到体细胞基因组的某个位置上，这个过程很有可能会破坏掉体细胞中某些很重要的基因，如果把这样的细胞移植到病人体内是很危险的。最后，通过iPS技术得到多能干细胞的效率很低，一万个体细胞里只有一到十个细胞可以变成多能干细胞。

科学家们最不怕的就是问题，怕的是找不到问题。知道问题在哪儿，那就想办法解决。为了解决这些问题，全世界生物学界的智库都被调动起来，集思广益，在这个过程中，美籍华人科学家丁盛做出了突出的贡献。和一般的生物学家不同，丁盛有着很扎实的化学研究功底。2008年，丁盛及其团队发现通过添加两个小分子化合物，可以将诱导细胞重编程所需的转录因子的个数从四个降到两个，这从某种程度上降低了iPS细胞的致癌性[8]。2009年，他们又发现根本不需要使用病毒将外源基因导入体细胞，可以先把转录因子表达成蛋白，然后再把蛋白导入到体细胞中，因为蛋白不会改变基因序列，而且几天之后就会被降解，不会对细胞造成永久性伤害，进入体细胞的蛋白就这样不留痕迹的把体细胞变成了多能干细胞，通过这种方法得到的细胞叫作蛋白诱导性多能干细胞（protein-induced pluripotent stem cells, piPSC）[9]，不过美中不足的是，这个方法目前只在小鼠细胞中起作用，还不足以把人的体细胞诱导成多能干细胞。同年，丁盛团队又发现了一种化学方法可以将人类细胞重编程的效率提高200倍[10]。丁盛的突出工作引起了Gladstone研究所的重视，2011年，丁盛接受Gladstone研究所的邀请，将实验室从圣地亚哥搬到了硅谷，继续从事用化学方法诱导细胞重编程的工作。有趣的是，在Gladstone研究所丁盛实验室和上文提到的山中伸弥实验室成了邻居。

2013年，又有好消息传来，北京大学的邓宏魁教授及其团队发现不需要任何基因上的改变，只需添加七种小分子化合物就可以将小鼠的体细胞诱导成多能干细胞[11]，这无疑是一项重大技术突破，可惜的是这七种小分子组合在人的细胞中依然不起作用。就在大家翘首以待，热切地盼望有人可以用化学、蛋白、RNA，或者任何一种不需改变人类基因就可以将人类体细胞诱导成多能干细胞的时候，2014年，又从日本传来喜讯，年轻的研究员小保方晴子用一种简单到你无法想象的方法将人类体细胞重编程为多能干细胞，这种方法就是给体细胞一些刺激,比如放到酸性溶液里泡一泡,然后体细胞就应激变成了多能干细胞。这个方法发表之后引来很多争议。是骡子是马,拉出来遛遛。酸性溶液这个方法极为简单,马上就有几个实验室开始重复小保方晴子的实验,但是根本就重复不出来,没过多久小保方晴子的文章被发现数据造假,就像是九年前黄禹锡宣称克隆出人类胚胎干细胞一样,结果是猴子捞月亮——空欢喜一场。

有句老话说得好,"风水轮流转"。几年前,大部分人放弃了克隆人类胚胎的计划,加入到全民 iPS 的疯狂时代,但是仍有一小部分科学家坚守在克隆的阵地,他们失去了同一战壕里的战友,而且研究经费很受限制,即使在这种相对不利的情况下,他们也做出了历史性的突破。2013 年,美国科学家舒克拉特·米塔利波夫(Shoukhrat Mitalipov)发现,用咖啡因处理过的卵细胞可以高效地完成体细胞重编程,而且由此得到的人类胚胎看上去非常完美,居然可以被培养成多能性人类胚胎干细胞[12]。得知这一消息之后,笔者的第一反应是"居然还有人在研究克隆人类胚胎"?

体细胞核转移技术,在许多人看来就像是一件过时的大棉袄,但这大棉袄到底过不过时还要凭数据说话。某些研究显示,由体细胞人工诱导得到的 iPS 细胞并没有完全回到胚胎干细胞状态,而来源于克隆人类胚胎的干细胞才是货真价实的胚胎干细胞。目前科学家们正在着手去比较这两种不同来源的干细胞,看它们之间的差别到底有多大。但是,不管黑猫白猫,能抓着耗子的就是好猫。不管是克隆得到的胚胎干细胞还是人工诱导得到的 iPS 细胞,我们都希望能利用它们的多能性和可塑性,在体外重建人体的某些组织、器官,来用于医疗。

器官再生

巧施三十六计，细胞分化、诱导，多能细胞培养器官的重重尝试，移植的福音来了吗？

文 / 李凌宇

早在iPS细胞问世之前,科学家们就已经开始使用小鼠或人类的胚胎干细胞来研究细胞分化和器官再生的问题。我们在"治疗性克隆"(见《从克隆到人类多能干细胞》一文)一节里介绍过,人的胚胎干细胞来源于体外授精得到的人类早期胚胎,胚胎干细胞具有多能性,理论上可以分化成为我们全身所有类型的细胞。通过激活体细胞里的某些转录因子而得到的iPS细胞具有同胚胎干细胞类似的多能性。那么,如何把这些多能干细胞变成可以用于临床医疗的组织或器官呢?为了达到这个目标,科学家们可谓十八般武艺轮番上阵,顺便还用上了咱们老祖宗总结的"三十六计"。在这里,我们选取其中的四计让小伙伴们感受一下。

以逸待劳——自我组装的"迷你器官"

多能性干细胞就像一颗种子,遇到合适的土壤和环境,它就会长成一棵参天大树。那么,有没有可能在细胞培养皿里种上几颗多能干细胞,然后收获一个完整的器官呢?

图1 在细胞培养皿里培育人类器官

理论上说，这个想法是可行的，科学家们已经在细胞培养皿里培育出了类器官(organoid)，类器官又叫作"迷你器官"，不过它还算不上是真正的器官。

2012年，日本科学家笹井芳树(Yoshiki Sasai)领导的研究小组将人类胚胎干细胞培养成直径500微米左右的"视杯"[1]。视杯是胚胎发育早期形成的一个圆形杯状的视网膜初始结构，它可以生成感光细胞、神经节细胞和中间神经元等，最终形成我们视觉器官的重要元件——视网膜。胚胎干细胞是怎么变成视杯的呢？首先，要给这些细胞一个舒适的生长环境让它们健康成长，培养液里含有细胞成长所需的各种营养成分；然后，给这些细胞以合适的刺激和诱导。想要得到视杯细胞，那就要加入有利于视杯细胞生成的诱导因子，通常情况下，一种诱导因子是不够的，需要由多种诱导因子相结合的"鸡尾酒"配方，干细胞科学家们个个是调制"鸡尾酒"的高手，他们孜孜以求的就是调制出最棒的配方，让胚胎干细胞迅速分化成他们需要的细胞类型；最后，要如何把这些细胞有序地组合在一起，让它们形成一个三维的、双层的视杯结构呢？搞一个细胞支架？借助于时下正火的3D打印技术？没有那么麻烦，笹井芳树给出的答案是：让细胞们自己去做吧！

是的，你没有听错，这个过程就叫作细胞的自我组织(self-organization)。笹井芳树曾戏称自己是"月老"，负责把一对年轻人撮合到一起，至于接下来的事情嘛，就不劳月老费心了，他们知道该怎么做。培养皿里的细胞们也果然不负"月老"所望，它们在没有任何外力的情况下开始自我组装。首先，原先分散的胚胎干细胞聚合在一起形成小小的聚合体。然后，在"鸡尾酒"的作用下，胚胎干细胞变成神经前体细胞，细胞经过三四天的互相动员，自发组织成中空的球体。在"鸡尾酒"另外几种成分的作用下，神经前体细胞变成视网膜前体细胞，这些细胞自发地向外凸出，形成泡泡一样的结构。然后，泡泡的顶端又开始内陷，形成酒杯状结构，也就是我们说的"视杯"。

与胚胎正常发育过程中产生的视杯一样，这个源自胚胎干细胞的视杯也由两层组成：其中，外围较薄的一层是视网膜色素上皮(retinal pigment epithelium, RPE),靠里较厚的一层是神经视网膜(neural retina, NR),神经视网膜里又分了好多层,其中包含感光细胞、神经节细胞和中间神经元等重要的细胞类型(见图3)。这种由细胞自我组织形成的视杯结构居然与胚胎正常发育过程中形成的结构极为相似！看起来是不是有些不可思议？细胞们就好像在某种与生俱来的信号的指挥下,各就各位,组装成了一个与正常器官类似的结构。

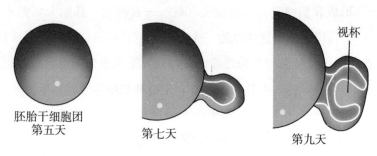

图2 胚胎干细胞形成视杯的过程

神奇归神奇,可是这个迷你视杯有什么用呢？不要小瞧了这小小的视杯,虽然我们无法培育出一只完整的眼睛,但是我们可以用这种方法制造人工视网膜！很多眼疾患者的病灶都是在视网膜上,即所谓的视网膜退行性疾病。黄斑变性是一种常见的视网膜退行性疾病,在西方国家,黄斑变性是造成50岁以上人群失明的主要原因,在中国黄斑变性发病率也不低,60～69岁发病率为6.04%～11.19%(数据来自百度)。黄斑变性通常是高龄退化的结果,视网膜组织退化变薄,引起黄斑功能下降,造成视物扭曲和视力的不可逆下降。现在,我们一手掌握了iPS技术(见《从克隆到人类多能干细胞》),一手又掌握了用干细胞培育视网膜的方法,这两个技术是否可以结合在一起用于黄斑变性的治疗呢？在2012年笹井芳树曾这样预言:体外培养的类器官在10年内就有可能进入手术室。但现实情况是,十年太久,只争朝夕。

2014年9月12日,笹井芳树所在的日本理化研究所(RIKEN)与当地医院合作,将iPS细胞制成的视网膜细胞成功移植到了一名黄斑变性患者的右眼中,这是世界首例利用iPS细胞完成的移植手术。这名有勇气第一个"吃螃蟹"

的患者是一位 70 岁的老人,她之前一直采用药物注射治疗,不过效果不佳,症状仍日趋恶化,无奈之下,老太太决定自担风险加入 iPS 临床试验。当然在这之前,研究者们已经在老鼠和猴子身上做了安全性研究。手术之前,研究小组采集了老人的皮肤细胞,将其诱导成 iPS 细胞,然后再将 iPS 细胞培育成视网膜色素上皮细胞来用于移植。手术顺利完成,研究者们还要继续跟踪观察,看移植进去的细胞是否会保持功能,以及是否会发生癌变。虽然我们还不知道最终结果如何,但是毫无疑问的是,我们已经向着 iPS 细胞引领的再生医学迈出了重要一步。

该手术的负责人对发明 iPS 技术的山中伸弥和改进视网膜分化方法的笹井芳树表示了感谢,可惜的是,后者已经听不到了。上一篇们提到过小保方晴子学术造假事件(见《从克隆到人类多能干细胞》),由于该事件的牵连,笹井芳树于 2014 年 8 月在理化研究所自杀身亡。且不论这其中的是非曲折,笹井芳树的逝世对干细胞和发育生物学界无疑是一个沉重的打击,他做出的诸多开创性工作,引导了很多人的研究,被誉为"导航明灯",然而这盏明灯终究敌不过舆论压力而湮灭。在他离世一个月之后进行的这台移植手术,大概是悼念他的最好方式,也是对他最好的慰藉吧。

斯人已去,科学还在前进的路上。通过外界信号调节和细胞自组装相结合的方法,科学家们又培育出了各种迷你器官。奥地利科学家将人类胚胎干细胞和 iPS 细胞分化成神经干细胞,在培养皿里培育出了"迷你大脑"[2]。"迷你大脑"是一个直径 4 毫米左右的不规则球体,这个球体由各种不同类型的神经细胞组成,球体里有一部分组织像大脑皮层一样呈分层式排列。在这里,我们不得不再次赞叹一下细胞的自我组装能力,在没有外力作用的情况下,它们可以依照细胞种类的不同进行分层排列,就像真的大脑皮层一样,要不怎么叫"以逸待劳"呢? 如果我们人为地去做,反倒不如细胞自己做得好。"迷你大脑"里不同区域的细胞可以表达胎儿时期不同脑区的标记基因,然而这些区域是不连续的,而且结构上非常不完整,因此,"迷你大脑"在很多重要的方面与真实的人类大脑有很大的差别。由于没有血液供应，当它们长到苹果核大小时就会停止发育，位于内部的细胞也会因为缺氧而坏死。相信没有人愿意给自己换个大脑，而且还是这么小的，肯定会脑子不够使啊！那我们为什么还要培养"迷你大脑"呢？其实制作"迷你大脑"的主要目的不是器官移植，而是用于研究人类大脑发育过程、疾病发生机制以及进行药物筛选。

近两年来，科学家还培育出"迷你胃"[3]、"迷你肾脏"[4]和"迷你肝脏"[5]。2015年7月，加利福尼亚大学伯克利分校和Gladstone研究所的科学家共同合作，用从病人皮肤细胞诱导得来的iPS细胞培育出可以跳动的"迷你心室"[6]。

迷你器官虽然精巧，有些甚至还能模拟器官的部分功能，但是大部分迷你器官都只相当于胚胎时期器官发育的初始阶段，跟真实的器官还有很大差别，所以还不能用于人类器官移植。目前，迷你器官主要用于研究器官发育、疾病发生机制和药物筛选。随着技术的进步以及对器官发育过程了解的深化，相信我们会研究出更复杂、更成熟、与真实器官跟接近的类器官。

借尸还魂——心脏体外培养术

1818年，英国女作家玛丽·雪莱（Mary Shelley）出版了世界第一部真正意义上的科幻小说《弗兰肯斯坦》（*Frankenstein*），这部作品让玛丽声名大噪，甚至一度超过了她的丈夫——英国诗人雪莱。在这部小说里，弗兰肯斯坦是一个痴迷于科学的年轻人，在强烈的好奇心的驱使下，他从停尸房取得不同的人体器官，缝合成一个人体，并利用雷电使这个人体拥有了生命，然而这个用尸体拼成的新生命相貌奇丑，被人们视为怪物，在经历了各种挫折之后变成了一个杀害弗兰肯斯坦未婚妻和亲人的魔鬼，弗兰肯斯坦为了弥补过错，决心亲手毁掉自己的作品……

《弗兰肯斯坦》在西方国家可谓家喻户晓。直到现在，弗兰肯斯坦和他创造的怪物还时常以惊悚的形象出现在各种影视作品里。如今，一位出生于旧金山的女科学家桃瑞丝·泰勒(Doris Taylor)被称为现实版的"弗兰肯斯坦"。Taylor很喜欢这个绰号,希望通过自己的努力真正推动这一小说中科幻理想的情景再现。在她位于休斯顿的实验室里,有几个苍白的"鬼心脏"(ghost heart)正静静地飘荡在透明的生物反应器里,等待实验室的研究人员给它们重新注入活力,让它们重新跳动起来。

看到这里,你是不是怀疑自己翻错书了?"什么? 借尸还魂? 鬼心脏? 这是黑科技还是鬼怪小说?"不要着急,听笔者慢慢道来。现在,科学家们已经可以把多能干细胞,包括胚胎干细胞和iPS细胞,通过使用不同的"鸡尾酒"配方培养成不同的细胞类型,这些从干细胞变来的神经细胞、肝脏细胞、心肌细胞等各种细胞还可以一定程度上自我组装成迷你器官,但是迷你器官毕竟不是真正的器官,它们体积很小、结构简单,跟真实器官相差很大,那如何才能用这些细胞材料重塑一个完整的器官呢? 相信大家都看过建筑工地上正在建设的大楼,如果说一个器官是一座大厦,那细胞就相当于一块块砖瓦,光有砖瓦还不足以建起一座大厦,需要先有钢筋混凝土搭起的基本框架,那么对于建造一个器官来说,要从哪里找这个基本框架呢? 最容易的办法就是利用已经死去的器官。

2008年,Taylor和她的研究小组利用死去的大鼠的心脏作为框架重建了一颗新的跳动的心脏[7]。方法看起来很简单:先用相关制剂洗掉心脏中所有的细胞成分,诸如脂肪、DNA、可溶性蛋白和糖类,只留下包括胶原蛋白、层粘连蛋白和其他一些结构蛋白在内的细胞外基质。这些残留下来的细胞外基质颜色苍白,摸起来像果冻一样,这就是我们前面所说的"鬼心脏"了,这些由细胞外基质构成的框架也就是心脏的基本框架。然后,科学家将"鬼心脏"放置到生物反应器中,重新注射入鲜活的血管细胞和心肌细胞,这些细胞黏附到框架上形成了新的血管和心肌组织。几天以后,在电流的刺激下,这颗重建的大鼠心脏又可以跳动起来了(图3)。

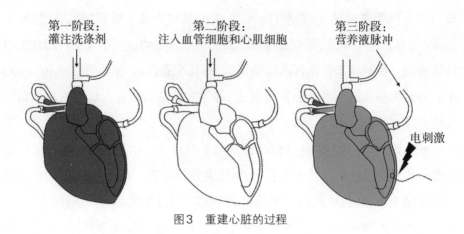

图3　重建心脏的过程

虽然重建的心脏跳动非常微弱,收缩功能远不如正常心脏那么强劲,但是,这一次尝试起码告诉我们,用多能干细胞重建心脏这条路很可能是行得通的。因为"鬼心脏"只保留了细胞外基质成分,所以,在使用它们的时候我们不需要特别考虑免疫排斥的问题,甚至用来自于猪的心脏都可以。因为猪的心脏跟人的心脏大小和结构都差不多,在人类心脏奇缺的情况下就可以用猪的心脏来做框架。把猪的细胞成分都洗去,只留下细胞外基质构成的框架,然后把来自病人的iPS细胞培养成心脏细胞,再填补到基本框架里去,这样就可以得到一个跟病人的基因型一致,不会产生免疫排斥的心脏了。

这个想法自然很棒,但是我们都明白"理想很丰满,现实很骨感"这个道理。用"借尸还魂"的方法重建心脏还有很多困难有待解决,比如如何在最短时间内得到制作一个人类心脏所需的几十亿个细胞,用哪一个发育阶段的细胞效果最理想,如何用生物反应器模拟体内不停变化着的生理环境,怎样让心肌细胞保持一定频率的收缩和强劲的泵血功能。在这些问题得到解决之前,谈临床应用还为时太早。

不可否认,泰勒在心脏再生方面已经取得了一个阶段性成功,这吸引了更多的科学家加入到利用旧器官制作新器官的队伍中来。目前,科学家们已经把研究范围拓展到了肝脏、肾脏和肺。但总体而言,这个领域尚在襁褓阶段,离实际应用还有很远的距离。也有部分科学家不追求重建整个器官,而是专注于研究器官某个部件的再生,比如动脉管、心脏瓣膜等,这些功能和结构较为简单的"小零件"倒是离临床应用更近一些。还有的科学家在寻找可以取代细胞外基质的人工合成材料,当我们对器官的结构和功能足够了解,就可以通过3D打印技术制作出精细的器官框架,然后把所需细胞填充进去。相信不久的将来,这些人工培育得到的组织或器官会出现在手术室里,用来医病救人,造福社会。

偷梁换柱——用猪孕育人的胰岛

科学发展至今,我们已经揭开了生命的好多奥秘,并且还学会了在一定程度上操纵生命,但是不得不承认,我们所探知到的奥秘还只是冰山一角。虽然我们已经可以用不同的"鸡尾酒"配方将多能干细胞培养成不同类型的细胞,并且靠细胞的自我组装功能得到迷你器官,我们还可以制作生物反应器,模拟体内的温度、氧气浓度和营养环境,利用死去器官的框架培育出新的器官。可惜的是,所有这些科研成果跟自然生成的精巧绝伦的器官相比都是初级"山寨"水平。自然界经过几十亿年进化得到的成果不是我们一时半会儿就能高仿出来的,这就是为什么迷你器官很难做到跟真的器官一样,由"鬼心脏"复活而来的人工心脏也难以跟天然的心脏相比较。

在我们还没有搞清楚器官再生所需的理想条件之前,是否可以把病人的iPS细胞种到一个天然的"生物反应器"里,从而培育出病人所需的器官呢?那么,什么是天然的生物反应器呢?你是,我是,我们每个人都是。但是,我们可不想回到克隆人的老路上去,这一回,我们盯上了猪!没错,猪在所有家畜里面是最接近人的,器官的结构、大小都跟人的差不多。斯坦福大学的中内启光(Hiromitsu Nakauchi)教授就在策划用猪来培育人的器官,这可是个大项目,不是一拍脑袋,去市场上买头猪捣鼓几天就可以完成的,这个项目要分好几步来完成。由于猪体型庞大,饲养起来又占地方又花钱,不适合大批量的拿来做尚无把握的实验,所以,一开始要先使用体型较小、易养殖、繁殖周期短的小鼠和大鼠来做预实验。如果能用小鼠当"生物反应器"培育出大鼠的器官,那就证明了利用A物种来培育B物种的器官是可行的。这里要说明一下,小鼠(mouse)和大鼠(rat)是两个完全不同的物种,千万不要以为小鼠就是小老鼠,大鼠就是大老鼠,当然,在体型上小鼠确实比大鼠要小得多。

2010年,还在东京大学做教授的中内启光和他的研究小组成功实现了用小鼠来培育大鼠的胰脏[8]。为了检测小鼠和大鼠两个系统是否兼容,中内启光把大鼠的iPS细胞注射到了普通小鼠的囊胚中(见图4)。囊胚(blastula)是哺乳动物胚胎发育过程中特别早的一个阶段,这时的胚胎就像一个泡泡,里面包了一小团细胞,这团细胞具有多能性,它们在发育过程中会逐步分化成不同的组织和器官,最后发育成一个胎儿。在囊胚时期,这团细胞还没有开始发育,所以当大鼠的iPS细胞被注射到小鼠的囊胚中之后,这两种细胞就像两种颜色的橡皮泥一样,被捏成一团,不分彼此,共同担当起发育成一个胎儿的任务,由此而诞生的小鼠便携带了大量的来自大鼠的细胞。

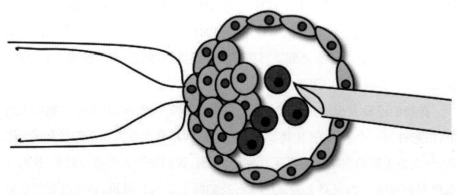

图4　将大鼠的iPS细胞注射到小鼠的囊胚中

这种由两个或多个物种的细胞镶嵌在一起发育而成的生物体叫作嵌合体,嵌合体的英文是Chimera,这个单词来源于古希腊神话中的怪兽奇美拉,奇美拉拥有三种野兽的特征,上半身像狮子,中间像山羊,下半身则像毒蛇。然而嵌合了大鼠细胞的小鼠并不像奇美拉那样,一半长得像小鼠,一半长得像大鼠,大鼠的细胞几乎均匀分布在小鼠的所有组织和器官里。在胰脏中,大约有20%的细胞来自大鼠,80%来自小鼠。

看到这里,你也许会有个疑问,前面一直在强调,用病人自己的iPS细胞制作器官可以避免免疫排斥的问题,那么,嵌合体里的来自两个物种的细胞难道不会互相排斥吗? 如果能想到这个问题,说明你有用心在看哦。不用担心,大鼠的iPS细胞是在小鼠胚胎发育到囊胚期注射到胚胎里的,那时候小鼠的免疫系统还不存在,等到免疫系统开始形成的时候,大鼠细胞会被识别成"自己人",不会遭到免疫系统的攻击。

回到我们的主线,嵌合体小鼠的胰脏中有20%的细胞来自大鼠,这样就算培育出大鼠的胰脏了吗? 当然不是,我们想要一个100%的大鼠胰脏。为了达到这个目的,中内启光敲除了小鼠的一个基因,这个基因对胰脏发育至关重要,失去了这个基因的小鼠没有办法长出胰脏。大鼠的iPS细胞被注射到这样一个剔除了这一基因的小鼠囊胚里,由于大鼠细胞基因正常,可以发育成胰脏,这样,在有缺陷的小鼠的身体里就形成了一个完全由大鼠细胞发育而成的胰脏。这个"偷梁换柱"的计谋是不是很"狡猾"呢?

已经实现了用小鼠培育大鼠的胰脏,接下来就要用猪来培育人的胰脏了。2013年,中内启光的研究小组通过转基因技术创造出一种自身无法发育出胰脏的猪[9],这种可怜的无胰脏猪就是培育其他大型哺乳动物胰脏的最佳生物反应器了。有了无胰脏猪,接下来的事情岂不是太容易了? 跟用小鼠培育大鼠胰脏一样的道理,我们把人的iPS细胞注射到无胰脏猪的囊胚里,然后等这个囊胚在代孕母猪的子宫里发育完全,生出来的猪仔就带有人的胰脏了。

打住,我们是不是忘了什么? iPS细胞可是多能干细胞,它们不光可以生成胰脏,还会跟猪的其他细胞混合在一起生成心脏、皮肤、大脑,甚至生殖细胞。如果是这样,这头生下来的小猪仔到底是猪还是人呢? 也许它看起来是头猪,但是有人的大脑,那该怎么办?这不就是活脱脱的一个二师兄——猪八戒嘛。关于这个问题,大家吵来吵去,最终也没有办法划个标准出来,身体里超过百分之几的细胞是人的细胞才能算是人呢?在这种很不明朗的情势下,科学家们不会贸然把人的多能干细胞注射到猪的胚胎里并让其出生。况且,还有其他一些技术障碍没有解决,比如人的胚胎干细胞或iPS细胞即使被注射到猪的囊胚中也可能无法形成嵌合体,毕竟高等动物的细胞不像小鼠和大鼠的那么容易被糊弄呀。

所以,要实现用猪来培育人的器官,还要解决下面两个问题:第一,要建立起可以跟猪的囊胚形成嵌合体的人类多能干细胞;第二,这些来自人的多能干细胞不能参与到大脑和生殖细胞的构建中去。其实关于第二个问题还是很有争议的,没有一个标准规定百分之几的嵌合才算是适度。不过有一点是大家达成共识的:因为移植了猪的器官的病人还是人,那么反过来,身体里有人的器官的猪还是猪。有了这点共识,用猪培育一个胰脏、心脏或肾脏应该是能够被社会伦理所接受的。

2014年,中内启光将他的实验室从东京大学搬到了斯坦福崭新的再生医学大楼。是什么吸引他来到硅谷呢?一来是因为他曾经在斯坦福做过博士后,二来是因为斯坦福给他们提供了再生医学研究的最佳环境。中内启光乐观地表示,他们将争取把实验室里的研究成果运用到临床上去。结果如何,让我们拭目以待吧!

瞒天过海——皮肤直接变神经

学习了器官再生的前三计,是不是有些累了?给大家讲个故事放松一下。

某天,在平静的皮皮国出现了三个不速之客。他们不是本地居民,没有人知道他们是干什么的,而这三位初来乍到也有些摸不着头脑,他们本来是镇守神神国的三员虎将,但是不知道发生了车祸还是电击,被穿越到这样一个莫名其妙的地方来。皮皮国的风土人情跟神神国有很大的不同,但是社会制度倒是相仿。慢慢地,三员大将适应了这里的环境,而且还发现了一些熟悉的面孔,这些人在神神国的时候曾是他们的得力部下,结果在这里沦落为流匪或乞丐,三员大将把这些旧部下重新收入麾下并委以重任。他们还在皮皮国的核心地堡里发现了好些神神国重臣,但是在这个奇怪的地方,他们都被关押起来,完全施展不了威力。在这三员虎将的帮助下,这些被关押的重臣们纷纷被解救出来,然后一同带领皮皮国上下发动起义,把那些跟他们对抗的皮皮国兵将们关押或流放。就这样,短短十几天之后,皮皮国变成了神神国。

相信即使我不说大家也已经猜到了,这肯定是皮肤变成神经的过程吧?是的,皮皮国就是皮肤细胞,神神国就是神经细胞,而这三员大将的名字相当洋气,你肯定没听说过,他们是Ascl1、Brn2和Mytl1,这三个基因在神经细胞中非常活跃,对神经系统发育起着重要作用。2010年,斯坦福大学的Marius Wernig教授将这三个基因转到了小鼠的成纤维细胞(皮肤细胞的一种)中,发现成纤维细胞从形态,到基因表达,乃至在功能上都发生了巨大改变,它们完完全全变成了神经细胞[10]。通过这种方法得到的神经细胞叫作诱导性神经细胞(induced neuronal cell,简称iN)。后来,Wernig进一步证明,人的皮肤细胞也可以变成iN细胞,而且只需要转入Ascl1这一个基因就足够了。再后来,科学家们又发现不需要转基因,只需要添加几种小分子化合物就可以把小鼠的成纤维细胞变成有功能的神经细胞[11]。

其实,iN和在上篇介绍过的iPS有着异曲同工之妙,都是人为向皮肤细胞中转入相应的基因,从而迫使皮肤细胞变成其他种类的细胞。只不过,iN是让皮肤细胞变成了另外一种成熟的细胞——神经,这个过程有个很学术的名字叫"转分化",说白了,就是让细胞转行的意思;iPS则是让成熟的皮肤细胞变回到发育的起点——多能干细胞,这个过程也有个很学术的名字叫"去分化",就好比工作了几年之后发现没有意思,又回到学校学习新东西,以备将来有更多的选择。转分化也好,去分化也罢,它们俩都改变了细胞原来的命运,所以统称为"细胞重编程"。还记得吧？山中伸弥与约翰·格登就是因为发现了细胞重编程而获得2012年的诺贝尔医学奖的。那为什么"转分化"和"去分化"总是拿皮肤细胞来作文章呢？首先，皮肤组织比较容易获取；其次，皮肤里的成纤维细胞有较强的增殖性，易于培养和冷冻存储。科学家们还在考虑利用其他的细胞来源进行重编程，比如尿液中的肾小管上皮细胞、发根上的角质形成细胞，它们都可用作细胞重编程的起始细胞，而且对人体几乎不会造成任何损伤。

获取iN细胞的方法发表之后，科学家们又找到更多的方法，可以把皮肤细胞直接变成血细胞、心肌细胞、分泌胰岛素的β细胞等。iN技术比iPS技术有优势的一点是节省时间，比如我们现在需要用神经细胞给病人做治疗，如果用iPS技术，那就要把病人的皮肤细胞先变成多能干细胞，然后再把多能干细胞分化成神经细胞，而iN技术可以一步到位，皮肤细胞直接变成神经细胞。基于这一点，人们对使用iN细胞治疗神经退行性疾病（如阿尔兹海默病、帕金森病等）抱有极大的希望。在临床应用上，未分化完全的神经干细胞可能比成熟的神经细胞更有价值，因为神经干细胞有更强的增殖性和可塑性。很快，科学家便找到了把皮肤细胞变成神经干细胞的方法，由此得到的神经干细胞叫作iNSC(induced neural stem cells，诱导性神经干细胞)。还有一些脑部疾病需要通过移植少突胶质祖细胞来治疗，因此又有科学家发明了把皮肤细胞变成少突胶质祖细胞的方法，由此得到的细胞叫作iOPC(induced oligodendroglial progenitor cells，诱导性少突胶质祖细胞)。通过细胞重编程得到的神经细胞的类型还不止上述这些，在这里，我们将这些细胞统称为iX细胞，iX家族更新换代的速度那可是比iPhone快得多。

那么，iX细胞如何用于临床治疗呢？在细胞重编程技术出现之前，临床上就尝试把流产胎儿的中脑组织移植到帕金森病患者大脑的纹状体中进行替代治疗，因为帕金森病患者脑中缺乏多巴胺神经元，而胎儿的中脑组织中富含这种神经元，正好可以起到替代作用。这种细胞替代治疗确实可以减轻患者的症状，但是由于可供移植的胎儿脑组织的缺乏，并且涉及伦理问题，使得这种治疗方法的应用受到极大的限制。现在我们可以把病人自己的皮肤细胞变成神经细胞或神经干细胞，就不需考虑伦理问题。不过新的问题是"iX"虽然在一定程度上可以以假乱真，但是还做不到完全仿真。iX细胞跟真实的神经细胞在基因表达和功能上还有较大差别，而且纯度不够高。细胞性质不确定是临床应用的大忌，所以，要把"iX"家族推向临床应用，科学家们还需精益求精。目前来看，iX细胞在临床上的应用前景主要是用于细胞替代治疗，而不是重新造一个大脑出来。就好比你有一件衣裳破了个洞，补补还可以继续穿，不用买匹新布重新做件衣裳出来。况且，这换脑子可比换衣裳复杂多了。不光是大脑，还有很多器官发生损伤之后并不需要把整个器官换掉，只要修补一下即可。

iX细胞，或者由iPS细胞分化得到的各种细胞类型，都是未来实现器官再生或器官修补的主要细胞来源，其中某些细胞类型已经开始进入临床试验阶段，但是绝大多数细胞离临床应用还有相当远的距离。近年来，经常出现以干细胞治疗为噱头的商业广告，新闻媒体也会在有意无意间将科学家的研究成果夸大，让人们误以为那些技术已经很成熟，已经实现临床应用了。对于广告和媒体宣传，读者一定要有自己的鉴别力，不可全盘相信。

在这篇文章里我们主要介绍了多能干细胞在再生医学中的应用，其实，还有另外一大类细胞不容忽视，它们是成体干细胞。顾名思义，成体干细胞就是成熟的生物个体里存在的干细胞，比如皮肤干细胞、间充质干细胞、脂肪干细胞、血液干细胞等。成体干细胞不像多能干细胞那样"多能"，但是作为干细胞家族的成员，它们有较强的增殖性，而且有能力分化成某些特定的细胞类型。成体干细胞可以直接从人体中获得，不需要经过转基因或小分子化合物处理，在安全性上更胜一筹。关于成体干细胞的应用在这里就不再赘述，有兴趣者可参考本书另一篇文章——《心脏修复》。

心脏修复

用脂肪细胞修补一颗受伤的心：从脂肪组织分离并体外培养获得脂肪基质/干细胞，利用适当的生长因子和蛋白质调制成的"鸡尾酒"，可以诱导脂肪基质/干细胞分化成为心肌细胞和血管内皮细胞

文 / 杨文婷

原　因

　　癌症已成为当今人类健康的最大威胁,人体的很多器官都有可能罹患癌症,我们听说过脑癌、喉癌、食道癌、胃癌、肝癌、胰腺癌,但是好像从来没有听说过心癌,难道心脏就不得癌症? 要讲清楚这个问题,首先我们来看看什么是癌症(Cancer)。癌症是恶性肿瘤(Malignant tumor)的一类统称,是一类生长异常、能够浸润(invade)或扩散(spread)到身体其他组织的细胞所引起的疾病。人们常说的肿瘤其实并不等于癌症。

　　良性肿瘤细胞与身体其他正常组织有明确的界限,不会扩散到身体其他部位,生长繁殖速度相对于恶性肿瘤更慢,细胞的分化程度(differentiation)也更高,比较接近正常的细胞。但这并不代表良性肿瘤是无害的,这类细胞仍然会释放出对身体其他组织(比如内分泌组织肿瘤可能会分泌过量激素)或者对神经系统有损害的物质。同时,肿瘤组织本身对身体其他组织也有压迫作用,可能引起组织的缺血坏死和器质性损伤。很多种良性肿瘤非常有可能发展成为恶性肿瘤。所以医生通常建议手术切除良性肿瘤。

　　恶性肿瘤等于癌症。由于恶性肿瘤细胞自带生长因子,功能性受体和增殖基因表达增高,因此恶性肿瘤细胞具备干细胞(stem cell)特性的潜能,由于干细胞可以"制造"细胞,因此,具有这一特性使得恶性肿瘤细胞也可以源源不断地制造出更多的肿瘤细胞。另一方面,恶性肿瘤细胞与周围的组织没有明显的界线,很容易入侵或扩散到其他组织。因此不论是手术、化疗或者放疗都很难去除这些癌细胞,即使切除也很难彻底清除,极易复发。

　　为什么很少听说心脏会发癌症呢? 一是因为心肌细胞是一种"终末分化细胞(terminal differentiated)",人出生后就不再分裂增殖。二是因为心脏中的血流速度非常快,身体其他部位的有入侵性或扩散性的癌细胞很少能转移到心脏中。但这并不代表心脏不会罹患癌症,虽然心脏的主要组成细胞是心肌细胞,但是心脏中有很多血管,血管容易受癌细胞入侵,血管肉瘤是心脏恶性肿瘤(癌症)中常见的一种,还有一种横纹肌肉瘤多发在婴幼儿身上。

总体来说,心脏的恶性肿瘤(癌症)发病率比例还是非常低的,但是心肌梗塞的发病率在全球持续增长,是危及人类健康的一大疾病。

2011年世界卫生组织统计,显示每年因心肌梗塞死亡的人数超过900万人,位居全球十大死因榜单第二。目前,美国每年心肌梗塞的发病人数在150万人左右,我国的心肌梗塞发病率也呈明显上升的趋势,每年新增50万病人。比如著名相声演员侯耀文,还有朝鲜前主席金正日,灵魂音乐教父詹姆斯·布朗(James Brown)。

心肌梗塞(Myocardial infarction, MI)或急性心肌梗塞(Acute myocardial infarction, AMI),俗称心脏病(Heart Disease),是由于部分心脏组织无法得到足够的血液供给,导致不可逆的心肌损伤而引起的。

人体的很多其他细胞,比如皮肤、肝脏等,都可以持续分裂,但是心肌细胞在人出生后就停止分裂增殖,也就是说,人一生的

图1　心肌受损

心肌细胞数目是一定的,因此无法再分裂增殖的心肌细胞不会受到癌细胞的影响,这使得心脏发生癌症的几率非常小;另一方面,由于心肌细胞不再分裂增殖,一旦心肌受损,可真是件要命的事。那么受损的心肌真的无法修复吗?

创　　造

随着医学的进步,心脏病患者可以通过急救度过危险期,但度过危险期不等于万事大吉,至少有三分之一度过危险期的患者的心脏会越来越虚弱,这在医学上称作"心力衰竭"。心力衰竭患者,可以通过药物、心律调节器或植入型

去颤器等治疗；但严重心力衰竭者，在这些治疗方法效果不佳的情况下，最后的方法只有心脏移植或者人工心脏移植。

2014年，全球心脏移植总共才2174例，远远无法满足患者需求（想象一下漫长的等待队伍）。而人工心脏真的就是心力衰竭患者的救星了吗？1982年，西雅图的一位心衰患者巴尼·克拉克（Barney Clark）第一次接受了人工心脏移植，存活了112天。1985年，美国印第安纳州的一位名叫Bill Schroeder的患者在接受人工心脏移植后存活了620天，于1986年死亡，创下了手术后存活时间最长的纪录。他们移植的名为"杰维克-7（Javik-7）"的人工心脏（图2），它极其复杂，需要在体内植入装置，用导线、管子与体外笨重的设备相连，患者只能躺在床上。而且，这类人工心脏只能暂时使用，病人仍需进行心脏移植手术。2013年12月，世界首例由Carmat研发的永久性人工心脏移植手术，在法国乔治蓬皮杜医院进行（图3）。这是世界首例具备可以避免人体排异、以电池为动力、可人工智能调节供血节奏和远程监测的人工心脏，理论上使用可长达5年。然而2014年3月，乔治蓬皮杜医院通报了首例心脏移植手术患者去世的消息。患者依靠这颗人工心脏仅仅存活了75天。人工心脏最大隐患就是脑血管阻塞并由此引发中风瘫痪，"长期性的成功"还有待进一步验证。一些科学家们认为完全用仪器代替心脏没有必要，应该将重点放在研究如何帮助患病的心脏恢复功能。也许有一种方法，可以修补那颗受伤的心。

图2　杰维克7（Javik-7）人工心脏　　　　图3　Carmat人工心脏

　　修复一颗能够跳动的心脏需要做哪些事情呢？首先要解决的是材料。用猪器官代替人器官进行移植的研究甚嚣尘上，且不说人们思想上能否接受自己的胸腔里跳动的是一颗猪心，单只看不同物种器官差异之大，还是同源性材料更合理，比如自体干细胞。科学飞速发展的今天，我们已经能够从人体获得一定数量的干细胞，自体干细胞的优点是来源广泛，且容易获得（抽血抽骨髓分离后都可以获得），并且不会产生自身排异反应。可以说，自体干细胞是修复心脏的"五彩石"！但是它依旧有缺点和局限性：数量有限、非常脆弱、增殖能力极强、易引发癌症。目前体外培养心肌细胞来说也是完全可行的，可是并非培养出健康的心肌细胞就可以拥有健康的心脏，心脏是一个有着精密细胞结构和复杂血管分布的器官，心肌细胞除了需要有规则地排列生长成特定的精密结构，细胞之间还需要建立起物理性和神经性的联系，有了这种联系，细胞之间才可以传导电信号，心肌才能够收缩。如果没有这种联系，那些细胞并不能被称为心脏，就像有些实验室声称可以在实验室制造大脑，其实不过是培养出了一堆神经细胞。

　　有了合适的材料就要考虑如何将其移植到需要被移植的部位，理想的情况是修补的部分与周围健康组织建立连接，传导电信号，协调心肌细胞同步收缩。但现实中被移植的干细胞往往无法与周围的健康组织"搞好关系"，令人失望的是，移植的干细胞并没有分化为心肌细胞去修补日渐变薄的心室，反倒是周围不具收缩能力的纤维细胞拼命修补梗塞部位，修成一道不具备搏动（beating）能力的疤痕，让心肌梗塞更加严重。

　　科学家们尝试了用各种方法来帮助细胞形成期望的器官。比如利用生物3D打印技术制造器官，这听起来很科幻，但其实从20世纪90年代起科学家们就开始实验了。最初是一些结构和功能都较为简单的器官，比如膀胱和气管，而肾脏和心脏这样复杂的器官还有待研究。

　　2014年，美国维克弗里斯特大学再生医学研究所的安东尼·阿塔拉（Anthony Atala），通过3D打印技术直接用活细胞打印出肾脏。但是这种方法打印的肾脏缺少血管和肾小管这样的内部通道,无法真正用于移植;接着,针对这一问题,美国宾夕法尼亚大学的Jordan Miller和他的团队以及麻省理工学院的研究团队提出了一项解决方案,Miller先用可溶性的糖打印出"糖血管和糖肾小管",然后把整个血管外包上细胞外间质和可以形成血管的内皮细胞,最后冲洗掉糖。之后细胞开始生长,形成强有力的血管,甚至在一些大血管周围自发的长出完美的微血管。这个发育接近成熟的器官能够被身体接受,自发进行细节的调整,具备完整的功能。

但是3D打印心脏,目前来说还是相当有难度,现有的技术打印出的最小物体只能够达到毫米级别,而心脏中最细的血管宽度仅为微米级别(约1/1000毫米)。心脏中错综复杂的微小的血管网络正是确保器官健康的关键。

是金子就会发光的

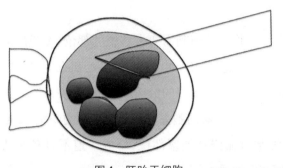

图4 胚胎干细胞

2001年,科学家们将两种干细胞应用到研究:胚胎干细胞和成体干细胞。胚胎干细胞的优点在于可以根据需要改造成任何一类细胞,用于器官或者是组织的再生(图4),比如肝细胞、神经元或者是心肌细胞。过去使用的人类胚胎干细胞通常取自生殖中心的剩余受精卵,但是胚胎干细胞的使用在美国一直伴随伦理争议,甚至有宗教组织认为这是谋杀。作为回应,美国政府2001年8月,对人类胚胎干细胞的使用进行了限制,目前只有有限几种已经在实验室培养的胚胎干细胞仍可以在研究中使用。

胚胎干细胞可以无限扩增是因为含有一种抗衰老蛋白端粒酶,癌细胞也拥有这样的端粒酶,因而可以不断增殖,获得永生。虽然胚胎干细胞分化为成熟细胞后就不再含有这种端粒酶,也就失去了永生的能力。但是,难免有那么一小部分仍具备永生能力的胚胎干细胞有形成肿瘤细胞的可能。而且,所有从胚胎干细胞获得的用于重塑的细胞都含有原来受精卵的遗传物质,因此接受由人类胚胎干细胞改造的组织或器官的病人,他们可能也需要接受免疫抑制治疗来防止排异,而感染的风险也随之增加。

　　既然胚胎干细胞的研究难以开展,科学家们转而把重点放到成体干细胞上。成体干细胞优点是,它们不具备永生的能力,因此不太可能形成肿瘤;它们不是从胚胎获得的,所以也不受伦理束缚;并且可以从病人本身获得,降低了免疫排异。但是成体干细胞也并非完美。与胚胎干细胞相比,它们更成熟,因此在可定向诱导分化的细胞种类上有一定限制。比如,取自骨髓的血液成体干细胞可以分化出红细胞和白细胞,但是不能分化成心肌细胞。举例来说,间充质干细胞是从骨髓中找到的另外一种成体干细胞,这类干细胞可以分化成骨、脂肪和软骨,但没有证据显示可以分化成为心肌细胞。另外,成体干细胞治疗还有一个重要的应用限制,就是我们的身体只有有限的成体干细胞,如果每次我们都取一些成体干细胞用于治疗,将面临影响它们本职工作的风险。譬如,即使来自骨髓的干细胞可以分化成心肌细胞,但如果从骨髓中分离出大量干细胞用于治疗心脏病,可能会影响到骨髓的首要工作——制造血细胞,这样做显然是得不偿失。

　　有科学家大胆地提出:为什么不用脂肪(图5)呢? 2001 年,加利福尼亚大学洛杉矶分校(UCLA)的细胞生物学家发表了一篇关于脂肪干细胞的文章。整形外科医生和科学家们分析了从吸脂手术中获得的脂肪,并从中获得了大量的成体干细胞(图6)! 这是一个非常重大的发现,毕竟成体干细胞的缺乏是阻碍器官再生影响力的重要原因。如果真的有那么一种简单的方法,从脂肪中就可以获得成体干细胞,那就不需要冒着损耗珍贵的骨髓,或者是损耗更稀少的其他成体干细胞资源的危险。因为获取脂肪干细胞听起来相对简单,脂肪就分布在我们的皮肤下面,然而真的如此简单吗?

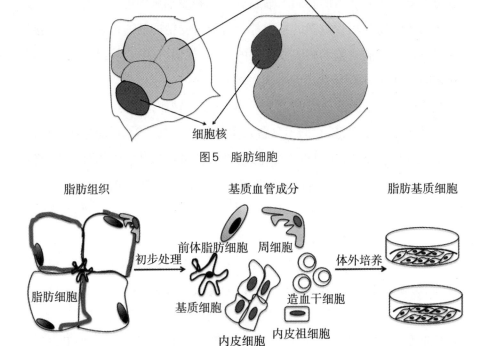

图5　脂肪细胞

图6　基质血管成分可以分离脂肪组织获得，进一步体外培养可获得脂肪基质细胞

脂肪干细胞从间充质干细胞分化而来，进一步可以分化成脂肪细胞。脂肪细胞主要分为给身体储存营养物质的白色脂肪细胞（white adipocyte）和给身体供暖的棕色脂肪细胞（brown adipocyte）两类，另外还有一类叫作米色脂肪（beige adipocyte）。

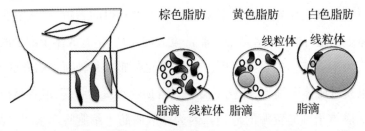

图7　人体脂肪细胞传统上分为两类：棕色脂肪和白色脂肪。还有一类米色脂肪，是在白色脂肪受到一定外部刺激后转化成的，比如温度、肾上腺激素等。

要如何从一团脂肪中获得干细胞呢？UCLA的科研人员通过吸脂手术取得病人的白色脂肪，除去成熟的脂肪细胞，这一步非常简单，因为脂肪的密度比水小，会悬浮在培养液上被滤去。初步处理后的脂肪细胞包含了未成熟脂肪细胞、内皮细胞，还有疤痕组织脂肪细胞。而脂肪干细胞很可能就隐藏在这些未成熟的脂肪细胞里！

为了验证这一猜想，研究人员先尝试用脂肪造骨和软骨。将初步处理后的脂肪置于模拟的体内环境中，也就是说用和体内同样的生长因子和蛋白来诱导骨髓中间充质干细胞分化为骨和软骨。这一策略成功了，初步处理过的脂肪细胞在与体内相同的生长因子刺激下，分化成为骨和软骨细胞。与一般成体细胞不同，这些初步处理后的脂肪细胞几周内数量就可以从一百万扩增为几千万，远远超过修补组织的需求[1]。因此仅一次吸脂手术获得的脂肪细胞就足够制造出几层骨和软骨，这对广大骨折、骨质疏松和慢性关节炎的患者来说是一个绝好的福音。

将脂肪变成骨或软骨的"魔术"非常成功，但是，如何把脂肪变成修复心脏可用的细胞呢？比如心肌细胞或者是形成血管内壁的内皮细胞。在正常成年哺乳动物的心脏中主要是心肌细胞、内皮细胞以及其他极少的一些辅助性功能细胞。内皮细胞是心血管系统的主要结构组成，是血管张力和附近细胞生长的动态调节器。内皮细胞可以为心肌细胞提供血氧和营养物质，还可以引导和促进心肌细胞发育、收缩、损伤后再生。各细胞间的相互协调作用对心脏的发育至关重要。如何用脂肪修复一颗受损心脏呢？首先，将吸脂手术分离得到的脂肪经过初步处理，去除成熟脂肪；接着调一杯"鸡尾酒"，类似于脂肪干细胞分化成为脂肪细胞一样，心肌干细胞分化成心肌细胞也需要多种生长因子和蛋白质的参与，幸运的是心血管领域的研究人员已经揭示了这一"鸡尾酒"配方。但是这些因子用于脂肪变心肌还是第一次，因此需要科学家们不断调试配方的浓度、成分比例和处理时间的长短等。历经重重困难，最终，把脂肪细胞变成能够有节奏收缩的心肌细胞，就像真正的心肌细胞一样！

之前提到了，目前的3D打印还不能够用来制造心脏，因为心脏不是一个简单的中空结构的器官，心脏中有错综复杂的血管网络，而脂肪细胞除了可以被诱导生成心肌细胞，还可以生成血管的内皮细胞，用于修复心脏病造成的心脏损伤，它简直是为了修补心脏而生的。但是科学家们并不满足，不断探索更简单的方法。2003年，印第安纳大学的研究人员设计了一个巧妙的实验，将吸脂手术获得的脂肪细胞经过初步处理后，加到在特殊介质上培养的内皮细胞中，进一步共同培养。结果血管样细管（blood-vessel-like tubes）的生长增加了好几倍。而且，与内皮细胞单独形成的极细的细管不同，这些初步处理后的脂肪细胞生成了一种与血管非常相似的粗结构[2]。

因为这类初步处理后的脂肪细胞中有多种与促进血管成活、再生、生长相关的因子。多种因子协同作用，不但激活了内皮细胞，也使得内皮细胞更具抗压能力。为突出这些脂肪细胞对于血管生成的"基质"或者是滋养功能的体现，研究人员正式命名这些细胞为"脂肪基质细胞"（adipose stromal/Stem cells, ASCs）。

ASCs有着不可思议的应用于心脏疾病治疗的天然优势，它并不盲目供给生长因子，而是通过细胞对于体内氧气量的探测来精确调控制造生长因子。心脏受血栓困扰的病人遭受着心脏和四肢肌肉组织缺氧，而在低氧环境中，ASCs能够为血管生成提供双倍甚至是三倍的必需因子，这一功能简直是为了心脏病人量身定制的。研究人员在小白鼠上进行手术实验，首先阻断小白鼠腿部末端的血液供给，然后随机选择其中一半数量小白鼠接受人类ASCs腿部肌肉注射。与未接受ASCs注射的小白鼠相比，接受注射的小鼠更迅速地通过新生血管恢复了供血。

"逆生长"

科学家们除了摸索出用ASCs治疗心脏疾病，勤奋的他们通过不断探索，想要用成熟脂肪"制造"脂肪干细胞。还记得上一节中我们提到吸脂手术获得的脂肪需要去除掉大量的成熟脂肪细胞吗？科学家们觉得这些成熟的脂肪细胞就这么被废弃是件很可惜的事，于是期望通过"去分化"（dedifferentiation）的手段变废为宝。

"去分化"是一个相对于"分化"（differentiation）的过程，"分化"简单来说就是干细胞（以造血干细胞为例）变成特定细胞（比如血小板、T细胞、巨噬细胞等）的过程；"去分化"指特定功能的细胞退回接近干细胞的状态（图8）。再打个不是特别恰当，但是很直观的比方，"分化"就好比是小蝌蚪变成青蛙，"去分化"就好比是青蛙变回小蝌蚪。在生物界存在的组织再生现象，很多都需要"去分化"参与。比如说断成两截的蚯蚓可以生长成两条独立的蚯蚓个体，又如蝾螈在原器官受损或断失的情况下，可以重新长出新的尾巴、四肢。"去分化"这一机制允许大量分化后的细胞在受到外界刺激的情况下，回到接近干细胞的状态，重获繁殖和分化的能力，根据机体需要，生产大量的具特定功能的细胞，从而长出新器官。

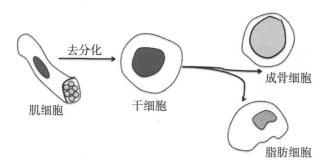

图8　去分化。肌细胞去分化回到干细胞状态，诱导后可分化成新的细胞类型，比如成骨细胞和脂肪细胞。

科学家们发现脂肪细胞就具备"去分化"的能力。他们通过一种特殊的"天花板"体外培养方法，可以诱导成熟的脂肪细胞退回纤维细胞状的细胞状态，这类细胞表达干细胞特异性基因，弱表达或者不再表达成熟脂肪细胞的特性基因。

"天花板"培养法利用了成熟脂肪细胞会悬浮在培养液上层的特点,如上一节中所述,从脂肪组织中分离得到成熟脂肪细胞,置于细胞培养瓶内,装满培养液,脂肪细胞被送到靠近培养瓶"天花板"的位置,贴着培养瓶上壁生长。一段时间后,成熟的脂肪细胞开始贴壁生长,慢慢展现出纤维细胞的结构。

经分析,这些细胞开始表达脂肪干细胞特异性基因,包括Yamanaka转录因子。2012年诺奖得主Yamanaka先生,凭借表皮细胞诱导出多能干细胞,轰动了整个科研界。他带领团队从胚胎干细胞特异性表达的基因中筛选出24个代表,对表皮细胞进行基因工程改造,使其可以表达这些基因,通过细胞学实验选择出改造后具有干细胞特性的表皮细胞,从而筛选得到4个具有诱导表皮细胞成为多能性干细胞特性的基因,称为Yamanaka因子。而与成熟脂肪细胞相关的基因开始渐渐下调,甚至不表达。

这一结果预示着"变废为宝"的推测拥有极大可能性。最大程度利用分离的脂肪细胞,诱导其成为脂肪干细胞,进一步应用于心血管细胞的生成,进行血管再生和心肌修复。在谈"脂"色变的当下,脂肪总算被正了回名,关键时候可是救命的宝贝。(图9)

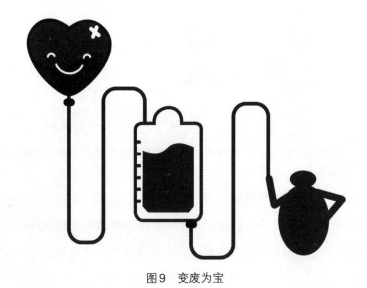

图9 变废为宝

临床试验和治疗:理想和现实

继2001年UCLA的研究人员发布了他们的研究成果后,脂肪干细胞领域火热起来。科学家们最大的成就就是这一研究成果被转化成临床试验[3]和治疗方法[4]。现阶段,心血管疾病的病人可以接受自己的ASCs的移植,希望可以帮助血管再生或者是增强心脏功能。

这些治疗也是有风险的,即便是用来自自身的ASCs注射到心脏中,也始终是"异物"。因此,虽然不会引起通常移植所引发的免疫排斥反应,但如果注射进心脏的细胞没有找到适合的支架,就可能会死亡,从而引起极具破坏力的炎症反应。另外,ASCs在体内存活时间基本不超过一周,因此需要进行反复注射,这样重复的注射也会增加风险。

理想很丰满,现实很骨感,科研还是需要继续。同时科学家们也在思索,如果试验失败还能得到什么? 可能关于ASCs再生机制的详细揭示将会是最大收获,包括:如何找出最有效的ASCs? 如何实现细胞和需要细胞的心脏区域之间的靶向输送? 怎样才能确保细胞在体内维持和整合组织,从而保证正确蛋白的持续释放? 如果能实现这样精准的治疗,应该能够挽救许多由于心脏缺血引起的组织损伤。

同时,这一研究给广大科研人员展示了更广阔的方向:成体干细胞可以被诱导分化为特定细胞,比如骨细胞和软骨细胞,或许可以用于慢性关节痛的治疗。而各种特定基质细胞可以用于血管重建,帮助器官缺血的病人减轻痛苦。脂肪细胞对于人造器官的研究也有重要帮助,因为血管生成是器官生成的首要保证,而脂肪细胞具有血管生成的能力,使其在人造器官研究中占据重要地位。发掘人类脂肪在再生医学领域的作用,这对人类有不可估算的价值和机会,有可能改变现代医学的面貌。

脑计划

媲美阿波罗计划的奥巴马工程,脑虹、CLARITY、光遗传学、超分辨率光学显微、激光片层扫描显微技术……美欧日中科技竞逐,探索大脑奥秘

文 / 刘蜀西

2013年4月2日,时值美国首都华盛顿特区最热闹、最富生机的"樱花节"。在樱花如雪的白宫,获得连任的奥巴马政府,雄心勃勃地宣布启动了一个被誉为可以媲美"阿波罗计划"(Project Apoll)的项目——人类脑计划。脑计划的全称是"通过推动前沿创新性神经技术进行脑研究的计划"(Brain Research through Advancing Innovative Neurotechnologies,英文缩写BRAIN INITIATIVE)。

图1 人类的探索范围已经大到数光年外的星系,小至原子深处的活动,但那个横亘在我们双耳之间、重约三磅(约1.36公斤)的物体对我们竟还是一个未解之谜。——美国总统巴拉克·奥巴马

"可上九天揽月,可下五洋捉鳖",互联网已经把这颗直径1.2万多公里的星球变成一个"地球村"。宅男们大可以和机器人女友Siri"谈情说爱",可穿戴式智能设备改变了我们未来的生活方式。在这个黑科技席卷全球的年代,很难想象我们自己肩上"三磅以内,两耳之间"的大脑,还如同暗箱一般,对我们保留了如此多的神秘与未知。阿尔茨海默病、帕金森病依旧是威胁中老年人健康的两大顽症,而对于它们的发病机理和治疗方案,科学界莫衷一是。精神分裂症、自闭症、毒品成瘾的研究成果早已汗牛充栋,但完整的答案依然像散落在各处的拼图。仅是从零碎的图景中窥见这个巨大奥秘的一角,就足以令科学家兴奋不已。

有读者会问,揭开大脑的奥秘与我有什么关系?会让我更聪明、更有钱,还是更健康长寿?恭喜你,你问对问题了。脑科学(广义为神经科学)或许不能点石成金,也不能让你学会七十二变。但多了解些大脑的知识,不但可以让你学习更轻松,摆脱拖延症,还可以增加你在茶余饭后不少高大上的谈资,诸如:为什么有的人更爱"劈腿"? 为什么有的人到"双十一"会控制不住自己的购物欲望?

我们和爱因斯坦的大脑有几条街的距离?

20世纪上半叶正是物理学发展如日中天之时。尼尔斯·波尔(Niels Henrik David Bohr)、维尔纳·海森堡(Werner Karl Heisenberg)、埃尔温·薛定锷(Erwin Schrödinger)等物理学大师辈出,相对论、量子力学等理论风起云涌。彼时,艾萨克·牛顿(Sir Isaac Newton)早已远去,史蒂芬·霍金(Stephen William Hawking)尚未成名。阿尔伯特·爱因斯坦(Albert Einstein)是全世界人眼中"天才"的代名词。关于爱因斯坦的IQ,连带他童年的各类传说在坊间为人津津乐道。一时之间,早教方面也在"如何培养出下一个爱因斯坦"上大做文章。但毫无疑问,人们有一个共识:"爱因斯坦之所以比普通人聪明,是因为他的大脑和我们不一样。"

很显然,他的医生也是"爱因斯坦大脑"的狂热粉丝。1955年,当爱因斯坦在美国普林斯顿大学医院去世后,病理医生托马斯·哈维(Thomas Stdtz Harvey)在75小时内"偷走"了爱因斯坦的大脑,在脑动脉中注入防腐剂,请一位朋友切成了240片并保存在福尔马林溶液中。当哈维医生带着这颗大脑做横穿美国大陆旅行时,可是被FBI特工跟踪保护4000公里。

尽管哈维医生为了科研的"偷天换日"后来取得了爱因斯坦儿子汉斯的谅解,但汉斯提出了严格的条件:对其父亲大脑的研究,必须发表于高水平的科学刊物上。几十年过去了,哈维也没什么像样的相关科研成果发表。令人尴尬的是,爱因斯坦的大脑重量只有1230克,比起普通人平均重量1400克的大脑尚且不如,跟海豚、大象的巨脑比起来简直更是相距甚远。虽然从脑切片上观察到顶叶部位有许多山脊状和凹槽状结构,也就是传说中的"大脑沟回比较多",但是这和天才的智商之间依然缺乏直接联系。

时间推进到1980年,背负巨大压力的哈维开始把脑切片分发给世界各地的研究者,组织小伙伴们"一起来找茬"。众人拾柴火焰高。很快,加利福尼亚大学伯克利分校的玛丽安·戴蒙(1985年)和哈维(1999年)分别撰文说:爱因斯坦脑中的胶质细胞(尤其是星形胶质细胞),而不是负责计算和记忆的神经元细胞比常人多[1][2][3]。根据当时学术界的共识,胶质细胞不过是对神经元细胞起辅助作用的小伙计,难当大任。于是,哈维他们的"胶质说"也被嗤之以鼻。后来,他和加拿大科学家又共同宣称:爱因斯坦的"脑洞"大(大脑的岛叶顶盖和外侧沟是空的),而且有图有真相[4]。这与不明真相的群众所做的猜测在一定程度上吻合,可是由于"脑洞说"缺乏功能性研究支持,也遭到其他科学家的质疑。中国科学家在这场科研追星运动中也不甘人后。2013年,华东师范大学相关研究成果称:连接爱因斯坦两个大脑半球的结构——胼胝体厚于常人,因此左右半脑的交流可能更高效[5]。

此外,关于爱因斯坦大脑不同脑区,尤其是关于数学、语言和计算脑区的研究成果也层出不穷。然而,若要就"我们和爱因斯坦的大脑有多远的距离?"给一个标准答案,神经科学家们大概争论三天三夜也不会有结果。甚至有人认为这是个伪命题:"爱因斯坦的大脑和我们只是不同,未必更好。"毕竟,即使个人的成就可以量化,大脑的功能却极其复杂、缺乏单一量化标准。世上从不缺乏机智过人屠狗辈,也不鲜见生搬硬套状元郎。否则现代社会就不会在IQ(智商)的基础上延伸出EQ(情商)、SQ(灵感智商)等一系列衡量大脑功能的参数。

那么正确的问题似乎应该是:完美的大脑长啥样?是如何工作的?

揭开大脑神秘面纱的先驱:从高尔基与卡哈尔说起

在"身体发肤受之父母"、身体完整性神圣不可侵犯的年代,人们认为心才是意识和感觉的器官。直到今天我们还是习惯说"心痛"和"心碎"而不是"脑子痫"。如16世纪的文艺复兴一般,现代神经科学也发源于地中海国家。解剖学把大脑和人的思想、行为联系在一起后,1873年,意大利细胞学家卡米洛·高尔基(Camillo Golgi)首次通过脑切片加铬酸盐—硝酸银染色法描述了脑中两种形态截然不同的细胞:神经元(Neuron)和胶质(Glia)细胞。大家才注意到,原来煮在火锅里的猪脑花不是仅由一种细胞组成的。这种利用重金属渗透显示脑细胞的染色法几经改进,便形成了在学界经久不衰的"高尔基染色法",并获得了1906年的诺贝尔生理学和医学奖。即使现在已经有了更快速观察各种神经元和胶质细胞形态,甚至直接观察动物脑中活动的神经元的影像学方法,但延续了一个多世纪的高尔基染色依然是显示神经元外形最经济便捷的方式。

在高尔基染色的启发下,西班牙解剖学教授拉蒙·伊·卡哈尔(Ramón y Cajal)确立了更灵敏的还原硝酸银染色法,并发现神经纤维精细结构(轴突和树突)和神经末梢之间的物理接触(即神经元间的"突触"结构)。因此与高尔基共享了1906年的诺贝尔生理学和医学奖。卡哈尔在神经生物学界是一个高山仰止的存在,正如达尔文之于生物学,孟德尔之于遗传学。和接受过传统解剖训练和艺术修养的高尔基比起来,卡哈尔其实是个半路出家、自学成才的"叛逆"中年人。不过在这个孕育了毕加索、塞万提斯和高迪的国家,即使是实验台前的科学怪咖也从不缺乏艺术细胞。

卡哈尔不满足于把染色用于做报告时秀几张高逼格的图片。酷爱绘画却在父亲压力下进入医学院的他,在切脑片(猫脑和鸡脑)与染色中找回了青年时期的爱好。在实验室小小一隅,卡哈尔把染色的脑切片放在用自己私房钱买来的老式显微镜下,一边哼着歌一边画出了不同脑区的神经元和它们组成的网络。在照相技术离商业化还遥遥无期的19世纪末,除了极少数拥有显微镜的"高富帅"之外,普罗大众是没有机会看到肉眼无法区分的细胞和亚细胞结构的庐山真面目的,因此他被完全排除在细胞生物学家队伍之外。因此卡哈尔的工作相当于给电视机出现之前的群众放映微观世界的电影,而他既是制片人、摄影师,又是放映员。当笔者在美国国立健康研究院见到卡哈尔绘出的小脑和海马神经网络图真迹时,其兴奋程度不亚于纯颜控见到了完美版的帅哥和美女。用网友的话说就是"神经元的秘密花园,美爆了"!

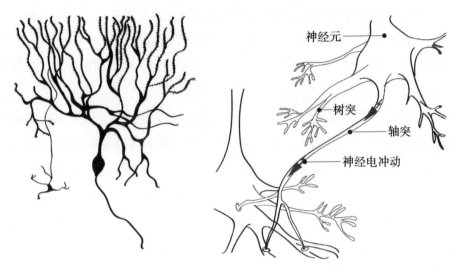

图2　卡哈尔笔下的锥体神经元(大脑皮层主控兴奋性传递的细胞)(左)惟妙惟肖地展现了金字塔形胞体、纤细的轴突和茂密的树突,与最先进的显微镜下观察到荧光标记的神经元形态完全一致。(右)下面进行一下脑知识暴力填鸭。脑是由多种类型神经元和胶质细胞组成的高度有序组织,不同脑区分管不同功能。神经元之间以突触连接。突触前神经元释放的化学物质(神经递质)被突触后神经元感知,激活突触后神经元细胞膜上的离子通道。几毫秒的时间内,细胞外以钠离子为首的阳离子流入突触后神经元细胞内,使其膜电位改变(去极化)形成电流——神经冲动。神经冲动传向轴突末梢,释放神经递质,再激活下一个神经元。如此把信号一级级传下去,从大脑皮层到脚尖也只需要不到一秒。

诺奖肯定了卡哈尔工作的技术性成果,但卡哈尔对于神经科学的贡献却远不止于此。才华横溢的他是个玩跨界的高手,不仅是画家、运动员、科学家,还是个伟大的思想家。基于他在显微镜下观察到的神经元结构,他首次提出"神经元假说",大胆挑战了当时的主流说法"网状神经假说"。网状神经假说认为,神经细胞之间相互贯通形成一张巨大的网络;细胞之间没有屏障,物质和信息可以自由传递。卡哈尔则认为:每个神经元都是独立的功能单位;细胞间接触却不联通;并且神经元是有极性的,即信息是单向传递的,由树突至胞体再到轴突。在未经功能性实验证实的当年,仅凭形态学证据(而且还不是特别充分的证据)就做出这样的假设,虽不是天马行空也颇需要想象力。在科学界,假说的提出是要讲证据的,卡哈尔的离经叛道惹恼了以高尔基为代表的圈内大佬们。两人在发表诺贝尔奖获奖演说时就针锋相对、各执一词,让首次由两人分享的生理学或医学奖颁发得异常尴尬。

时间(还有实践)是检验真理的标准。1894年,英国生理学家查尔斯·谢灵顿通过研究膝跳反射中神经肌接头的结构,支持了"接触但不联通"的观点,并将神经元之间这种连接结构称为"突触"。后来的研究都证明突触包含大量蛋白、脂质和"信号分子"(神经递质的极其精密复杂的结构)。谢灵顿膝跳反射实验还证实:神经元的信息传导有特定方向。接着科学家在神经纤维上记录到电活动,阐释了神经信息传递方式——电传导。网状神经说被潮水般的证据钉在耻辱柱上,很快被抛弃,卡哈尔深刻的洞察力再次为世人惊叹。但历史少以线性发展,科学之吊诡从来不会就此打住。就如物理学上光的"粒子性"和"波动性"争论一样,人们以为看到了大结局,不料片尾还有上帝准备的彩蛋。尽管,神经元间的信号传递由突触前细胞传向突触后细胞已经铁证如山,但越来越多的证据也指出:神经细胞间信息的传递并非完全单向,突触后细胞对突触前细胞释放的信号的强弱有调节作用,从而形成反馈环路。

经过一个世纪的发展,神经生物学虽然还只是生物学板块中的小鲜肉,然而在分子生物学、电生理学、药理学和迅速发展的影像学技术推动下,已成为生命科学领域中的当红明星。美国《科学》杂志在庆祝创刊125周年之际公布了今后半个世纪最具挑战性的125个科学问题,其中狭义脑科学范畴内就有15个问题,占据八分之一席位。了解越多,问题也越多,探索和求知莫不如此。

连接组学:我思故我在

"我是谁?"是一个深奥的哲学命题,吕秀才用它兵不血刃杀死了姬无命。英国著名演化生物学家理查德·道金斯(Richard Dawkins)在《自私的基因》中给出这样的答案：生物体本质上不过是一组基因存于世上需要的暂时的盒子。这些基因为了长生不死，选择各种肉体（不同表型的组合），并淘汰劣等的队友（不利于生存的基因）、选择强大的伙伴（利于生存的基因），最终表现为物种的进化。这也就是说：我不是我，我是我的基因组！

克隆技术早已问世，如果撇开伦理问题，复制一个人的全部基因信息，就能得到完全相同的副本吗？逻辑强大的看官一定想到了：用纯生物学方法，从复制一个拥有相同基因的细胞开始，生长出的两个人应是高度类似却不一致的（参见同卵双胞胎）。一个人不能两次踏入同一条河流。随机发生在两个个体上任何微不足道的不同事件都足以塑造不同的记忆，乃至于改变他们的人生轨迹。

TED（Technology、Entertainment、Design，美国一家私有非营利机构）演讲中，麻省理工学院教授承现峻（Sebastian Seung）给出一个更精确的解读："我是我的连接组（connectome）。"自"基因组"一词问世以来，各种"组学"已经被好大喜功的科学家们"玩坏了"。单打独斗拼智商、能力在现代组学研究中已然捉襟见肘，整合人才和资源才是王道。"连接组"早在2005年就被提出[6]，意指描绘脑内神经元间联系（全部突触的集合）的整体图谱。这不就是"脑计划"的另一个版本吗？若非奥巴马倾一国之力整合资源，单个实验室充其量只能小打小闹地在模式生物上做连接组学。要知道最低等的模式动物——1毫米长的秀丽隐杆线虫，根本没有脑区，然而绘制它区区302个神经元的连接组直到2012年才宣告完成[7]。

早在2002年，微软创始人之一保罗·艾伦斥巨资在他的私人研究所启动了"艾伦脑图谱工程"（Allen Brain Atlas），旨在用基因组学、神经解剖学来建立小鼠和人脑中基因表达的三维图谱。这一亿美元花得掷地有声。2006年，首个小鼠大脑基因表达图谱公布。截至2012年，已有成年小鼠脑、发育中小鼠脑、成年人脑、发育中人脑、灵长类脑、小鼠脑连接图谱和小鼠脊椎图谱7种图谱公布。更重要的是，它的所有信息对公众免费开放。它就像一座公共阅览室，研究者和医生可以方便地上网查阅，这一工程为全世界数以万计的神经科学家们节约了至少十年的单独探索时间。

神经科学黑科技：你问我要去向何方，我指着大脑的方向

以分子水平为基础，自下而上的还原论方法在基础研究中高歌猛进，阐释了神经递质释放与神经信号传递的机制、神经可塑性（学习与记忆）的原理以及阿尔茨海默病、帕金森病为代表的脑疾病发病过程中的分子变化。前景看似一片光明。然而回到整体层面，分子水平的经验却常常不可重复。许多在培养皿中的细胞，甚至是模式生物上作用显著的神经类药物，却在临床实验中纷纷败下阵来。这不过是因为管中窥豹，仅见一斑。由于缺乏对神经系统的整体认识，很容易忽略其他重要的影响因素。大脑仍以一个千丝万缕打结的线团形式呈现在研究者面前。每个研究者手执一个线头、各有独到见解，然而靠这样解开线团无异于缘木求鱼。"脑计划"正是要开启一种自上而下的整体方法论，让研究者抽丝剥茧地揭开大脑之谜。

面对这个重约三磅的物体，最大的挑战来自：1.神经细胞种类多样化；2.对特定功能的神经环路解剖结构和细胞组成不了解；3.不能观察和控制活脑中神经细胞的活动。我们需要什么样的法宝呢？脑计划的专家很快圈定了以下几个方向：**标记**——神经细胞种类（脑虹技术），**示踪**——神经环路（CLARITY），**观察**——高分辨率、高灵敏度和高通量（简称"三高"）成像技术（超分辨率显微技术、冷冻电镜和激光片层扫描显微技术），**控制**——特定细胞类型神经环路调控（光遗传学）。

标记：脑虹深处

在"神经科学家宁可共用一把牙刷也不愿共享数据"的年代，两个哈佛大学教授杰夫·里奇曼（Jeff Lichtman）和约书亚·塞恩斯（Joshua Sanes）称得上是

"情比金坚"了。两人从20世纪90年代在华盛顿大学圣路易斯校区开始的合作一直持续至今。塞恩斯是研究视网膜神经网络的翘楚,但视网膜研究在神经科学领域已颇为边缘化。许多人认为它不过是由视神经连接到大脑上的编外组织,根本算不上脑的一部分。然而视网膜上却集合了多种类型的神经元细胞(视杆细胞、视锥细胞、双极细胞和神经节细胞),而且是最容易分离的完整局部神经网络。身为神经遗传学家,长期以来塞恩斯苦恼于不能同时标记多种类型的神经元。而里奇曼多年专注于神经发育中突触形成过程的研究,擅长影像学,被塞恩斯誉为"全世界做突触形成活体成像最牛专家"。两人一拍即合,开始了漫漫征程。

海洋生物在黑暗中发出荧光的秘密于20世纪60年代被日本人下村修破解,他从发光水母体内找到的绿色荧光蛋白,此项发现照亮了生物学家研究的征途。研究者很快通过遗传学手段将荧光蛋白的基因导入动物体内表达,就能轻松定位、观察目标细胞。里奇曼就是这方面的行家,但这次他挑战的是区分脑中密密麻麻的不同神经元的胞体,理清它们伸出的纠缠不清的线头(轴突和树突)。一种颜色明显不够用了。不过这个时候荧光蛋白家族中已新添好几位成员:红色、橙色、黄色以及青色荧光蛋白。

接下来进入塞恩斯最爱的遗传学游戏时间:他们把红、黄、青色的荧光蛋白基因,像珠子一样连成一串(如图3,左),每个基因之间加一个遗传重组位点和一个表达终止元件,这一串导入小鼠脑细胞中的荧光蛋白基因组合中只有排在第一个的基因能表达。体内一个叫Cre的重组蛋白酶随机选择两个重组原件,剪去中间片段,这样就得到不同的荧光蛋白组合:不发生重组时只有第一个红色荧光蛋白表达,细胞标记为红色;发生重组1时红色荧光蛋白基因丢失,暴露出的黄色荧光蛋白表达,细胞显示为黄色;发生重组2时,只剩青色荧光蛋白表达,细胞为青色。在基因"珠串"前加上细胞特异的基因表达开关(启动子),就可以标记特定的神经细胞。另外,还可以给"珠串"加上亚细胞定位的GPS系统,选择让荧光蛋白表达在胞体内(实心圆圈)或是只表达在细胞膜上(空心圆圈)或细胞核内(圈内有点)。紧接着里奇曼和塞恩斯给珠串打了个"补丁",加上橙色荧光蛋白,升级为1.1版本。这样就可以得到4种颜色的细胞了。

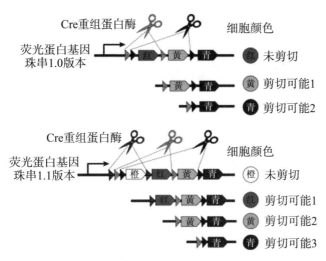

图3　脑虹1.0和1.1版本原理(插图提供者:杨乔乔)

但"游戏上瘾"的人根本停不下升级的节奏。脑虹2.0版几乎同时推出:将四个不同颜色的荧光蛋白基因方向两两相对地串起来,基因对之间加入重组位点。要知道基因的表达和阅读文字一样是单方向的,方向相对的红、青基因对中,只有第一个正向红色蛋白的可以被读出。发生一次重组,基因对的方向就颠倒一下,原本反向的青色基因就会被读出。当绿黄、红青四色蛋白基因配对串起之后,同样有4种不同重组方式带来4种颜色的细胞。那么当把这些基因"珠串"扔到神经细胞中表达,可以得到多少种颜色的细胞呢?　如果你说4种就"too young too simple"了。排列组合一下?　也不对!　复杂的生物体怎么可能给出这么简单的答案!　从一颗受精卵开始发育成的大脑经历了无数次有丝分裂,每一次分裂都可能发生一次重组,每一次重组都会表达一种不同颜色的荧光蛋白。所以转基因鼠成年脑中每个神经元显示的颜色都是四种荧光蛋白颜色的叠加,有的红色多些、有些偏绿一点、有的看上去是紫色(红青色叠加后效果)。理论上可产生的颜色有无数种!　但是由于显微镜波长和肉眼分辨的极限,我们能观察并区分只有近100多种颜色。

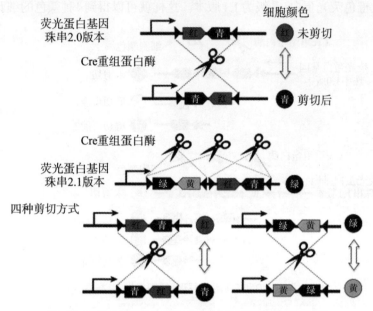

图4 脑虹2.0和2.1版本原理(插图提供者:杨乔乔)

电影《绿野仙踪》的主题曲《彩虹深处》许多人耳熟能详。2007年,英国《自然》杂志重磅推出名为《脑虹深处》的报道。在里奇曼和塞恩斯合作的这项划时代技术中,科学家终于突破了"高尔基染色"颜色单一、着色细胞少的瓶颈。在荧光显微镜下,小鼠脑中的神经元能像电视显像管一样,呈现出五彩缤纷的颜色(左)。[8]

"脑虹"技术不仅在于炫丽,它的问世使科学家能够标记并长距离追踪动物的神经回路,而不再限于某个脑区,还能观察神经元是如何连接到神经网络中的。除了转基因小鼠,低等模式生物果蝇在这些实验上,遗传学操作使"脑虹"的应用更加便捷。后来里奇曼研究组改进了方法,用病毒感染模式研究生物大脑,并提高荧光蛋白表达效率,这样一来,我们在普通动物的脑中也可以看到美丽炫丽的"脑虹"了。

虽然"脑虹"使得神经回路标记和区分不同细胞的局面大大改观,然而它的局限性也是显而易见的:仅限于研究表达了荧光蛋白的神经细胞,转基因动物或病毒感染率等客观条件至关重要;需要将许多脑切片叠加起来才能得到完整的神经网络图像,而这本身就是一个难题。

示踪:借我一双慧眼吧——CLARITY 技术

如果说"脑计划"和"脑虹"都和来自美国东部,下面要介绍的亮瞎人眼的技术可是实打实的硅谷制造。斯坦福大学教授卡尔·戴瑟罗斯(Karl Deisseroth)大概要算新世纪神经生物学界最炙手可热的人物了。有人的地方就有江湖。科学界也不例外,这里极讲究门派出身。戴瑟罗斯恰好是著名华裔神经学家钱永佑门下高足,而钱永佑早在弟弟钱永健集齐红、橙、黄、绿、青、蓝、紫七色荧光蛋白,得到诺贝尔奖之前就已功成名就。他在细胞膜上的钙离子通道研究领域叱咤风云,在细胞信号转导领域也颇有建树。

一开始戴瑟罗斯只是一个安静的会写诗的精神科医生,然而不想改变历史的博士都算不上好科学家。智商爆棚的戴瑟罗斯就企图以一己之力攻克脑科学中最大的挑战——绘出大脑的连接组。可是,被脂质双分子层和水分子包裹的大脑对一切外来的窥探都保持着"宁为玉碎、不为瓦全"的姿态。可见光和普通荧光激发器都无法透过多层细胞到达脑深处,只能观察大脑浅表皮层。更强的X射线在脂质和水分中却又发生散射,几乎得不到可用图像。

功能性核磁共振(fMRI)让我们能看到人在思考活动时脑区的活跃程度,但其分辨率决定了"仅仅是有点东西可看"而已。要观察神经细胞之间的连接,只能将大脑进行固定的切片、标记染色,然后将每张脑切片上的信息叠加,进行三维重组。但是对神经纤维和突触等超微结构的重组简直是强迫症患者的克星,为了避免丢失细节信息,"脑虹"发明者里奇曼试图用电镜照片重组神经环路。他们将脑组织切成30纳米厚度的薄片,一张张用电镜扫描成像,再将图片叠加。但是一天下来只能收集1万张薄片的信息,相当于重构0.3毫米见方的脑组织结构。而人脑组织结构平均有1200立方厘米，重建完整大脑信息需要机器不眠不休工作1000亿年。即便电脑的运算能力在未来几年得到飞跃式发展，这也是个非常耗时耗力的办法。

对戴瑟罗斯来说：一切阻挡前进的石头都要搬走！我们要观察的是神经元中以蛋白质为代表的生物大分子，既然脂质和水挡住了光线，那就去掉它们。可是脂质是支撑细胞形态的支架，许多重要的蛋白都镶嵌其中。去掉脂质会丢失大量蛋白，难道要把孩子和脏水一起泼出去吗？水分子就更不用提了，连小学生都知道人体组成的70%是水。水是细胞内和胞间最重要的介质，抽干了水分，神经元甚至脑子还不得瘪掉？对于聪明人来说，这都不是问题，支架换一种就是，顺便把原本水占的空间也填上。爱因斯坦的大脑从前是被封在"果冻"中，这次，科学家要把脑本身变为透明的"果冻"。

戴瑟罗斯找来了韩国化学工程师Kwanghun Chung。他们瞄准了生物化学实验室中最受欢迎的一种分子——丙烯酰胺。做过蛋白质电泳的同学们对它一定不陌生。它的聚合体——聚丙烯酰胺通过交联剂，N,N-亚甲基双丙烯酰胺和催化剂、促凝剂会变成一张透明的大网。改变聚丙烯酰胺浓度就可以调节网格的大小，使得不同的蛋白质在通过网格时，由于分子大小不同形成速度差。他们把小鼠脑浸泡在4摄氏度的福尔马林、丙烯酰胺和甲基双丙烯酰胺单体溶液中三天三夜，丙烯酰胺分子通过渗透作用缓缓进入，从表层到达最深处的脑细胞，把多余的水分挤出脑子。福尔马林则将蛋白、核酸和其他胞内小分子与丙烯酰胺连接起来。第4天将鼠脑升温到37度，此时充盈每个细胞中的丙烯酰胺和双丙烯酰胺就形成一个巨大的凝胶立体支架，蛋白、DNA等大分子以及包裹神经递质的囊泡和内质网等亚细胞结构都被固定在这个支架上。而脂质等与凝胶支架没有偶连的分子则处于游离状态。

接着戴瑟罗斯和Chuang在鼠脑上施以微弱的电流，模拟蛋白、核酸电泳。只是现在蛋白质和核酸都被牢牢固定在凝胶支架上，而游离的脂肪酸是极性带电荷分子，在电极召唤下"游出"了大脑（图5）。没有了脂质的大脑就一点点在我们眼前隐身了(图6,左、中)。

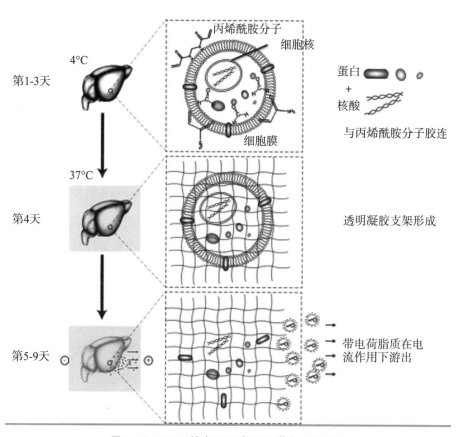

图5 CLARITY技术原理(插图提供者:杨乔乔)

图6 CLARITY技术让鼠脑(左)在人眼前消失(中),经过激发可以呈现成荧光绿色(右)

然而一个肉眼看不见的鼠脑除了酷一点,对科幻的意义远大于对科研本身。为了观察神经回路,他们将透明"脑冻"泡在多种荧光标记的抗体混合溶液中,除了要考虑抗体的交叉免疫原性,基本上需要染几种分子/细胞就加几种抗体(现代生物学真是有钱人的游戏)。然后用去垢剂洗去没有结合的抗体,这个"脑冻"就可以放到激光片层扫描显微镜(详情见下文分解)下观察了。

戴瑟罗斯将这项技术命名为"清澈"(CLARITY, Clear, Lipid-exchanged, Anatomically Rigid, Imaging / Immunostaining compatible, Tissue Hydrogel 首字母不够了,连第二个字母都要用到。为了凑个词,也是够拼的。)2013年4月,又是《自然》杂志抢到了这项划时代技术的最新报道。[9]《自然》在其网站上还发布了名为"看穿大脑"的视频,显示了一个透明后荧光标记的小鼠大脑内神经纤维交错丛生的立体图景。[10]笔者不禁感慨:紫霞仙子如果当初去的是至尊宝的大脑而不是心脏,那她用CLARITY技术不仅能得到想要的答案,还会了解大圣的前尘往事,而这个星光闪烁的微观世界更会让后来坠入无边黑暗的她时时惦记。

CLARITY技术宣告了必须切片才能研究大脑的时代成为历史。神经科学家第一次拥有了"火眼金睛",可以看到完整的脑中神经细胞的分布、投射乃至异常。CLARITY技术检测到一个去世的自闭症患者大脑中神经元的树突,在大脑皮层特定区域形成异常的"梯子结构",与自闭症动物模型上观察到的现象一致。CLARITY的横空出世无异于给此时启动的美国"脑计划"打了一支强心针。国立健康研究院院长弗朗西斯·柯林斯(Francis Collins)评价道:"CLARITY十分强大。它让研究者在研究神经系统疾病时既能深入病变损伤的脑区,又不会失去全局观。这是我们在三维层面从未企及的能力。"

强大并不等于完美,CLARITY也不例外。尽管大部分生物大分子都被链接到凝胶支架上,得以被抗体识别、显示,但电泳去脂过程中仍会带走大约8%的蛋白,其中不乏重要的蛋白分子。对同一样本进行重复成像反而会放大信息的丢失。另外,这技术花的时间之长也是常规染色难望其项背的。单是免疫组织化学染色就要6个星期,在和时间赛跑的时候,急于得到结果的研究者恐怕要哭晕在实验室里。

控制:一根光纤控制大脑——光遗传学

然而,真正让戴瑟罗斯声名大噪的却是另一项技术——被誉为100多年来神经科学界最伟大的发明:光遗传学。

科幻迷对星云奖作品《三体》续集《黑暗森林》中的面壁计划大概不会陌生。第三个面壁人希恩思的"思想钢印"计划正是在脑科学上做文章,把与三体人一战必输的观念刻印在太空军人的意识里。且不论这个计划对地球人类的生死存亡到底有没有意义,打上思想钢印的人颠倒黑白、违反常识的认知简直让人咂舌:一个打过"钢印"的人渴到濒临死亡也不敢喝水——因为他相信水是有剧毒的。刘慈欣的想象力与科学家的努力方向完全吻合,即通过改变神经环路修改意识和记忆。

可是科技的发展快得已经让科幻作家猝不及防,昨天还是科幻,今天可能就是现实了。2013年,麻省理工学院的利根川进(没错,就是那个靠免疫学成就获诺贝尔生理学和医学奖,而后转攻神经生物学并且硕果累累的利根川进)实验室就利用光遗传学手段成功地修改了小鼠的恐惧记忆。动物行为学中有一个著名的"条件恐惧实验"(fear conditioning)。它的一个版本是:在特定空间给予小鼠一个中等程度的电击,小鼠会把这个特定空间的信息和不愉快的经历联系起来,再回到这个地点时它们会吓得一动不动,准备迎接下一次突如其来的电击。这就和顾客在火锅店用餐时遭遇了热水淋浴待遇,以后再走过这家店都会气得浑身发抖一样,激活的是同一个神经回路。利根川进小组通过标记这个恐惧记忆回路,并用接在小鼠头顶的一根光纤激活恐惧记忆回路,给小鼠植入了虚假的记忆。原本在甲处被电击的小鼠,到了乙处却吓得瑟瑟发抖[11]。这就好比在火锅店受的气却在走进电影院时想起来了。这是如何做到的呢?

时间退回到2004年,戴瑟罗斯在斯坦福大学的研究组刚刚成立,然而一个念头在他脑中盘恒已久:如何快速精确地控制一群特定神经元的活性? 帕金森病大家应该不陌生,它和阿尔茨海默病一起常年稳坐神经退行性疾病流行榜头两把交椅,邓小平、陈景润、拳王阿里等名人也难以幸免。有一种"变态"的"深部脑刺激"疗法是将一根电极植入人的中脑,发病时通电刺激位于病人中脑黑质的多巴胺能神经元以减轻震颤麻痹和运动障碍等症状。因其刺激位置比大脑皮层深,故称深部脑刺激。大脑神经元除了以锥体神经元为代表的控制兴奋的神经元,还有数量众多的抑制过度兴奋的中间神经元。深部脑刺激是用高频电刺激抑制有异常电活动的神经细胞,虽然颇具奇效,却对不同类型神经元一点针对性都没有。就好像一间房子(大脑)装满了电脑、音响、冰箱、电灯等许多电器(各司其职的各种神经细胞),然而只有一道电闸(深部脑刺激的电极)控制它们,只想用电脑(某种神经元)的时候却不得不把所有电器都打开。戴瑟罗斯要挑战的是只控制一群中脑特定类型的细胞——控制运动、情绪和成瘾的多巴胺能神经元,给它们装上开关而不干扰其他种类的神经细胞。

在一次头脑风暴中,戴瑟罗斯遇到了研究生爱德华·波伊顿(Edward Boyden)。这次相遇可谓是神经科学史上的史蒂芬·乔布斯(Steve Jobs)遇到了史蒂芬·沃兹尼亚克(Steve Wozniak),两个天才年轻人找到共同的方向。波伊顿加入了戴瑟罗斯小组,戴瑟罗斯又"忽悠"来另一个基因编辑天才——研究生张锋(如今是麻省理工学院教授、拥有CRISPR技术专利最多的人)。这三个诸葛亮的灵感来自低等生物:绿藻。深海中的藻类需要光合作用的能量,天然具有趋光性。绿藻细胞膜上有一类光敏性紫红质通道蛋白(channelrhodopsins),特定波长光照射打开通道,细胞外带正电的钠离子流入胞内,使得带电的细胞膜去极化,激活绿藻的鞭毛摆动,游向光源。在神经元中,钠离子流入正好能引起神经冲动,也就是能激活神经元。于是戴瑟罗斯和波伊顿用生物工程学手段把绿藻的紫红质通道蛋白ChR2表达到小鼠神经元细胞膜上中,然后用高强度蓝光照射这些神经元。奇迹发生了,当蓝光照射时,波伊顿在神经元上记录到了电流,并且电流的流向和神经元去极化(Depolarization)时一致。这标志着神经元被蓝光激活了(图7a、c)。一般而言,神经元的电活动意味着思考以及运动,而它居然被光控了。这是不是说光可以控制思想和行为了呢?

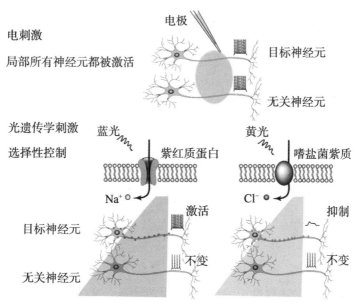

图7 光遗传学原理(插图提供者:杨乔乔)

然而颅骨是不透光的,脑子里如何发出蓝光呢? 戴瑟罗斯在表达视紫红质通道蛋白ChR2的小鼠颅骨上开一个小孔,模仿深部脑刺激,在脑子上接入一根光纤,发光端埋入控制运动的脑区,另一端则接在激光发射器上,由电脑控制。在最初流出的视频中,一只头顶光纤帽子的小鼠在笼中闲庭信步,然而光纤中一道蓝光亮起,小鼠敏捷地左转开始跑圈。蓝光消失后,小鼠停下脚步,继续该干吗干吗。无论照射几次、多长时间,这道神奇的蓝光对小鼠如同跑步的军令一样,屡试不爽,完全不以小鼠的意志为转移。可以看到,通常情况下需要思维来控制的行动在科学家手中成了可以被他人随意操控的任务。

戴瑟罗斯并没有在得到这个听话的"宠物"后停下研究。下一个问题是：光可以打开神经元活性，那能不能关掉呢？单细胞生物的答案是：能！因为自然界还有另一种感光蛋白通道：嗜盐菌紫质(NpHR)。在黄光照射时，氯离子通过NpHR流入细胞，使细胞膜超极化。而神经元超极化会抑制动作电位产生，因此神经元活性被关闭(图9b、c)。"基因黑客"张锋娴熟地改进了视紫红质(开)和嗜盐菌紫质(关)蛋白，将它们表达在小鼠需要的脑区，给不同种类神经元装上了开关。戴上了光纤帽的小鼠在他们手中招之即来、挥之即去，非常听话。

DNA双螺旋之父弗朗西斯·克里克(Francis Crick)关于独立控制一群神经元活动，而不干扰相邻的其他细胞的夙愿终于实现了。这项伟大的发明很快成为神经生物学界最耀眼的明星，世界各地的研究者蜂拥而至，希望得到神经元开关蛋白和促成项目合作。戴瑟罗斯则成了科学界的超级偶像，出去开会经常遇到粉丝们签字合影。

不过，光遗传学的贡献还远不止于此。对于已知功能的脑区和神经元，用光纤可以轻松控制，得到想要的动物行为。对于未知功能的脑区和神经元种类，给神经元装上光敏通道，在一开一关之间探明神经元在脑中的实际功能，甚至深入研究神经网络控制的机理。在更鼓舞人心的一项研究中，为视网膜细胞失去感光能力的小鼠装上光敏开关，失明的小鼠重新获得了视力，根本无须戴上光纤帽子。毫不夸张地说，光遗传学是一场革命，它改变了人类在脑部神经前被动观察的局面，转为主动出击。脑计划也因此如虎添翼。

观察：超分辨率光学显微技术及激光片层扫描显微技术

2014年9月，史蒂芬·赫尔(Stefan Hell)和威廉·莫纳(William Moerner)、埃里克·贝齐格(Eric Betzig)因对超分辨显微技术(Super-resolution microscopy)的贡献分享了诺贝尔化学奖。严格说来，超分辨率显微镜的诞生虽然不是脑科学的进展,却值得每个细胞生物学家击掌相庆。没有这把金刚钻之前,在分子和细胞生物学层面的研究都游刃有余的神经科学,到了亚细胞和单分子层面就有些捉襟见肘了。

观察活细胞内的生物大分子,现在主流的方法是用荧光蛋白标记该分子,以特定波长的光束激发荧光,然后在显微镜下观察。比起只有黑白两色图片的电镜来说,荧光显微镜图片不仅五颜六色,还可以观察活的样本。不过它也有个致命缺陷——阿贝衍射极限。高中物理课做过杨氏双缝干涉的同学应该记得:由于光的波性,在传播中会发生衍射。透过光学元件(透镜)成像也是圆孔衍射的光斑,而不是无限小的一点。因此传统的光学显微镜分辨率有一个物理极限,即所用光波波长的一半(约200纳米)。如果两个分子靠得太近,小于200纳米,那么在显微镜下观察到的就成了一块光斑而非两个光点(图8)。突触膜上的蛋白质约10纳米大小,仅为分辨率极限的1/20。用荧光显微镜观察神经元中单个生物大分子,简直和用大炮打蚊子差不多。靠这样区分两个物理距离小于200纳米的分子无异于痴人说梦。

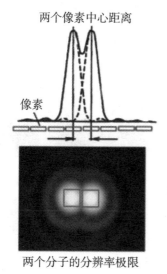

图8　爱里斑和分辨率极限(插图提供者:杨乔乔)

　　向物理规律发起挑战的是德国马克思普朗克研究所的赫尔研究员。介绍他发明的STED(stimulated emission depletion 受激发射损耗)荧光成像技术前,先解释一下单分子成像。在荧光分子被发现后相当长一段时间内,人们通过显微镜观察到的荧光分子就有成千上万个之多,而成像分辨率取决于多点光源时,囿于阿贝极限难以精确定位。

　　STED显微镜在激发荧光的激光束周围加上一圈不同波长的激光束,刚好可以漂白照射区周围的分子发出荧光,只留下圈中间纳米级大小的区域发出荧光。激发光激活荧光分子发光这一过程在数飞秒(1飞秒=10^{-15}秒)内完成,而荧光的自发辐射产生则需要数十纳秒(1纳秒=10^{-9}秒),是激发光产生耗时的几千万倍。STED技术恰好利用了这个时间差,在激发光产生后、自发荧光产生之前,使用STED光束改变荧光分子状态,使之不能自发荧光。这样激发光聚焦成实心光斑,STED光则聚焦成甜甜圈形的空心光斑,两者重合即准确得到荧光分子的中心位置(图9a)。好比在被激发的荧光分子身上套了个游泳圈,遮住它身上的赘肉(自发光衍射光波),显出它姣好的身段。据报道,STED技术可达到横向2.4纳米、轴向2纳米的最高分辨率,远小于蛋白质的平均直径。

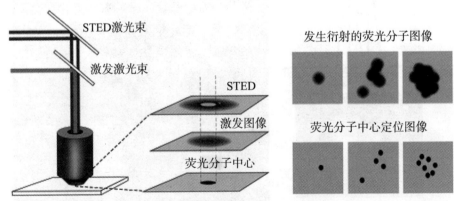

图9　STED超分辨率显微镜原理(插图提供者:杨乔乔)

　　埃里克·贝齐格是一个有才任性的富二代,在著名的贝尔实验室研究了几年近场光学显微镜后,又去一个咨询公司锻炼了一阵,还到他老爸的公司过了把副总裁瘾。混迹工业界7年后,终于不想辜负大好才华,回到科学界,这一转身等着他的就是诺贝尔奖。如果说贝齐格站在巨人的肩膀上发明了超分辨率显微镜,这个巨人就是斯坦福化学教授莫纳。莫纳是世界上第一个能够探测单个荧光分子的人。1997年他与钱永佑共事于加利福尼亚大学圣迭戈分校时,跟风研究绿色荧光蛋白,无意中发现了一种荧光蛋白突变体可以像灯泡一样被控制"开关"。它颇像一位高冷女神,遇见心仪对象(波长488纳米的激光照射)时就会发光,不久激情褪去便会淬灭。之后无论前男友(488纳米激光)如何狂轰滥炸也再无反应。但新出现的高富帅(波长405纳米的激光)却能重新点亮这个蛋白。这就是为贝齐格工作打下理论基础的"光激活"效应。

赋闲在家的贝齐格看到莫纳的成果灵光一现,想到了发明高精度定位大量分子的显微镜。但做最前沿的生物学研究需要经费、技术和设备等各种资源。在自己家的车库里可研究不出超分辨率显微镜。这时他离开学术界已经好几年,人走茶凉,再就业成了老大难。一般研究组都会担心这个富二代不是搞科研的料,会半途撂挑子。国立健康研究院的Lippincott Schwartz研究员却慧眼如炬,看出贝齐格是块还未发光的金子,慷慨提供实验室资源,共同开发新式显微镜。2006年9月,贝齐格和Lippincott Schwartz首次阐释了光激活定位显微技术(Photo Activated Localization Microscopy, PALM)的工作原理:先用低能量405纳米波长激光照射细胞,只有少量被荧光分子标记的蛋白被随机照到而发光,形成星星点点的图像。因为光量极低,光子数目少,不会产生相邻分子同时被激发而形成的光斑叠加。然后用488纳米光照射,通过高斯拟合精确定位单个的蛋白。接着用高强度488纳米光漂白所有荧光分子,关闭荧光。下一个循环又用405纳米光随机激活另一群荧光分子并定位。再以488纳米光关闭荧光。如此反复上百次就能够得到细胞中所有荧光分子的位置信息。(图10)PALM技术把光学显微镜分辨率提高了十倍以上,好像高度近视的人戴上了眼镜——世界瞬间清晰了。

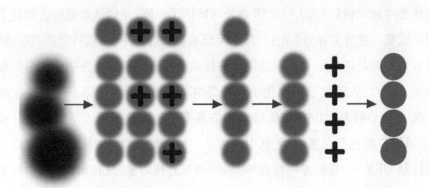

传统荧光显微　多次随机激发　得到单分子图像　定位发光点中心　电脑拟合生成
镜成像：　　　单个荧光分子　　　　　　　　　　　　　　　　　清晰度更高的
荧光分子距离　发光　　　　　　　　　　　　　　　　　　　　超分辨率图像
太近无法分解

图10　PALM超分辨率显微镜示意图

值得一提的是中国科技大学少年班出身的神童庄小威教授与贝齐格于同一年独立研究发表了另一种超分表率显微技术STORM。STORM与PALM原理类似(都是通过反复激活—淬灭荧光分子,使显微镜每次只捕捉到相距远的少量荧光分子),效果接近,却与诺奖失之交臂,可谓憾事。

在PALM显微技术获诺奖仅仅数周之后,脑洞大开的贝齐格又发明出一种可以3D成像的晶格片层显微技术(Lattice Light Sheet Microscopy)。贝齐格认为自己这项得意之作对科学界的贡献远超使他获奖的PALM技术。这个精密的观察活细胞微观机器的运作就像观看一场精彩纷呈的足球赛。普通显微镜能为我们展示照相机时代的一组"足球赛"的花絮,可以捕捉到"过人"、"传球"和"射门"的精彩一瞬。三维晶格片层显微镜却带领无法亲临现场的我们昂首走进录像时代,轻松为观众呈现一场完整的"球赛"。要生成高分辨率的三维样品图像需先将样品按轴向(Z轴)分成许多极薄的平面二维成像,再将高清晰度的二维图片一层层叠加起来得到三维图景,相邻二维图像之间距离越小得到的三维图景越清晰,信息越丰富。也就是说二维图片是越多越好。

之前观察活细胞最好的方法是激光共聚焦显微镜,激光光源照射在细胞样本的一个层面上，光束穿透细胞再反射回来被显微镜捕捉成像。这个技术有着天然缺陷。科学家只能对焦在样本上很小一块被激光束照射的区域内观察。激光穿过样本时在细胞内发生漫反射，一来在观察区域持续照射会加速荧光分子淬灭，不利于长时间观察；二来高强度激光对所照射到的细胞产生光毒性，引起细胞死亡。即使是PALM显微镜提高清晰度也是靠长时间大量成像；STED稍微好些，但同样要牺牲时间和样品活性换取高分辨率。这样"为得到清晰图像的精雕细琢"与"获得活细胞图像就要跟时间赛跑"成为了三维活细胞成像的不可调和的矛盾。

贝齐格小组巧妙地利用了贝塞尔光束。与传统的高斯光束不同的是，它是一束环状的光，100多道光束经过设计好的光罩，相互衍射形成极薄的光阵，以每秒1000个平面的速度同时读取细胞中荧光分子的位置信息。相对普通共聚焦显微镜，晶格片层显微镜不仅扫描速度提高了20倍，还将轴向分辨率提高2倍。并且这样的光束能量更分散，光毒性和光漂白减少了10到20倍。这台神器一出，观察神经末梢的精细结构，乃至活细胞的动态都变得轻而易举了。

美欧日中展开脑计划科技竞争

继美国启动"脑计划"后，世界其他经济体也纷纷响应，各路高手铆足全力想要拔得头筹。

美国斥资10亿美元率先发起"脑计划"（BRAIN INITIATIVE），主要目标：

1. 标明脑中不同神经元种类，确定它们在健康状态和疾病状态下的作用。

2. 绘制脑中从最简单神经网络到涵盖全脑神经网络的图谱。

3. 发展用以生成更清晰、包含更多细节脑图片的新技术。用电学、光学、遗传学手段以及微探测器全面记录神经元活动。

4. 通过开关某个脑区，将特定脑活动与行为相联系。

5. 拓展新理论，用数据揭示脑功能。

6. 研究者和医生合作,利用最新神经科技治疗精神疾病。

7. 运用一切新技术揭示人类思考、感知和理解的过程。

尽管先发制人,美国"脑计划"的第一个目标——不同种类神经元就陷入身份危机。参与计划的塞恩斯("脑虹"发明者之一)就提出,神经元种类远比已知的多,根据现有的技术根本无法标记所有神经元种类。要完成最终目标似乎需要修改计划。

欧盟家底深厚,瑞士洛桑理工学院早在2005年就开始了由亨利·马克拉姆(Henry Markram)领衔主持、IBM参与的"蓝脑计划"(Blue Brain Project)。在2013年蓝脑工程获得欧盟首肯,注资13亿美元,华丽变身为"人类脑计划"(The Human Brain Project),并吸收了英国、德国、以色列、西班牙等国的顶尖研究机构加盟,成为多国合作的项目。其患有孤独症的儿子是神经科学家Markram穷尽一生揭秘大脑的动力来源。信心满满的他期望将科学家现有对大脑和神经系统的知识,用来构建一个模拟86亿个神经元、100万亿个突触的超级电脑。这样他就可以走入人脑中,看看孤独症患者的世界。不过人类脑计划进行了1年多,就收到了800多位科学家的联名抵制信,抗议由于行政干预造成的项目管理混乱、透明度低、资源利用低效。所幸这些批评与研究的科学方向和水平并不相关。尽管Markram失去项目负责人一职,欧洲"人类脑计划"的初步成果却发表在2015年美国《细胞》杂志上。Markram等研究者已经用电脑构建了一只大鼠感觉皮层,重现解剖学和电生理的指征并且能完成给定的视觉任务[12]。

日本尽管经济低迷,也于同年启动"脑与意识计划"(Brain Mind Project)。不过它剑走偏锋,没有烧钱式地直接研究人脑,而是试图通过研究进化上与人类亲缘较近的猕猴脑,用最少的投资(约2700万美金,仅为欧盟投资的2%)达到同样的目的:了解人脑和神经网络结构,揭示痴呆、抑郁等脑疾病的发病机理,推动基础脑科学与临床研究的合作。尽管猕猴脑比起鼠脑更接近人脑,也可以绕开人体实验的伦理学问题,可算是多快好省,但日本政府显然在财政方面略显捉襟见肘,所以只能走是务实路线,迄今尚未涌现出惊世骇俗的新技术新成果。

中国虽然现代科学起步晚,但经二三十年技术反哺,归国人才济济一堂。经济上的崛起更是不可小觑。2014年中国基础科研经费投入已超过美国,成为世界第一。在这一轮国际科技竞争中,中国提出的"脑科学与类脑智能技术研究"(Brain Science and Brain-like Intelligence Technology)针对大脑三个层面的认知问题提出更宏大的目标:

1. 理解脑:阐明脑功能的神经基础和工作原理;
2. 模拟脑:研发类脑计算方法和人工智能系统;
3. 保护脑:促进智力发展,防治脑疾病。

简单说来,以治疗疾病为目的的研究只是整个计划的一部分,而通过研究物质载体,解密意识和认知才是背后更大的蓝图。不过,由于中国版脑计划在热议中尚未达成具体操作的共识,政府主导的项目未能立刻上马。重走美、欧、日的老路既难以后发而先至,更可能是浪费人力、财力,起了个大早却赶了个晚集。要在这场竞赛中不落下风,不仅需要政府对公共资源的合理分配;更需要学术领袖们以非凡的智慧独辟蹊径,量身定做符合国情的"脑计划"。最重要的是,对脑科学一腔热忱的青年人能成为源源不断的新鲜血液,为长跑中的中国科研不停补充能量。

后"脑计划"时代的畅想

人类最前瞻性的探索,向外是对茫茫宇宙,向内则是微观粒子。一花一世界,一叶一菩提。随着探索的深入,一个原子也能展示出一个庞大的世界。而另一个宇宙则存在于我们自身,那就是脑。激发脑活力让自己的战斗力飞跃,随着脑的奥秘被揭开,这项技能在将来不会是神话。

阿波罗登月是人类向地球外探索走出的第一步,"人类基因组计划"则是集体挑战生命之谜的开端。随着基因组计划完成，各种基因信息逐渐惠泽大众，精准医疗以全新的形式，开始改变人们对疾病和健康，乃至生活方式的认识。可以预测，"脑计划"的成果会超越基因组计划，为人类带来翻天覆地的变化。从生命的角度来看，与疾病的斗争是每个有机体生存的一部分，不少神经性疾病是生命延长后老龄化的副产物。而意识是依赖于有机体，却独立于基因的另一种存在。如果基因的组合可以称之为生命，那么意识也是一种生命存在的形式，类似于灵与肉的独立，脑则是灵与肉汇合统一之处。脑计划事实上是在分子、细胞以及组织层面研究这种生命形式，最终也许是新的生命形式——人工智能进化过程中最关键的一步。这一步，由人类迈出！

纳米颗粒智能新药

火眼金睛,靶向进攻癌细胞,可控性释药,热疗法,智能新药即将横空出世?

文 / 王雅琦
图 / 许田恬

药，一半天使一半魔鬼的双生子

生病是一件说起来就让人头疼的事情。生了病怎么办？看医生吃药吧。例如感冒发烧，吃过药后，烧退了，却又拉肚子了。这就是常见也不可避免的药物不良反应。细细说来是很吓人的。

药，就像《圣斗士星矢》里的双子座黄金圣斗士撒加，兼有善与恶的双重人格，一半天使，一半魔鬼。下面花点篇幅说说药物的不良反应（Adverse Drug Reaction，简称ADR）。对这个专业术语的解释是患者在服用药物时身体产生的与治疗无关、甚至是有害的作用。咱老祖宗早就总结了"是药三分毒"。完全没有不良反应的药物是不存在的——某些广告常常吹嘘的"无任何副作用"，不用怀疑，这全是美好的幻想。

可是，同一种药，不是所有人都会有同样的不良反应。更进一步说，即使在出现反应的人群中，个体和个体之间的反应差异也往往很大。医学上大致将不良反应归为六类：副作用、毒性反应、变态反应、继发反应、后遗效应和致畸作用[1]。

副作用（side effect）指对治疗无关的不适应反应，一般比较轻微。比如说，吃了治病毒性感冒的抗生素，感冒症状减轻了，但是引起了耳鸣的不适反应。

毒性反应（toxic action）是指大量或者长期用药对中枢神经、消化系统、循环系统及肝功能、肾功能产生的损害。有些病人长期需要服用药物来抑制癌细胞，这些药物往往对病人的肝脏造成不小的损伤。

变态反应（allergic reaction）即过敏反应，是指人体受到药物刺激后，产生异常的免疫反应，从而导致生理功能障碍或组织损伤。经常听到医生会询问："对抗生素过敏吗？对某药物有过敏史吗？"常见的就是有些人服用了抗病毒的抗生素以后身上长红斑。这就是很典型的过敏反应。过敏反应与服药者的体质有关。多出现于少数过敏体质的人身上，具体的反应类型和严重程度也因人而异,很难预知。

继发反应(secondary reaction)是由于药物治疗作用引起的不良后果。维基百科上举的一个例子就是"长期使用四环素类广谱抗生素会导致肠道内的菌群平衡遭到破坏,以致于一些耐药性的葡萄球菌大量繁殖而引起葡萄球菌假性肠炎。这样的继发性感染也称为二重感染"。

后遗效应(residual effect)是指停药后血液中残存的药物成分产生的不良影响。有点像常说的"宿醉"(hangover),酒醉后,第二天醒来残留的酒精还是会让人头晕、犯困和没力气等不良反应。

致畸作用(teratogeneisis),顾名思义,指的是有些药物影响婴儿正常发育造成畸形。所以孕妇服药是要慎之又慎。

图1 药物,一半魔鬼一半天使的双生子

举一个最近比较出名的药物不良反应事故,2014年马萨诸塞州剑桥(Cambridge, MA)的明星药厂Biogen的最畅销的多发性硬化症Multiple sclerosis(MS)的治疗药物Tecfidera,一名患者服用该药物后身上出现了罕见但是致命的进行性多灶性白质脑病(PML)。这名患者最后也死于PML。此前,Biogen可是声名鹊起,股价节节攀升,这个事件导致Biogen的股票一夜狂跌22%,从此一蹶不振。

另外一起引起轰动的药物不良反应事件也发生在2014年。医药巨头Novartis公开申明承认其日本分部隐瞒了白血病新药临床实验中患者出现不良反应的报告。新闻界发现足够的证据,证明Novartis日本分部删除了记录病人对新药产生不良反应的文档。即使面对外界舆论压力,Novartis也没有公开出现反应的患者的具体人数。一些日本媒体猜测早期的临床实验中至少有30名患者出现了不同症状。Novartis发言人同时也承认,在过去几年的对10种新药的开发中,至少有1万个对药物出现不良反应的案例被隐瞒或者从未公布。其中包括两种白血病药物Gleevec和Tasigna、哮喘病药物Xolair,、帕金森病药物Exelon和用于防止器官移植排除的药物Neoral。美国食品药品监督管理局(US Food and Drug Administration, FDA)明文规定药厂必须在发现药物不良反应的15天内上报案例。但是根据对2004年到2014年上报到FDA的160万个案例的分析显示,如果患者对药物的反应不是致命的,制药商往往选择隐瞒数据。很多曝光于众的数据和新闻事件只是冰山一角而已。

我需要你:纳米颗粒智能新药

传统的制药行业在过去的一百多年内快速发展,无数药物问世,极大地提高了疾病的治愈率,功绩显赫。但是如前文所说的,与药效相伴相生的不良反应引起科学家和普通民众的深忧。有幸的是,人类拥有追求至臻完美的天性。科学界智慧的大脑早已着手开发智能新药来解决药物的不良反应。学术界达成共识的方法有:

1. 提高药物的溶解性:延长药物在血液中的循环时间从而提高药效和减低用药量。

2. 选择性释药:通俗的说就是让药物长有一双慧眼,在茫茫细胞的海洋中准确识别出病变细胞。病变细胞就像靶心一样,药物犹如飞镖,准确地射中靶心,进入病变细胞内部,一举清除病变细胞。

3. 热疗法:这是一个新的概念,和传统分子药物不同,热疗法局部提高病变组织和细胞的温度杀死细胞。正常细胞和组织的微环境温度保持不变,不会受到影响。

那么,怎样才能把智能新药从理论变为现实呢?什么是打开月光宝盒的金钥匙?答案很可能就是纳米颗粒(Nanoparticles)!什么是纳米颗粒呢?下面的内容介绍的便是关于纳米颗粒的"之乎者也"。

纳米颗粒,一种新型的微观材料,通常在纳米尺度。一个纳米是多少?举例来说,一个水分子是十分之一纳

图2 纳米颗粒药物靶向释药图

米,乳糖分子是一纳米,癌细胞是一万到十万个纳米,一个网球的大小是一亿纳米。大多数纳米颗粒的粒径在一到一百个纳米之间。图2中所示的是一些常见的纳米颗粒,例如脂质体纳米颗粒(Liposome)、树枝状聚合物纳米颗粒(Dendrimer)、金纳米颗粒(Gold nanoparticle)、量子点(Quantum Dots)等。

纳米材料有什么与众不同的神奇魔力?简单一点解释就是,纳米材料是连接宏观材料和原子结构之间的桥梁。在宏观世界,材料的性质是均一的,不会随着材料尺寸的改变而改变。有意思的是,当材料的尺寸降到纳米级别后,材料表面的原子数量相比宏观材料增长了几个数量级,因此材料的表面积也增长几个数量级,随之带来许多有趣和意想不到的性质的改变。比如,黄金以宏观材料的形式存在时是金灿灿的色泽。但是当金以纳米材料形式存在时,随着粒径大小的改变,金纳米颗粒溶液就呈现出红,深蓝和紫等不同颜色。科学家们因此深深为纳米材料的性质着迷,孜孜不倦地探索着。

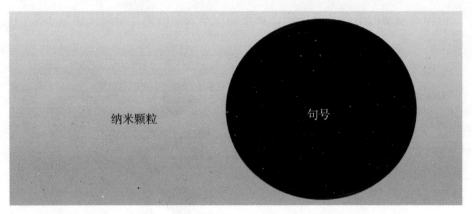

图3 纳米颗粒与句号,两者大小对比图

纳米颗粒凭着它微小的体积和可调控修饰的表面性质,在智能新药开发领域大显神通。首先来谈谈纳米颗粒是怎样提高药效,延长药物在血液中的循环时间,达到减低用药量的。学术界有一个专有名词(Drug delivery),主要说的就是利用高聚物或者脂质体纳米颗粒作为药物的载体和运输工具,有效增加药物的溶解度,延长循环时间和提高最终进入细胞内的药物含量[2]。

在过去的十几年里,纳米颗粒的释药体系获得了巨大的成功,已经有不少应用于临床,比如说位于旧金山半岛福特斯城的明星药厂Gilead开发的用于治疗霉菌感染的脂质体纳米颗粒药物Ambisom。Gilead在新药开发领域可是大名鼎鼎,最早的成名作就是对乙肝、丙肝以及艾滋病的特效药开发。近几年这个创造力十足的药厂在纳米新药领域也在大展拳脚。

高聚物纳米颗粒主要是指具有抗菌或者抗癌功效的高聚物胶束(Micelle)。药物或者被包裹在胶束内部,或者配合在胶束表面。最广泛应用的高聚物之一是聚乙二醇(PEG)。PEG有非常好的水溶性和生物兼容性。PEG胶束纳米颗粒可以提高药物在人体内的溶解性,降低肾脏对药物的清除率,增强由细胞表面受体引导的药物进入细胞内部的过程。PEG胶束纳米颗粒可以整体上提高药物在体内的循环周期,并降低用药量[3]。

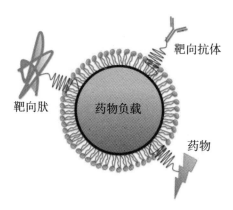

图4　表面功能化的纳米颗粒药物示意图（药物可以被包裹在纳米分子内部或者接在纳米分子表面。纳米分子表面同时接有可以靶向进攻病变细胞的抗体或者是多肽）

脂质体胶束是由包裹了液体的磷脂双分子层形成的。磷脂双分子层结构和体内细胞膜很相似，因此具有很好的生物兼容性和降解性。另一类磷脂纳米颗粒药物是实心固体的脂质体。固态磷脂被融化后和药物分子均匀混合，通过乳化反应，冷却后形成实心的载有药物成分的纳米颗粒。

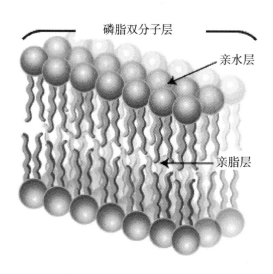

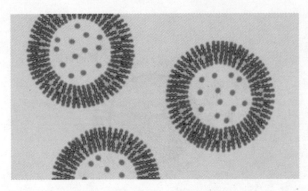

图5　(上)磷脂双分子层(下)磷脂双分子层纳米颗粒药物,内部小点为药物。磷脂分子一端是亲水基团,另一端是亲脂基团。当两条排列规整的磷脂分子层的亲脂基团有了亲密接触,彼此相靠,双分子层就形成了。药物分子可以溶解在被磷脂双分子层包裹的液体内,或者嵌在磷脂的双分子层内。

　　高聚物或者磷脂纳米颗粒已经在多种疾病的治疗中大展身手。举一个癌症治疗的例子。紫杉醇(Paclitaxel)是获得FDA批准的第一个来自天然植物的化学抗癌药,用于子宫癌、皮肤癌、肺癌的治疗。1960年美国国家癌症研究所(NCI)和农业部合作成立了一个项目:采集和筛选植物样品,从中找到可能有医用价值的天然化合物。植物学家亚瑟·巴克雷(Arthur Barclay)跑到华盛顿州的一个森林里,采集了7千克的紫杉枝叶和果实带回了研究所。紫杉树貌不惊人,通常生长在溪流岸边,深谷或者潮湿的山沟中。紫杉的材质很重,没有什么太大的用途,所以伐木工人都把它叫作"垃圾树",一般都是当柴火,或者砍了当篱笆桩子用。但是研究三角学院(另种译法为"研究三角园区",缩写RTI)的化学家Monroe Wall和同事们偶然发现从紫杉原料中可以提取出一种活性物质。这种活性物质在肿瘤细胞测试中显示出了活性!"垃圾树"中竟然可以提取出抗癌药物。

　　在此之后,掀起了一场关于紫杉树中这种活性抗癌物质的学术研究热潮。科学家们开始对这种物质进行提纯、结构研究以及实现实验室化学合成的一系列实验。最终在1993年,医用紫杉醇由大名鼎鼎的美国百时美施贵宝(Bristol-Myers Squibb)公司开发上市。当年就获得了超过9亿美金的销售利润。紫杉醇的抗癌机理是阻碍癌细胞的微管稳定,从而导致癌细胞死亡。可惜的是紫杉醇的水溶性很差,通常需要先溶解在医用乙醇中(Taxol®)中,然后和聚氧乙烯蓖麻油(Cremophor® EL)混合静脉注射进人体来提高药物的溶解性。使用聚氧乙烯蓖麻油的最大弊端就是会诱发过敏反应。患者通常要提前服用抗过敏药物来预防因为注射紫杉醇带来的不良反应。2005年,科学家们研发出包裹紫杉醇的天然高聚物纳米颗粒药物Abraxane®。这种纳米新药提高了紫杉醇的溶解性,患者不再需要注射聚氧乙烯蓖麻油。同时,纳米颗粒载体也提高了药物从血液到癌症组织处的传输效率,大大提高了紫杉醇的药效。

纳米颗粒在对神经性疾病的治疗中也是功绩显赫。长久以来怎么使药物有效地到达中枢神经系统一直是个难题。血脑屏障(blood brain barrier),俗称BBB效应,是造成这个问题的重要原因[4]。人体自发精心地设立了这个机能防止大脑受到体外异物和血液中携带的传染物的入侵。可是,这个机能无法将药物从异物和传染物中辨别出来,从而使得绝大部分药物也被挡,从而无法直达患处。为了达到治疗效果,必须加大用药剂量才能使一部分的药物输送到大脑,这就增大了患者产生不良反应的风险。高聚物和脂质体纳米颗粒能够有效地帮助药物穿过血脑屏障,使其能够进入大脑和中枢神经组织,从而发挥作用。美国俄亥俄州医学院的研究员,曾经发表的论文中,展示了他们用外表包裹了氨基酸的纳米颗粒,成功将抗癌药物阿霉素输送到脑部中枢神经系统的研究成果。

在医用的其他领域,比如说在对艾滋病的治疗中,高聚物纳米颗粒也被证实可以提高HIV-1病毒蛋白酶抑制剂药物的溶解性。在眼科疾病的治疗中,多数药物是通过眼药水滴液的方式作用于眼球。但是人总是不停的眨眼,在眨眼的过程

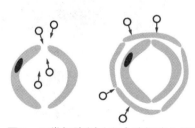

图6　正常细胞(左)和大脑细胞血管(右)对比,正常细胞分子流通自由,大脑血管封闭体系,分子流通受阻。

中,眼内黏液也在不停移动,药物在进入角膜前就大量损失了,所以病人要隔几个小时就需要滴点新的药水。纳米颗粒能够将药物陷入眼黏液膜层中,延长药物在眼球中的停留时间而减少滴眼药水的次数和提高药效。

科学家们已经研发出几种方法来赋予药物一双识别病变细胞的慧眼,实现纳米颗粒药物的选择性释药。最常见的和最早使用的方法是配体和受体识别法。一把钥匙开一把锁,病变细胞上有"锁孔",纳米颗粒药物就是那把配合的"钥匙"。正常的细胞上没有那个"锁孔",纳米颗粒药物就不碰触正常细胞。具体说来就是病变细胞表面会大量表达和正常细胞不一样的物质。纳米颗粒的表面可以通过化学反应和病变细胞表面的物质发生作用,这样纳米颗粒从正常细胞和病变细胞的茫茫细胞海洋中就能一眼识别出病变细胞[5]。纳米颗粒从此就有了火眼金睛,一眼就能识别出病变细胞,并结合富集在病变细胞表面。科学家们在设计纳米颗粒时,已经在其内部设定了"程序",纳米颗粒在接收到信号以后,就启动自我分解的模式,把药物准确地靶向释放到病变细胞内部。这个"程序"就是设计和调控高聚物内部的化学键。这些化学键被"编程"后或者能够被病变细胞分泌的酶降解,或者能够进入细胞内部,随着细胞内部溶液酸性的增强而降解,从而释放出来发挥药效。

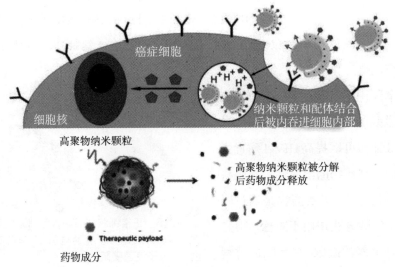

图7　纳米颗粒靶向进攻癌细胞(上),纳米颗粒被酶分解后药物释放发挥药效(下)

另外一种选择性释药是利用癌细胞血管的渗透现象（blood vessel leakiness in cancer）。癌细胞附近的血管和正常细胞相比，空隙更大，组织结构无序。科学家们可以通过控制纳米颗粒大小，让纳米颗粒的尺寸刚好能自由地穿过癌细胞附近的血管，而无法进入和穿过正常细胞附近的血管[6]。根据这种对血管壁孔径的选择，纳米颗粒绕过了正常细胞，只在病变细胞和病变组织附近集合。下面的章节也会说到一个运用这个原理实现靶向释药的真实例子。

最后提到的纳米颗粒"热疗法"也是非常有意思的。大多数的研究热点集中在对金纳米颗粒和磁性纳米颗粒上。原理其实不复杂，高温会引起酶的灭活、类脂质破坏、核分裂的破坏、产生凝固酶使细胞发生凝固，另外使细胞蛋白质变性。人体正常细胞能存活的温度在37℃到38℃之间。细胞在39℃～40℃培养1小时会受到一定损伤，但仍有可能恢复。如果在41℃～42℃中培养1小时，细胞损伤严重，温度升至43℃以上时细胞就无法存活了。

那么纳米颗粒怎么实现"热疗法"呢？贵金属，比如说金、银和铂，有一种特殊的表面等离子共振现象（Surface Plasmon Resonance, SPR），SPR现象使光子禁闭在纳米颗粒的小尺寸上，纳米颗粒表面因此产生很强的电磁场，从而增强了纳米颗粒的包括吸收和散射在内的辐射性能。金纳米颗粒得益于SPR，可以大量吸收光能，并且把光能通过非辐射过程转化成热能。如果把金纳米颗粒召集到病变细胞和组织处，照射可吸收的光源，金纳米颗粒把光能量有效地转换成热能，提升病变细胞附近的温度。通过调整照射的光源能量，可以把病变细胞微环境的温度升高到43℃以上，让他们无法存活[7]。

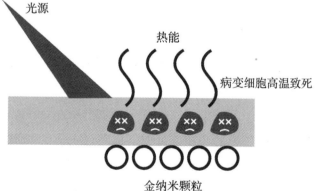

图8　金纳米颗粒把光能转化成热能，产生局部高温，杀死病变细胞。

相似地,磁性纳米颗粒,比如说铁,当处于交流磁场(alternating magnetic fields)下,将磁场能转换成热能。类似于金纳米颗粒的疗法,把磁性纳米颗粒聚集在病变组织处,在患者体外加上交换磁场,也会达到对病变细胞的热疗效果。

江湖上的新传说:大话纳米颗粒智能新药公司

纳米颗粒智能新药可不只是科幻小说的情节,科学家们已经在用自己的智慧、勤奋和无限的拼搏精神,把纳米颗粒从实验室的烧瓶试管里带入新药研发生产的临床实验阶段。让我们大话一下美国纳米颗粒智能新药领域的"武林高手"。

美国的波士顿号称"博士屯",是著名学府哈佛大学,麻省理工学院的所在地。有玩笑说走在波士顿,天上下冰雹,砸到的路人一半以上都是博士。波士顿聚集了一批世界上最聪明的大脑和最优秀的创业者。麻省理工学院有一个神一样的人物,被尊称为波士顿最聪明的人。此人叫罗伯特·兰格(Robert Langer),是麻省理工学院生物医学工程系的教授,囊括除诺贝尔奖以外的其他所有科学大奖。兰格创办了40多个初创企业,其中一个和纳米颗粒新药有关的叫 Bind Bioscience。兰格和他的博士后们怀着用纳米科技发起一场疾病治疗领域革命的理想和目标,在2007年创立了 Bind Bioscience。

Bind Bioscience 打造的纳米新药 Accurins 是内载药物成分的高聚物纳米颗粒。Accurins 志在实现纳米颗粒新药三个业界共识的目标:体内的长期循环、靶向进攻癌细胞和可控性释药。Bind Bioscience 的可控性释药技术是个聪明的想法。病变细胞会分泌特定的酶,将 Accurins 纳米颗粒的高聚物外壳降解成乳糖,包裹的药物成分便能成功进入病变细胞内部,然后大显神通。Accurins 纳米颗粒就如一个被科学家精心设计的智能泵,根据设定的速率和剂量释放药物。高聚物降解后的产物乳糖是人体内的一种天然化合物,降解后的纳米颗粒对人体危害预测是微小的。当然,实验数据说明一切。Bind Bioscience目前正在进行一系列的实验来证明他们的想法。Bind Bioscience最初靠天使和风投的资金运营。通过几年的研发,开发出两种候选新药BIND-014和BIND-510。BIND-014主要针对非小细胞性肺癌(non-small cell lung cancer)已经进入了二期实验阶段。BIND-510主要针对实体肿瘤和血液肿瘤,目前在一期实验的初级阶段。

2013年Bind Bioscience改名为Bind Therapeutics。2015年Bind Therapeutics成功上市。也许在不久的未来,美国市面上就会有第一批Accurins的纳米颗粒药物出售了。

另外一个富有潜力的纳米医药公司也在波士顿的剑桥区。公司有个美丽的名字叫天空蓝(Cerulean)。也许公司创立者希望纳米科技就像天空一样广阔无垠,蔚蓝深邃,让人无限遐想吧。

Cerulean开发的纳米颗粒药物配合物Nanoparticle Drug Conjugates(NDCs)应用癌症的脉管系统来实现靶向释药(这个原理在上个章节也介绍过)。在癌症肿瘤的快速长大阶段,贪婪的肿瘤需要更多的氧气来供应其疯狂的生长,它创造出一大批围绕肿瘤附近未"发育成熟"的血管。这些早熟的血管组织结构上无序,并且有许多大的,可渗漏的孔洞。NDCs可以很轻松地从这些大孔洞中穿行。正常组织周围的血管有序,孔径小。NDCs就无法跨越。除了癌症肿瘤微环境血管的变化,肿瘤也在从周围环境中搜刮磷脂和蛋白等养分。这个吸取养分的过程,学术上称作"巨胞饮"(macropinocytosis)。Cerulean有非临床的数据证明NDCs纳米颗粒,能通过肿瘤细胞的巨胞饮作用进入癌细胞内部,然后在一定时间内释放出有效药物,杀灭癌细胞。

关于前文提到的目前癌症药物的不良作用,主要是因为正常细胞和组织也接触到了高剂量的抗癌药物。这些抗癌药物是双刃剑,消灭了癌细胞的同时也极大的损伤了正常细胞。Cerulean的NDCs纳米颗粒在血液循环中绕过了正常的组织和细胞,选择性地富集于癌症肿瘤处。癌细胞通常是非常多种类,并且狡猾聪明,能在短时间内通过对自身适应途径的调节,对单一药物产生抗药性。所以很难只使用一种药物就能治愈癌症。如果同时采用多种药物治疗，就可以更大程度上阻拦癌细胞的自我适应途径，从而有更大的可能性治愈癌症。Cerulean也投入了大量精力开发多种NDCs纳米颗粒，致力于同时作用于癌症，起到增效作用。Cerulean目前已经开发出两种NDCs纳米药物候选物CRLX101和CRLX103。令人兴奋的是，这两种药物目前都已进入临床实验阶段。CRLX101含有喜树碱（Camptothecin）药物成分。喜树碱能够有效抑制肿瘤细胞中的某种蛋白，使癌细胞DNA无法正常复制。但是喜树碱的毒副作用也非常大，很难在人体内使用。Cerulean相信NDCs纳米颗粒药物可以有效地增强喜树碱在癌细胞内的含量同时使正常细胞免受摧残。

另外，癌细胞在面对药物的进攻时，会处于一种缺氧状态。癌细胞在这种不舒适的状态下会启动HIF-1α（缺氧诱导因子）来开通多种适应途径让自己能在缺氧的状态下生存下来，企图打赢和药物的战争。CRLX101 NDCs纳米颗粒药物可以抑制HIF-1α，帮助传统抗癌药物更有效地杀死癌细胞。根据Cerulean的官方网站数据显示，在250个直肠癌、子宫癌和肾细胞癌患者上进行了临床实验。或者是单枪上阵，或者是强强联合其他传统抗癌药物一起发挥作用，临床实验的结果非常振奋人心。CRLX301则是装备了主要用于对抗乳腺癌、肺癌、前列腺癌、胃癌和头颈癌的纳米药物子弹——多西他奇（Docetaxel）。但是多西他奇的安全性也令人担忧，因此限制了它的临床应用。和传统的多西他奇药物最大不同是，CRLX301只在肿瘤处富集，对正常细胞毫无损伤。固体肿瘤的初期动物实验数据显示，CRLX301相对传统的多西他奇，药效提高了10倍，实验动物的存活率也有很大的提高，不良药物作用也显著降低。Cerulean公司在2014年4月成功融资上市。

另一个有意思的纳米公司叫Nanospectra。Nanospectra开发的纳米药物原理是前文提到的"热疗法"。金子在过去的几百年里一直是美丽昂贵的饰品，现代科技点金成药，开拓金纳米颗粒在医药领域的用武之地。Nanospectra也给开发出的金纳米颗粒疗法取了一个有诗意的名字——极光束疗法（AuroLase

Therapy)。极光束疗法具有纳米颗粒药物所共有的特性,选择性进攻病变细胞,减少对正常细胞的损害。同时,极光束疗法也可以在一定程度上提高化疗的功效。

极光束疗法有三个组成部分:近红外光源,用于把激光能量传递到肿瘤附近或者内部的光纤探针,金纳米颗粒AuroShell。AuroShell纳米颗粒由金外壳和非传导性的硅内核组成。AuroShell颗粒主要吸收由探针传导的激光能量,然后把其转化成热能。和Cerulean的NDCs纳米颗粒相似,AuroShell颗粒也是利用肿瘤附近血管上大孔径的通透性,来选择性进入并富集在肿瘤内部。近红外激光被调节到能有效穿透皮肤的特定的波长。聚集在肿瘤区的金纳米颗粒吸收激光能量并转化成热能。癌细胞微环境的温度被升高到43摄氏度以上,最终被一举杀死。

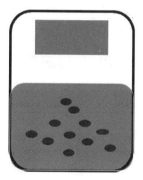 

图9 (左)Nanospectra公司开发的AuroShells输血袋,(右)每个AuroShell纳米颗粒示意图

Nanospetra也是潜力无限。2002年年初成立;2003年首次成功地展示了其纳米药物在动物体内的药效;2004年公司获得200万美金的先进技术资金;2006年获得得克萨斯州125万美金的科技资金;2007年完成了药物毒性和安全测试的动物实验;2008年获得FDA通行绿灯美国试验用医疗器械的豁免制度(Investigational Device Exemption,简称IDE),用AuroLase®疗法对复发性头颈癌症进行人体临床实验;经过两年的努力,至2010年完成了8个人体临床实验;2011年开始在墨西哥进行AuroLase®疗法对前列腺癌的初步人体实验;

2012年再次获得FDA许可,进行对原发肝癌和转移肝癌的临床实验。也许不久的将来,纳米颗粒热疗法就可以和传统药物并驾齐驱,在对抗及疾病的战场上立下赫赫战功。

前路虽有荆棘,但未来不是梦

纳米颗粒新药是现代科技创造的新生事物。他带着自信、智慧和一身绝技来到世间,对病变细胞大声宣战:"疾病,我来了,我知道你在哪!"用独门绝技,完成了提高药效、降低药物剂量、实现靶向进攻和降低不良反应的使命。不过纳米颗粒智能新药作为新生儿,也非尽善尽美。学术界一直在不懈地进行研究和实验,以期更好地了解和完善纳米颗粒药物,解决关于纳米颗粒药物的疑虑。最后这节来谈谈纳米颗粒智能新药需要克服的一些问题。

第一个问题是纳米颗粒药物在进入人体后的分布问题。科学家开发和设计纳米颗粒新药的初衷是让所有的纳米颗粒药物都能准确地到达病变处。但是目前存在的问题是,纳米颗粒药物在进入人体这个庞大复杂的系统以后,有些迷路。

纳米颗粒可以成功穿越很多人体设置的生物障碍,比如说本章开头提到的血脑屏障、还有很多外表皮层的结缔组织[8]。正因为纳米颗粒这个特殊的穿越本领,除了如科学家期望的达到病变组织外,还分布到了人体的其他器官。由此带来的问题,一是兵力的分散,本来应该是全部的纳米颗粒军团与病变细胞作战,现在有一部分战士跑去了没有敌人的阵营。二是纳米颗粒药物很有可能对正常器官产生影响。已经有许多文献表明,纳米颗粒除了很大一部分集中在癌症或者病变组织以外,在人体的过滤器肺脏,人体解毒器肾脏,还有人体最大的免疫器官脾脏里都有大量分布。这不难理解,这些器官都是人体对抗外界侵犯的防御体系。当纳米颗粒药物进入人体后,这些器官会很警觉地把纳米颗粒药物假设为敌人,然后采取诱导围攻策略,然后试图防御。另外一些报道还发现纳米颗粒在脑部和心脏处也有少量分布。怎么帮助纳米颗粒药物成功到达战场,而不被人体的其他防御器官迷惑和围困,不少大学和科研机构的实验室都在进行此方面的科研攻关。

第二个问题是纳米颗粒极具活性的表面性质可能带来一些副作用[9]。本章一开头就介绍过,纳米颗粒和普通的宏观材料在性能上有很大的不同。因此,这些纳米材料和组织器官之间的相互作用也和普通的宏观材料很不一样。目前关于纳米颗粒表面作用可能对人体带来的不良副反应,现在还没有特别深入

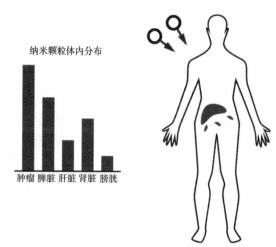

纳米颗粒体内分布

肿瘤 脾脏 肝脏 肾脏 膀胱

图10 纳米颗粒进入人体后在各个器官的分布示意图。

而系统的研究。原因之一是许多正在进行临床实验和被FDA批准进行实验的纳米药物是可降解和生物兼容性好的材料,如前几章提到的可降解的高聚物或者脂质体纳米颗粒。但是有些研究人员还是担心纳米颗粒独特的表面性质可能会在释药的过程中产生一些难以预料的不良反应。这种反应是造成纳米颗粒副作用,比如说过敏反应的一个重要的机理。

另一个问题是不能降解的纳米颗粒如何在释药后排出体外?FDA有明文规定,任何注射入人体的诊断试剂都必须在合理的时间内离开人体。这项规定是为了确保诊断试剂不会过久停留在体内,造成不良反应,或者妨碍其他诊断测试。举个例子说,金纳米颗粒的线衰减系数(linear attenuation coefficient)比骨骼要高150倍。如果金纳米颗粒长期逗留在人体内,会使电脑断层扫描(CT)结果失真,造成错误诊断。目前的一个可能的解决方案是控制纳米颗粒的粒径,使其能够通过人体的肾过滤(renal filtration)或者尿排泄排出体外。这

样就可能解决或者至少极大程度上降低纳米颗粒药物在体内停留时间过长而对人体造成的不良反应。所以在设计合适的纳米颗粒尺寸能够使其在完成任务后，顺利穿越内皮被排出也至关重要。有意思的是，纳米颗粒的形状和外表的化学修饰层也会对其能否顺利被排出体外产生影响。比如说球状的金纳米颗粒和棒状的金纳米颗粒被人体清除的效率就有所不同。对此，科学家们无疑需要进行更多的研究和改善。

纳米颗粒药物从实验室真正走上药品货架的道路虽不是长路漫漫无期，但确是布满荆棘。纳米颗粒智能新药是一个科技梦，为了实现这个梦，已经有无数科学家们在为之奋斗。实验室里无数个不眠的昼夜和书桌前挑灯夜战的汗水，正是这些不眠夜和汗水让纳米颗粒智能新药一步一步走近人们的生活。纳米颗粒智能新药的未来不是梦，我们拭目以待！

纳米颗粒医疗设备

身体里的大内密探,自由穿越,采集疾病信号,实
时健康监测,十八般武艺样样精通

文 / 王雅琦

身体里的"大内密探"

香港有部喜剧电影《大内密探零零狗》,说的是在庄严的紫禁城里,有按照生肖排列的十二个大内密探,由先皇成立,只听候皇帝差遣。在宫内十二人惯常潜伏宫中各处收集情报,他们自小苦练武功,在宫内负责保护皇帝安全。灵灵狗则是十二密探中最特别的一个,他认为科技一定会胜过功夫,发明了无数科技产品。故事就围绕这位高科技的大内密探在多次行动中使用他的发明创造而展开。

随着现代医疗的发展,对疾病信息收集成为准确诊断和治愈疾病至关重要的一个环节。人体就如电影说的那个庄严的紫禁城,疾病相关的信息隐藏身体各处。传统的诊断手段是在体外进行检测,比如说心电图扫描。或者是收集一些体内的样品血液和尿液,然后进行各种化验。要是有电影里配备了各种高科技产品的"大内密探",进出人体各个组织器官,听候医生差迁,收集各种疾病信息,实时汇报体内疾病状况,那真是太妙啦!人体内的"大内密探"是不是天方夜谭?人体内的"大内密探"是谁,他们身在何处?就让我们来细说一下身体内的"大内密探"。

纳米颗粒:"大内密探"身份揭秘

首先让我们来公布这位大内密探神秘的身份——上一章介绍过的纳米颗粒。纳米颗粒有怎样的十八般武艺能在身体里自由穿越和识别收集信号呢?前面说到了纳米颗粒在智能新药开发领域的应用,介绍了纳米颗粒靶向进攻肿瘤细胞,可控式释药的技能,从而纳米颗粒充当了身体里"大内密探"的角色,在人体内四处巡走和收集关于健康的情报。本节再进一步分析一下有关原理。

纳米颗粒的表面可以通过各种化学修饰,加入不同的化学基团、高聚物层、抗体或者其他配合体。纳米颗粒通过这种特定的表面功能团和分子标记物之间的作用,实现靶向选择识别病变细胞。最常见的和最早使用的方法是配体和受体识别法。一把钥匙开一把锁,病变细胞上存在特有的锁孔,纳米颗粒表面有那把配合的钥匙。因此纳米颗粒就能智慧地识别出病变细胞。如前章所描述,癌症细胞表面会大量表达和正常细胞不一样的分子标记物(biomarker),比如说表面抗原、小分子。常见的配体有和抗原特定结合的抗体(antibody)、契合寡聚物(aptamer),或者是能和小分子形成化学键的配合基(ligand)。纳米颗粒的表面可以通过化学修饰加入各种化学基团。这些化学基团可以和抗体、契合寡聚物、配合基的化学基团反应,形成牢固的化学键。这样,这些能识别癌症细胞表面分子标记物的配体,就分布在了纳米颗粒表面。它们能帮助纳米颗粒从茫茫细胞海洋中一眼识别出病变细胞。当纳米颗粒识别出病变细胞后,便结合并且富集在病变细胞表面。[1]

图1 纳米颗粒通过配体和受体识别法靶向识别癌症细胞

另外一种选择性识别是利用癌症细胞血管的渗透现象(blood vessel leakiness in cancer)。科学家们可以通过控制纳米颗粒大小,让纳米颗粒可以自由地穿过癌症细胞附近的血管,而无法穿过正常细胞附近的血管。[2]纳米颗粒富集在病变细胞处,通过表面或者抓附的某些分子标记物和病变细胞表面结合,从而纳米颗粒改变了发射的信号。这些信号(通常是磁性信号和荧光信号)能被体外的仪器准确地探测到,并进行采集分析,可以随时监控身体内千变万化的信息。纳米颗粒表面的高聚物可以防止纳米颗粒在血液循环的过程中黏附在一起,实现纳米颗粒在人体内长时间的循环,完成收集情报信息的使命。同时这层高聚物"隐形外衣",也能帮助纳米颗粒逃过人体消化系统或者是免疫系统的攻击,以免被过早地排出体外。[3]

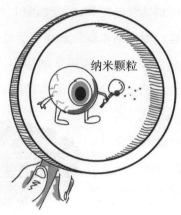

图2　纳米颗粒体内的神探

谷歌X实验室的野心计划:纳米颗粒"Fitbit"腕表

目前,Fitbit是在美国很风靡的一款运动腕表品牌,2007年由James Park在旧金山市(San Francisco)创立。Park兄弟可是为数不多的叱咤风云的亚裔创业者。而且相比比尔·盖茨,乔布斯还有马克·扎克伯格等辍学先锋派,Park兄也是少数坚持把哈佛读完,拿到电脑科学本科学位的"异类"。可能亚洲文化中"读好书才是王道"的思想是让Park兄弟在哈佛坚持待完4年的原因吧。Fitbit产品是可穿戴的无线设备运动腕表,可以测量人每天的运动量,比如说行走的步数、登的楼梯步数和检测睡眠质量。将收集到的数据显示在腕表的电子显示屏上。Fitbit把运动量通过测量仪器数字化和测量仪器可穿戴化两个概念完美地结合,从而获得了巨大的商业成功。2015年6月Fitbit的IPO首日,股价一日之内狂增52%,成为2015年美国前十大首日IPO涨幅最大的公司之一。

健康检测仪器和疾病诊断设备的可穿戴化,是当下硅谷创业者们最推崇的想法之一和投资者们看好的新金矿。如果你来到硅谷,听听各种大大小小的创业大赛,关于可穿戴式健康检测和医疗诊断仪器开发的项目比比皆是。创业者们在这个新领域内奇思妙想,不断寻求突破和实现产业化。

图3　Fitbit 运动腕表

谷歌公司(Google)声名享誉世界,总部位于硅谷的山景城(Mountain View),是无数科技粉丝向往的朝圣之地。2010年谷歌旗下成立了一个秘密的部门,名为 Goolge X,主要致力于开发各种前沿的尖端技术。Google X 位于 Google 总部半英里外(Google 结构重组后,Google X 中的生命科学部门被重组为 Verily 公司),由 Google 的创始人之一,现任 Alphabet 的主席谢尔盖·布林(Sergey Brin)掌舵。由身兼科学家和企业家双重身份的阿斯特罗·泰勒(Astro Teller)掌管实验室的日常业务。神秘的 Google X 的研究项目被内部人员称为"射月计划"(Moonshots)。这个神秘部门在2014年年底对外界公布的几个研究计划包括:"无人车计划"(Project Self-Driving Car);可以用来运输邮件物品的飞行仪器的"翅膀计划"(Project Wing,概念有点类似亚马逊的 Amazon Prime Air);通过多个热气球为指定地区的人提供快速稳定的 Wi-Fi 网络连接的"潜鸟计划"(Project Loon);增强现实头戴式显示器(augmented reality head-mounted display)的谷歌"眼镜计划"(Project Glass);可以用来检测血糖水平的隐形眼镜的谷歌"隐形眼镜计划"(Project Contact Lens)。

Google X 的雄心壮志在于让科技以10为指数发展,让科幻小说中的情节变成现实,不得不膜拜这个充满天才和奇思妙想的实验室。自2013年起,Google 的科技野心也扩张到生命科学领域,在生命科学领域的一系列大动作,让人们感受到了这个天才公司的魄力。2014年 Google X 对外宣称的纳米颗粒健康监测腕表就是一个如本章开头所描述的大内密探电影里的高科技产品。虽然说Google X的这个计划融入了纳米颗粒诊断和大数据（big data）的新兴概念，却也不免落俗地采用了硅谷创业概念的新宠"健康监测＋可穿戴式"结合的模式。但是大牌毕竟是大牌。Google项目一公布，还是引起了外界极大的关注和不少的争议。下面就来解说一下Google X的纳米颗粒腕表，或者称为"纳米颗粒Fitbit"。

Google X生命科学实验室（2015年，Google重组之后，Google X的生命科学部门单独成立为Verily公司。）的负责人安迪·康拉德（Andy Conrad）曾在一次新闻采访中用了一个非常形象生动的例子：现有的健康和疾病监测手段，就像是一个人想要了解巴黎的文化，但是却只坐直升机一年飞到巴黎一次。现行的监测手段都不是实时、持续的，而是间断、缺乏时效性的。可想而知，很可能遗漏了对于早期疾病诊断至关重要的信息的收集。

电影人早在20世纪60年代就描绘出了超炫的21世纪的纳米颗粒腕表的雏形。康拉德把Google X要开发的健康腕表比作著名科幻电影《星际迷航》（*Star Trek*）里斯波克（Spock）的神器便携式手持科学分析仪Tricorder。Tricorder方便易携，时常被斯波克先生拿在手中，功能强大，可以同时具有信号探测扫描、数据分析和记录存储信号的三重功能。康拉德的心中，Tricorder就是利用功能性纳米颗粒作为传感器，来监测体内细胞发出的信号，然后由腕表对信号进行数据分析，最后将健康状况息息相关的结果显示并储存。

图4　《星际迷航》里的斯波克和他的tricorder

康拉德的一生都在从事和健康监测有关的研究,他曾就职于美国最大的实验检测公司LabCorp。一次和Google X创始人布林及他带领的天才科学家团队的谈话,改变了他的职业轨迹。天才冒险家被Google X的天才云集和资金雄厚的科研环境深深吸引,也决定加入这个神秘的组织,用自己的智慧经验和超炫科技改变世界,让《星际迷航》中的神器变为现实。康拉德也进一步解释了纳米颗粒健康监测腕表的技术原理和部分细节。表面功能化的纳米颗粒可以识别病变细胞表面的分子标记物(biomarker),区分病变细胞和健康细胞。

纳米颗粒主要靶向标记循环肿瘤细胞(Circulating Tumor Cells)[4]。循环肿瘤细胞是从原发肿瘤(Primary Tumor)分离下来并且进入血液循环的一类癌症细胞。它们是癌症传播的种子,可以随着血液的流动,到达人体其他部位和器官,诱发新的肿瘤细胞的生长,造成癌症在身体内的转移和扩散。循环肿瘤细胞早在1869年就被托马斯·阿什沃思(Thomas Ashworth)观察和发现。一个世纪以后的1990年,Liberti和Terstappen证实了循环肿瘤细胞存在于中早期疾病的发展过程,人们才开始意识到这类细胞的重要性。但是因为循环肿瘤细胞的数量非常之少,而且仅有0.01%的循环肿瘤细胞能引发癌症转移和扩散,使得这类细胞非常难被检测到。直到最近5年,随着检测技术的提高,循环肿瘤细胞逐渐成为研究的热点。学术界也由此产生了用循环肿瘤细胞作为疾病诊断的新术语"液体切片"(Liquid Biopsy),以区别于传统的组织切片技术。

康拉德计划使用的纳米颗粒是表面功能化的磁性氧化铁纳米颗粒。选用氧化铁纳米颗粒的原因之一是氧化铁纳米颗粒是FDA批准用于人体内的显像对比剂。制成口服药片的纳米颗粒,进入血液循环系统后,随着血液流动达到各处,捕捉和识别病变细胞。手腕上佩戴的表环产生磁场,把纳米颗粒召集到一处。腕表对召集在一起的"密探们"发问:"你们都看到了什么?找到癌症的藏身之处了吗?"表环内的分析设备分析出纳米颗粒"大内密探们"采集到的情报,得出人体当下的健康状况报告。接下来,腕表上的磁场被移去,纳米颗粒大内密探们又重新回到血液中去执行下一次的任务。

神秘一直是Google X实验室的一贯传统。纳米颗粒"健康监测腕表计划"也不例外。Conrad在新闻发布会上,对外界公开这个近似科幻电影情节的研发计划前,几乎没有人知道Google X这个结合了众多当下硅谷最热门黑科技的伟大实验计划。为了执行这个近似科幻的任务,Google X召集了一批在疾病诊断领域聪明卓越的科学家。和其他超现实的前沿想法一样,纳米颗粒腕表也遭到怀疑。学术界的一些专家们对Google X能否实现这个科幻计划持保留意见。凯斯西储大学(Case Western Reserve)的专家们就认为Google X假想的纳米颗粒药片一进入体内就会遇到麻烦。纳米颗粒或者是颗粒表面的功能基团很可能在进入血液循环之前就被胃和胃肠道消灭分解殆尽。

Google X的科学家们显然也意识到了这个问题,并且在积极寻求解决方案。虽然他们没有公布具体的计划,但是Google X已经秘密地和马萨诸塞州的一家创业公司Entrega进行合作。Entrega开发了一种微小的含有纳米颗粒的贴片,这些小贴片被封装在胶囊内,在被体内的消化酶分解后,小贴片就会附着在肠壁上,在几个小时内逐渐释放出纳米颗粒,使它们能够顺利进入血液循环。虽然Entrega没有公开配方,但是学术界已经发表了用卡波普(carbopol)、果胶(pectin)和羧甲基纤维素钠(Carboxymethylcellulose sodium)的混合物制成的可降解胶囊的文章。胶囊外壳有一层乙基纤维素(ethyl cellulose)保护层,可以防止胶囊和载有纳米颗粒成分的贴片被消化系统的酶过早地分解。Entrega很可能是使用了相似的技术和配方。

康拉德对外界所描述的可以召集纳米颗粒"密探"的可穿戴式仪器,目前也只是一个构想。但是Google X已经在寻求高人指路。加利福尼亚州伯克利分校的Steven Conolly教授应邀,在Goolge X做了一场关于磁性纳米颗粒在老鼠体内显像的报告。目前Conolly的实验室可以用和老鼠身体大小的扫描仪探测纳米颗粒,但是目前FDA还没有批准在人体内进行的磁性纳米颗粒的显像实验。新闻报道,飞利浦公司已经在德国汉堡的研发中心,开始进行用于人体的磁性纳米颗粒显像的扫描仪的研究。不过Conolly教授也严谨地提出,即使以后FDA批准在人体内使用磁性纳米颗粒,前期还是需要进行大量的实验来证实其准确性和可靠性。不过Google X的一位专供纳米颗粒的化学家Bajaj宣称,他的团队已证明在体外实验中磁性纳米颗粒可以准确靶向识别出目标,目前正准备在模拟假肢中进行实验。

美国的西北大学(Northwestern University)的"大牛"教授Chad Mirkin也同样对Google X的雄伟计划持保留意见。Mirkin是纳米生物医疗领域无人不知无人不晓的人物,也是奥巴马总统的科学顾问之一。这位教授本人已经成立了三个纳米科技公司。其中一个公司Nanosphere成功商业化了以金纳米颗粒为探针的疾病检测技术。金纳米颗粒可从血液、唾液和尿液中快速检测出感染物。关于这项技术,Mirkin的实验室已经发表了2000多篇学术论文,并且金纳米颗粒探针也实现了产业化,可以随时为美国上千所的医院提供货源。然而,目前有购买意愿的医院少之又少。Mirkin同时也表示,Google在超出公司自己专长的以外的生命科学领域的大力投资,是一个伟大又勇敢的举动。Google X的纳米颗粒Fitbit计划目前看来需要很多年的投入,而且也没有人能够肯定这项计划能最终实现。开发道路上的挑战不容小视。纳米颗粒健康腕表不确定的未来让人紧张却又无比憧憬和兴奋,说不定未来某天Google这块腕表就戴在了你我的手腕上。

美国国防部高级研究计划局(Defense Advanced Research Project Agency, DARPA)也有和Google X类似的纳米科幻计划。DARPA除了大力支持无人车的开发以外,也在近年投入了大量资金,支持纳米颗粒探针的实时健康监测仪器

图5　装有谷歌智能纳米颗粒的胶囊假想图

的科研项目。DARPA的构想是通过静脉注射或者药片服用的形式使水溶胶颗粒进入士兵体内。水溶胶内载有5到6种不同的荧光纳米颗粒(fluorescent nanoparticles)。这些纳米颗粒表面已经功能化,有不同的配体可以识别体内不同的生物分子标记物。纳米颗粒同时也和荧光湮灭物(fluorescent quencher)绑定在一起。湮灭物可以吸收荧光分子被激发后释放的能量,使得荧光无法正常释放,也就是说当纳米颗粒没有和疾病相关的标记物结合前,纳米颗粒的荧光被湮灭物湮灭,所以不发光。然而,当纳米颗粒和相关标记物结合后,荧光湮灭物从纳米颗粒的表面断开,使得电子激发后的能量能正常地释放,产生可以被检测到的荧光。DARPA想要靶向监测人体新陈代谢的产物。很多代谢产物是疾病的早期信号标志。每种荧光信号都对应一种特定的代谢物。通过体外荧光探测器对士兵身体内的荧光信号进行收集和分析,最后得出士兵每天健康状况的全面分析报告。如果某一种代谢物的含量超常,极有可能是此种疾病的早期信号,可以采取相应的预防或者治疗措施。DARPA的保密工作可以说是全美第一,目前这个项目的具体进展情况,外界几乎没有知晓。

其他有意思的发明:纳米水溶胶颗粒戒烟贴片 和纳米针胰岛素贴片

另外一项关于纳米颗粒医疗设备有意思的技术是戒烟贴片。这个技术是伊利诺伊大学香槟分校的Matt Pharr研发的,目前已完成了原型机的开发。戒烟对吸烟者来说是一个痛苦的过程,而且复发率很高。很多戒烟者信誓旦旦地开始,结果要么没有毅力中途而废,要么无法严格遵守疗程而不了了之。

纳米颗粒水溶胶贴片主要用于医生对戒烟者服药的控制。贴片中含有大量载有戒烟药物的水溶胶纳米颗粒、电路设备和小型机械装置。电路设备主要用于远程遥控和数据上传;小型机械设备主要用于促使药物从水溶胶纳米颗粒中释放出来。患者将戒烟贴片贴在手臂上,贴片内的电路让医生可以通过电脑对贴片进行操作和控制。到了定点的用药时间,医生可以远程操作贴片,使贴片内部的机械装置作用,挤压或者定量释放酶,使水溶胶破裂或者分解,内部的药物从纳米颗粒内释放出来,穿透贴片层,渗透进皮肤。

通过使用戒烟贴片,即使患者忘记用药,医生仍然可以通过有效的控制和监测,使疗程能够准确正常地进行。每次的用药量和用药时间都可以通过电路设备上传到控制设备,并且被记录下来。同时,开发者也在考虑将数据和智能手机联网,让患者通过手机了解和记录自己每天的用药量。开发这项技术的Pharr教授,在2015年4月旧金山的一次学术会议上做了相关的学术报告,并且展示了原型机的图片。Pharr教授透露,目前他的团队正在积极地和制造商洽谈实现原型机的量产,同时他们也在和投资商进行合作,目标是在未来一两年内完成戒烟贴片的商品化。

图6 纳米戒烟贴片的工作构想图

纳米针胰岛素贴片是由北卡罗来纳州大学教堂山分校的一名华裔的教授Zhen Gu和他的实验室研发的。顾教授的祖母因糖尿病去世,所以他一直致力于开发更有效的胰岛素注射技术来对抗糖尿病。[5]糖尿病病人需要每天监控血糖水平并且一天多次注射胰岛素。这是个非常麻烦的过程,即使有些病人体内有胰岛素注射泵,也很可能过量或者低量注射。

　　顾教授开发的纳米针贴片只有指甲盖大小,贴片内有超过100个纳米针。当患者把贴片贴到皮肤上时,纳米针扎进血管,会产生短暂的刺痛感。纳米针内充满了载有胰岛素和酶的"小口袋"。当血糖浓度高出正常值时,血液中的葡萄糖会通过"小口袋"的细孔渗透进入。"小口袋"内的酶把葡萄糖转换成酸性物质,使"小口袋"分解,把胰岛素通过纳米针注射到血管内。"小口袋"的设计,可以使整个胰岛素在一个小时内缓释完成。

　　顾教授已经在5只老鼠的身上测试过纳米针胰岛素贴片。数据表明,贴片能成功控制小鼠体内的血糖含量长达九个小时。顾教授目前已经开始在猪身上进行实验,因为猪的皮肤和人的皮肤更加接近。这位科学家的最终目标是开发出医用的贴片,让糖尿病患者每隔两三天更换一次贴片,并且无痛简单准确地控制和调节他们的血糖含量。因这项发明,2015年顾教授也获得了负有盛名的麻省理工学院35位年龄不超过35岁的创新者称号(MIT 35 innovators under 35)。

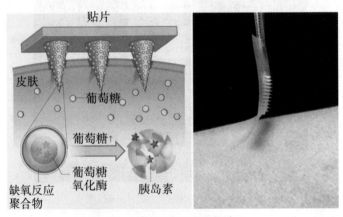

图7　纳米针胰岛素注射贴片

　　从能描绘出人体内实时健康状况的腕表,到智能控制准确释药的贴片。纳米颗粒在医疗仪器设备的开发应用领域功绩显赫。纳米颗粒就像可以飞檐走壁的"大内密探"一样,神通广大,无所不能。随着纳米技术的不断创新和发展,医疗仪器走向了微型化、智能化和可控化的研发方向。未来纳米颗粒医疗仪器的发展目标是更小、更快、更准和更智能。这个世纪也许就是纳米医疗革命的时代，让我们用一颗怦动的心和创新的头脑来迎接这场小小纳米颗粒带来的大大的科技革新。

暗物质探索

星际旅行的技术先导？相关基础学科研究不仅出于好奇心，物
理基础理论的突破可能带来下一步的技术革新

文 / 赵　悦

宇宙的组成

随着时间的推移以及人类科技的高速发展,人类的活动半径不再被限于地球或者太阳系,而是逐渐拓展到整个宇宙空间。想要进行星系级别的航行,宇宙飞船的推动力是必须要解决的问题,学会使用如电影《变形金刚4》出现的暗物持引擎(Dark Matter Engine)进行星际穿越,或许会成为22世纪人类星际航行的必备的技术。

利用暗物质作为动能的飞行器之所以成为星际穿越的首选,是因为暗物质和反暗物质的湮灭产生高能粒子过程,可以将暗物质粒子的所有质量转化为能量,这将比核裂变和核聚变的能量要强大数万倍甚至更多。而且暗物质散布于宇宙空间,在宇宙飞船飞行的过程中,暗物质可以不断被收集并被用于飞船的加速或者维持飞船系统的正常运行上。像暗物持引擎这样的超级装备,目前虽然还只停留在是科学幻想中,但仍然引起了人们的好奇和追问——它真的有可能实现吗?

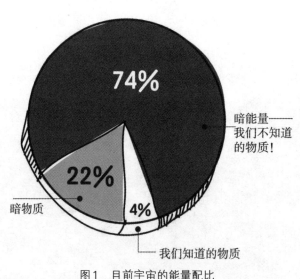

图1　目前宇宙的能量配比

要了解暗物质,需要先从宇宙说起。宇宙是什么组成的?你可能会想到星球、尘埃以及广阔无垠的空间。从微观角度上看,你或许会想到分子、原子、质子,等等。但是这些只是人类对于宇宙组成所理解的一小部分,我们可以用三个部分来概括宇宙的组成部分:正常的物质,暗物质,还有暗能量。若按照宇宙所有能量的配比划分,正常物质只占有宇宙所有能量的4%,暗物质占22%,而余下74%左右的宇宙能量则都为暗能量!

虽然暗能量在整体宇宙能量中所占的比重巨大,但却不知道它由什么组成,未知大于已知。自然引起了众多理论物理学家的极大兴趣。由此也应运而生了相当数量的理论模型来解释暗能量的性质以及由来,这是一个单独的学科方向。有相当一部分学者相信,暗能量只是广义相对论中的宇宙学常数(出现在爱因斯坦场方程中的一个常数),只不过人们还不理解为什么宇宙学常数是我们现在所观测到的取值。如果是这样的话,在某种意义上,人们已经理解了暗能量的本质。相比暗能量,以物质形态存在的暗物质,则给我们提供了非常多的线索。如果想要了解暗物质,我们先来看看什么是正常的物质。

正常物质,便是我们通常意义上的物质,包括中子、质子、电子、中微子以及其他粒子。化学家研究分子,原子物理学家研究原子,核物理学家研究中子和质子的世界,而一部分高能物理学家则在研究组成中子和质子的更微小的粒子——比如夸克和胶子,W/Z规范粒子以及希格斯玻色子等等。人们对于这些物质结构已经有了非常深刻的理解。但这些都不足以满足科学家们的好奇心,神秘的暗物质便成了热门的研究方向。

暗物质到底具有什么样的属性？至今仍然有太多的未知,它是一种新的、不发光、不在人们现在所理解范畴内的物质。目前,暗物质之间以及暗物质与正常物质之间有着什么样的联系,这些都还是未知,我们仅仅知道的是暗物质参与引力相互作用,这是暗物质存在的唯一一个确凿的证据。

顶夸克

上夸克

图2　粒子质量对比图

暗物质存在的证据

既然我们对暗物质的了解如此之少,那么我们为什么能够确定暗物质的存在呢? 这还要归功于天文学家。根据牛顿万有引力定律,我们知道任何两个有质量的物体之间都存在着引力作用,物体的质量越大,相互之间的引力就越强;物体之间的距离拉近,引力也会增强。由于万有引力的存在,银河系中的恒星均围绕着银河系的中心旋转。根据天文学观测,人们可以计算银河系中不同位置恒星的运行速度,物理学家们便可以此推测出银河系中的质量分布。你可能会好奇天文学家是如何测量遥远的恒星的运行速度的? 这是通过恒星发出光线的红移(光波的多普勒效应)进行测量的。

多普勒效应是指波源和观察者有相对运动时,观察者接收到波的频率与波源发出的频率并不相同的现象。光的多普勒效应是指,当星体远离地球运动时,它的运动速度越快,在地球上的观测者看来它所发出的光线能量就越低。相反的,如果它朝向地球运动,那么运动速度越快,在地球上观测到光线的能量就越高。由此,可以通过银河系中恒星的分布而粗略估计银河的质量分布。

证据一:行星运动速度分布曲线

当天文学家在对银河系中行星运动的速度分布曲线,以及对银河系总质量的估计进行比较时,他们惊奇地发现行星围绕银河系中心旋转的速度比他们预估的要高出许多,这说明有很多质量来源于一种新的、不发光、不在人们现在所理解范畴内的物质! 而这一部分没有被观测到的质量即被天文物理家称为暗物质,这一概念最初是在 1932 年由简·亨德里克·奥尔特(Jan Hendrlk Oort)基于银河系恒星运行的轨道速度推测出的。

类似的,就像行星组成银河系一样,星系也可以组成星系团。这些宇宙的大尺度结构都是从宇宙形成之初分布非常均匀的气体逐渐由万有引力聚拢坍缩形成的,而每一个星系中心都可能存在超大质量黑洞。星系也同样通过万有引力围绕星系团的中心旋转。正如前面所讲到的恒星与银河系那样,星系的速度也与星系团的中心质量发生了很大偏差。也就是说,暗物质也广泛存在于星系团中。

这里需要强调的是,暗物质与银河系中心超大质量黑洞并没有直接的联系。黑洞可以近似理解为银河系中心的一个质点。而如果想要解释图4的速度分布曲线,暗物质需要散布在整个银河系中,而不会是像黑洞这样的集中在银河系中心的某一点。

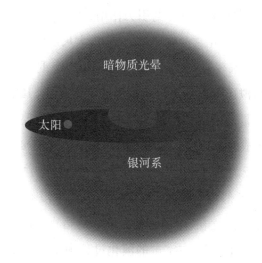

图3　暗物质散布在整个星系之中

证据二:宇宙大尺度结构的形成

你也许会好奇有没有能证明暗物质存在的其他更直接的证据?近年来的天文观测及理论研究确实为我们找到了许多证据,其中一个显著的证据就是宇宙大尺度结构的形成。宇宙在最开始形成的时候经历过一次大爆炸的过程。这时整个宇宙的温度非常之高,甚至高过太阳内部的温度,宇宙中充满了气体(主要是氢气和氦气),这些气体均匀地弥散在整个宇宙。随着宇宙的膨胀,宇宙中的气体逐渐冷却。由于气体分布的微小不均匀性,开始在万有引力的作用下逐渐聚拢成团。气体成团后,便逐渐形成了星系团,而在星系团内部,便形成了一个个星系,我们所处的银河系便是其中一个。当宇宙逐渐从高温状态冷却下来时,物质分布的微小的不均匀性导致了星系的形成。简单地说,物质分布较多的区域会在引力的帮助下从附近的区域吸引更多的物质,而不断累积则形成了宇宙的大尺度结构,如星系团和星系。

在通过一系列精确的数值模拟计算后,人们发现暗物质存在与否,很大程度地影响了宇宙大尺度结构的形成。由于暗物质占据宇宙能量配比的很大一部分,并且它也像正常物质一样参与引力作用,如果我们现在的宇宙没有暗物质或暗能量,而仅仅存在正常的物质,那么宇宙大尺度结构将与观测结果截然不同。这就是物理学家普遍认为暗物质存在的第二个重要证据。

精确的数值模拟还可以估算出暗物质的许多性质,其中最重要的一个性质便是——暗物质是"冷"的! 所谓的暗物质的"冷",主要描述的是暗物质在宇宙大尺度结构形成时的速度。如果此时暗物质的速度接近光速并做相对论运动,便称为"热";反之若其速度远远小于光速,则被称为"冷"。

中微子是一种近似没有质量,与其他粒子几乎没有相互作用的特殊粒子。在暗物质模型提出之初,中微子曾是极好的暗物质的选项。然而人们发现,由于中微子的质量极小,在宇宙的演化过程中很难产生运动较慢的中微子。假如"热"的中微子是所谓的暗物质,那么在宇宙大尺度结构形成之时,由于中微子的运动速度接近光速,高速运动的中微子不能轻易地聚拢成团,这会改变宇宙的物质分布,这与我们实验观测到的数据不符。另一方面,如果暗物质通过引力相互作用,而被束缚在银河系中,那么暗物质的速度不应该超过光速的千分之一。如果速度过快,暗物质则会直接飞出银河系!

证据三:引力透镜实验

以上的两个证据都是基于暗物质是均匀分布的稳定的引力源的假设而得

到的。有些物理学家提出,实验数据与理论不符并不是由于暗物质的存在,而是对于宇宙大尺度结构,牛顿万有引力不再适用,而有可能需要另外的理论来描述。基于这样的动机,人们开始修改万有引力定律。

更具体地说,我们知道牛顿万有引力是与距离的平方成反比。这个定律只在太阳系尺度以下的距离得到了验证,并不知道在银河系尺度下这一定律是否仍然成立。当物理学家发现在银河系尺度下如果不加入暗物质的话,牛顿万有引力定律不能做出正确的预测时,便提出修改牛顿万有引力定律的可能性。然而我们将要说到的第三个证据,将在很大程度上把修改引力模型这种可能性排除在外。

由于引力场的存在,组成光线的光子不再沿直线运动,其运行轨迹变得"弯曲"。若在宇宙中某一个空间存在暗物质团而没有正常的物质,那么这一区间内的暗物质也可以通过其引力相互作用将光线弯曲,这便是著名的引力透镜效应。

在引力透镜的实验观测中,人们发现某些区间几乎没有正常物质的存在,然而光线在这些区域仍然有很大的弯曲,这就说明这些区间存在正常物质以外的其他物质。这便是引力透镜实验提供的暗物质存在的一个非常重要的证据。也正由于没有正常物质的存在,也即不存在万有引力定律中可以提供引力源的物质,也就使得修改万有引力定律的尝试不再是合理的研究方向。

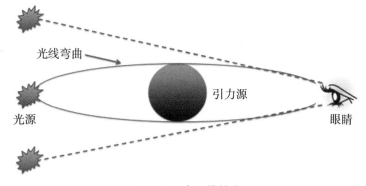

图4　引力透镜效应

证据四:子弹星系团

最后,我们再来说说最为重要的一个证据——子弹星系团研究。子弹星系团,是两个星系团由于引力相互靠近并发生撞击而组成的一个处于非平衡态的星系团。由于正常的物质之间存在很强的相互作用,当两个星系团撞在一起时,由正常物质组成的星系团部分将会纠缠在一起。而另一方面,如前面所说,暗物质不与正常的物质相互作用,所以当撞击发生时,没有其他相互作用使得暗物质部分减速。

用天文望远镜进行观测,可以看到这样一个非常有趣的现象:正常物质由于相互作用几乎停在星系团中心,而属于原本星系团中的暗物质由于不受任何阻碍,顺利地穿过了对方,从而形成了正常物质与暗物质组成部分互相分离不再重叠的神奇结构。通过引力透镜效应的观测,人们发现,子弹星系团中存在两个相互不重叠的引力中心,然而这两个引力中心附近并没有可以发光的正常物质。这便说明,星系团中大部分的质量来源于人们尚未了解的暗物质,这也成为暗物质存在的最直接的证据。

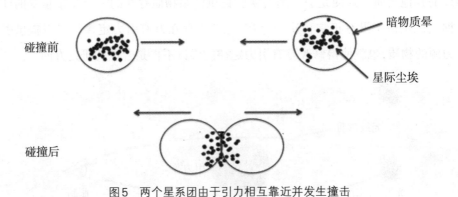

图5 两个星系团由于引力相互靠近并发生撞击

研究暗物质的实验方法

暗物质与正常物质之间的作用

虽然我们对于暗物质的性质有各种推测,但是暗物质与正常物质之间真的没有任何除引力以外的相互作用吗?暗物质之间到底又有什么关系?这些都是近年来高能物理学家研究的热门话题。可是如何研究暗物质与正常物质的相互关系呢?

一、直接观测法

观测宇宙背景中的暗物质与正常粒子相互碰撞的实验,如果暗物质存在于宇宙背景中,而又与正常物质存在相互关系,那么理论上暗物质是可以与正常粒子相互碰撞。人们知道,即使暗物质与正常粒子存在相互作用,那也是非常微弱的,因此直接观测对于精度的要求非常高,要对实验中可能遇到的背景噪音进行非常有效的控制。

我们会遇到什么样的背景噪音呢?比如,地球表面会接受大量的宇宙射线,如果这些射线进入探测器中并与探测中的粒子发生相互作用,便很有可能被误认为是暗物质的信号,所以这类实验都要在与外界尽可能隔绝的封闭空间进行。例如将探测器埋藏于地下几百至几千米深的废弃矿井中,从大气层来的宇宙射线,就可以很好地被这几百至几千米深的土壤所阻挡,这便形成一个利于暗物质直接探测的环境。或许你会怀疑这样的环境是否能满足实验的精度?事实上目前世界上有过若干暗物质直接探测的实验(比如在美国LZ和CDMS实验,意大利的XENON实验,以及中国的PandaX实验等),这些实验的精度均已达到极高的水平。有多高呢?由于暗物质与正常物质极微弱的相互作用,暗物质能轻易地穿过几百米深的地壳,但是即使进入探测器,暗物质与正常物质发生相互作用的几率还是非常之小,不过即使一年中只有一两个暗物质与探测器中的正常物质发生作用,我们也可以清晰地判断出哪些是暗物质与正常粒子的相互作用。在不久的将来,这些实验便会告诉我们暗物质是否具有特定的与正常物质之间的相互关系。

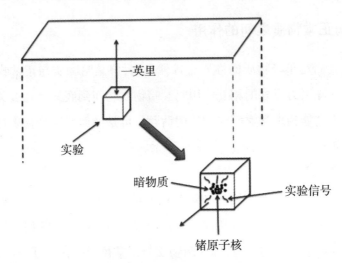

一英里

实验

暗物质

实验信号

锗原子核

图6 暗物质的直接观测,探测器深埋于地下以减少宇宙射线的背景。其工作原理是,暗物质与探测器中的原子核发生碰撞,使得原子核得到动能。原子核通过与电子或光子的相互作用将动能释放掉,而通过观测探测器中的电子与光子的能量就可以判断暗物质与物质是否发生了相互作用。

二、间接探测法

如果当宇宙中既存在暗物质又存在暗物质的反粒子,那么暗物质就能与它的反粒子发生碰撞而相互湮灭,即正反粒子相遇后通过质量—能量转换关系将粒子的质量转化成为比如光子这样的较轻粒子的能量的过程。又如果它们湮灭后产生的粒子为正常物质的话,那么我们便可以通过高能的、由正常物质组成的宇宙射线来观察在宇宙中是否存在暗物质与暗物质的反粒子的湮灭发生。当然正常的天体物理活动也能够产生高能的宇宙射线,所以这类间接观测就需要我们对宇宙的背景射线有很好的了解,以分辨射线产生的源头。

由于暗物质湮灭时产生的宇宙射线多种多样,所以我们会同时研究几种暗物质间接观测的信号通道。比如说,若暗物质湮灭产生高能光子,那这些高能光子便可能被伽马射线望远镜卫星所观测到。由于光子的传播几乎不受宇宙中其他物质的干扰,人们便能清晰地判断高能光子来自的方向,这便能更好地帮助我们判断到底高能光子是来自于正常的天体物理活动还是来自暗物质的湮灭。另外,暗物质的湮灭还能产生反物质,质量相同但具有相反量子数的粒子,所有粒子都有自己的反粒子,有些粒子的反粒子就是它们自己,比如光子;有些则是另外的粒子,例如正电子、反质子或反中子。由于宇宙主要由正物质构成,反物质粒子在宇宙射线中相对少见,所以来自正常天体物理过程(正常的物质粒子参与的天体过程)中的反粒子一般会比正粒子少很多,于是宇宙射线中的反粒子便成为背景较为"干净"的、探测暗物质湮灭的主要通道。当然,这些反粒子也有不完美的地方。比如由于反电子带有电荷,当它们在宇宙中,尤其是在银河系中穿行时,它们的轨迹会由于星际磁场的存在而被弯曲,这便使人们失去了这些反电子来源方向的信息。

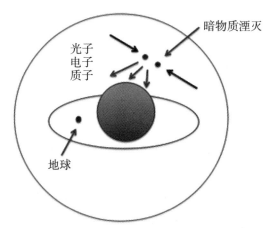

图7　暗物质的间接观测。在地球上观测暗物质湮灭或衰变的产物

　　总的来说,暗物质的间接观测可以通过许多信号通道来完成,这些信号通道之间可能可以相互验证或相互证伪。若在几个不同的信号通道中,均发现与正常的天体物理过程所预测的宇宙射线不符,这些不符便极有可能来自于暗物质与它的反粒子的相互湮灭。当然并不是只有暗物质的湮灭能够产生高

能宇宙射线。类似的,暗物质也很有可能自己衰变而产生这种高能宇宙射线。暗物质并不一定是一种稳定的粒子,它们的寿命要远远长于宇宙现在的年龄。如果暗物质粒子可以衰变,而它的衰变产物又恰恰是我们可以观测到的正常粒子的话,人们同样可以通过这种间接观测来探测暗物质的衰变,目前还没有观测到这样的衰变产物,相关的研究仍在进行中。

三、粒子对撞机

最后我们来说说另一种很酷的探测方法,即在粒子对撞机中直接产生暗物质。粒子对撞机是目前最直接探索高能物理的手段。它将粒子加速到非常高的能量并引导它们迎头相撞,通过观测碰撞的结果,了解到物质世界更深层的结构。目前,最大能量的对撞机是在欧洲核子中心(CERN)的大型强子对撞机(LHC),它可以将质子加速到0.99999999倍光速。此时质子所具有的能量是其质量的7000倍左右。同样的能量可以使一辆400吨重的火车以150千米/小时飞速行驶!大型强子对撞机是人类目前建造的最强大的对撞机。它全长大约27千米,横跨法国和瑞士两个国家。人们花费了10年的时间建造了这个庞大的实验仪器。2008年开始正式启动运行。在最初的运行阶段,对撞机只按其设计能量极限的一半能量进行运转。虽然只有一半的运行能量,人们已经通过LHC终于找到了寻找了几十年的希格斯粒子Higgs。直到2015年,LHC开始以它设计的最高能量运行,人们还在期待它向我们揭示在这一高能区的新物理。

如果暗物质与正常物质之间存在相互作用,那么暗物质便有可能在对撞机中由正常物质之间的相互作用而直接被产生出来。前面提到,暗物质的寿命要远远长于现在的宇宙年龄,那么一旦暗物质在对撞机中被产生出来,它便是一个稳定的粒子,而不会在对撞机中衰变。同时我们又知道暗物质与正常粒子之间的相互作用非常微弱,那么暗物质便不会与对撞机中的探测器发生任何相互作用,而是在被产生后直接飞出对撞机而不留下任何信号,这便在对撞机的实验中产生了一个非常奇怪的现象。当两个正常的粒子对撞后,探测器无法观测到这些能量的去向,就像这些能量丢失了一般。然而我们知道能量在自然界是守恒的,那么我们就可以推测出这些能量是被一种与正常物质作用极其微弱的物质所带走的。对于这种对撞机中能量消失事件的观测,提供了对暗物质的另外一种观测方法。

当然也有其他可能的因素使得对撞机中的探测器找不到最终能量的去向。一种可能是我们的对撞机并不完美,一些在碰撞中被产生的正常粒子被探测器漏掉了;另外也有可能是在碰撞中产生了中微子。由于中微子与其他粒子的相互作用也极其微弱,当中微子在实验中被产生时,它们也将不受探测器的阻碍而直接飞出探测器,从而带走能量。所以这些可能缺失能量的正常物理过程,都需要在对撞机的实验中仔细的研究,从而确定哪些能量缺失事件是由暗物质引起的。

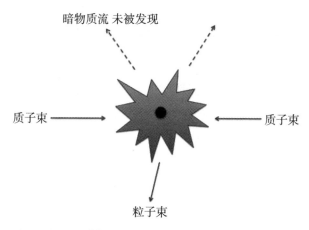

图8 暗物质在高能对撞机上的直接产生

暗物质的探测还可以通过天体物理进行。如果暗物质与正常的物质直接相互作用,那么当飘散在星际中的暗物质穿过某些致密星体时,暗物质粒子便有可能与致密星体中的正常物质发生碰撞。这种碰撞有可能使得暗物质的运动速度减慢,从而被致密星体的引力场捕获。一旦暗物质被捕获,它便会落入致密星体(包括白矮星或中子星,这些星体比我们的地球的密度高出几个数量级,比如白矮星的密度是地球的100万倍,中子星则是地球的10万亿倍)的核心。在宇宙几十亿年的岁月中,这种暗物质被致密星体捕获的过程在不断地发生,这便导致暗物质在致密星体的核心不断积累。如果暗物质与他的反粒子在宇宙中数量相当,那么当这些粒子在致密星体核心相遇时,它们便可以互相湮灭。

在致密星体的核心,这种湮灭会发生得非常频繁。如果暗物质互相湮灭的终态是如电子、光子和强子的正常物质粒子,那么这种频繁的湮灭过程便可能会改变致密星体的热力学性质。比如说,这种湮灭在中子星或白矮星的中心发生得较为频繁,那么这些星体就不会随着时间的推移而逐渐变冷。这是由于暗物质在其核心的湮灭时释放能量,为其星体提供了额外的热源。所以,如果我们观测那些年老的致密星体的温度,便是一种对于暗物质较为间接的观测手段。如果暗物质的湮灭生成能量较高的中微子,而这些中微子由于与其他粒子作用极其微弱,那么这些中微子便很有可能从致密星体中逃逸出来。例如太阳,就是一颗很典型的致密星体。如果暗物质在太阳中心不断湮灭,并生成高能的中微子,那么在地球上观测来自太阳的中微子,便能够探测太阳中心是否存在暗物质以及分析它们可能的分布。

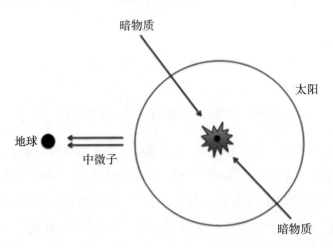

图9　暗物质在太阳中不断累积并互相湮灭,可以通过地球上的测量来对暗物质进行观测

　　而另一方面,如果暗物质并不能够互相湮灭的话,比如非对称暗物质(这类模型中宇宙的所存在的暗物质背景之具有正的暗物质,而没有反暗物质)中,那么暗物质便会不断地累计。由于暗物质的相互引力作用,这些累计起来的暗物质,便有可能作为强大的引力源,改变整个星体的引力结构,这将在星体动力学中产生显著的影响。一个较为极端的例子,便是非对称暗物质有可能在中子星中不断累计,由于非对称暗物质不能相互湮灭,其累计效果就会随着时间的推移不断增加。当暗物质的累计达到一定程度时,这些暗物质很有可能聚集并形成在中子星中的一个小黑洞。而一旦这个小黑洞形成,它便可以迅速地吞噬整个中子星。人们通过观测中子星的性质,便可能对这类中子星进行研究。

暗物质与暗物质

　　接下来我们说说暗物质与暗物质之间的相互作用。我们对暗物质的了解微乎其微,很有可能在暗物质粒子之间存在很强的自相互作用,那么怎样才能判断这种自相互作用确实存在呢? 这便需要依靠天文学的观测。

　　在宇宙形成之初,人们通过对宇宙微波背景辐射[①]的观测可以得知,暗物质几乎均匀地散布在宇宙之中。但由于暗物质之间的引力相互作用,暗物质会逐渐聚集成团,并形成宇宙的大尺度结构。如果暗物质之间存在着一定的相互作用,这便会在宇宙大尺度结构形成的时候产生很重要的作用。因此通过研究宇宙大尺度结构便可能了解暗物质是否有自相互作用。

　　近年来天文学家们在数值模拟领域的大幅进步,进一步帮助我们了解了暗物质的自相互作用。人们惊奇地发现,如果不引入暗物质的自相互作用,那么大尺度结构上的很多预言与实验观测结果并不相符。其中一个最为尖锐的问题,被称为"失踪的卫星星系"问题。通过数值模拟,人们可以对没有自相互

---

　　①这是存在于宇宙背景中的几乎各向同性的微波辐射,它的发现奠定了宇宙大爆炸理论的实验基础。——作者注

作用的暗物质模型进行很好的分析。例如,我们可以预言宇宙中星系的质量与分布。银河系就是一个很大的星系,而在一个很大的星系之内就应该存在一些质量稍小的卫星星系,比如著名的麦哲伦星云。若暗物质没有自相互作用,卫星星系的数量应该比我们观测到的多出很多。这就是所谓的"失踪的卫星星系"问题。

另一方面,在对于银河系中心的观测上,如果暗物质没有自相互作用,暗物质在银河系中心的分布将与我们所观测到的非常不同。在暗物质没有自相互作用的情况下,越靠近银河系中心,暗物质密度的上升就越快,而观测中我们发现,在靠近银河系中心时,暗物质的分布遵循一个较为平缓的函数,而非数值模拟中呈现的那般尖锐。这便是一个暗物质可能存在自相互作用的证据。暗物质自相互作用是近年来新兴的研究方向。随着数值模拟技术及天文学观测的逐渐进步,在不久的将来也许能够揭示出更多关于暗物质的秘密。

暗物质模型

除了借助数值模拟技术和天文观测,物理学家还构建了一系列理论模型来研究暗物质。第一种是弱相互作用重粒子模型。这类粒子常见于很多理论物理学家的粒子模型,并且它所预言的暗物质在现有宇宙中所占能量密度分配与实验观测相符。前面我们提到的三种暗物质探测方法,主要是基于这种模型提出的。

为什么在理论物理学家看来这种模型有如此大的吸引力呢?由于这种模型中粒子的质量与电弱对称性破缺①所对应的能标一致。电弱对称性破缺的能标与最近在欧洲核子中心大型强子对撞机(LHC)上所发现的Higgs粒子的质量相近。同时人们也相信,很多有趣的新物理将在这一能标附近出现,用来解释电弱对称性破缺能标的存在。而这些新物理模型,比如超对称模型(Su-

---

①将电磁相互作用力和弱相互作用力相互统一的一种粒子物理模型,这个模型已经得到大量试验上的验证。——笔者注

persymmetry model），就非常自然地预言了暗物质的质量与电弱对称性破缺的能标一致。

由于有这样好的理论动机，人们对暗物质近几十年的研究大部分是基于这种弱相互作用大质量粒子的研究。另一方面，随着人们近几年对于暗物质探测的逐渐发展，将原本有很好理论动机的参数空间逐渐排除，这使得人们开始逐渐对这种弱相互作用重粒子模型的假设产生了怀疑。更多的非常有趣的模型相继被提出，人们也开始更加认真地思考其他暗物质模型的可能性。

第二种非对称暗物质模型。前面说到弱相互作用重粒子模型可以很好地预言暗物质在现今宇宙中的物质质量配比。而非对称暗物质模型则是通过一种截然不同的方法来控制并解释这一配比。因此非对称暗物质模型也有非常好的理论动机。

这里的非对称，指的是宇宙中暗物质的数量要远远多于暗物质的反粒子的数目。然而在弱相互作用重粒子模型中，暗物质与暗物质反粒子的数目几乎相同。那么我们为什么会认为暗物质有可能比其反粒子的数目多出很多呢？这其实也并不是一件很奇怪的事情。因为在我们宇宙中的正常物质，就存在这样奇怪的不对称性。我们知道正常世界的物质由质子、中子和负电子构成，然而却几乎没有反质子、反中子和正电子的存在。同样的，在我们所能观测到的宇宙范围内，这种正常物质的不对称性也是非常显著的。既然组成我们正常世界的粒子可以具有这样大的不对称性，那么我们也可以推测，这种不对称性也很可能出现在暗物质中。更有意思的是，我们正常世界物质组成的不对称性，很有可能是与暗物质紧密相关的。

举例来说，质子跟中子都被称为重子，具有 +1 的重子数；相反，反质子和反中子则带有 −1 的重子数。由于我们所处的物质世界是不对称的。重子数要远远大于反重子数。如果我们的宇宙在起初时的总重子数为 0 的话，那么那些负重子数都去哪了呢？其中一种可能便是那些负的重子数是由暗物质所携带的。理论物理学家可以很容易地建造出一些粒子物理模型，使得重子数集中在正常物质一端,反重子数在暗物质一端。当然,并没有人知道宇宙中总的重子数是否为0。也很有可能在宇宙形成之初,重子数就远远大于反重子数,那么暗物质在这种情况下便很有可能具有重子数,而非反重子数。

对于非对称暗物质模型,人们可以大致估算暗物质的质量范围,一般情况下,暗物质的质量比质子略重,其质量大约是质子的几倍。非对称暗物质模型在暗物质的探测中有着非常特殊的信号。首先,由于它的质量比弱相互作用重粒子中所预言的质量要轻很多,它在暗物质直接探测的实验的信号中将体现在轻质量一端。另外,在宇宙射线的间接暗物质探测中,由于模型提出暗物质远远多于反暗物质,那么暗物质与反暗物质相互湮灭的信号将非常微弱。然而如果暗物质可以衰变的话,那么通过观测高能射线中物质与反物质的不对称性,便可能帮助我们识别这种非对称暗物质模型。

正如前面所提到的人们对暗物质的了解还停留在非常初级的阶段。除了我们前面列举的模型以外,还有许多其他的可能的暗物质模型。比如轴子模型或者暗光子模型,宇宙原初小黑洞等。总之,还有非常多的性质有待人们的发掘与探索。人们不禁要问暗物质的研究对人类社会的发展会有什么帮助?就算人们了解了它的性质又能如何?对于这些问题,物理学家并没有办法给出非常明确的答案。但是人类技术的进步往往与基础理论的突破息息相关。正是这方面的基础物理研究导致了相对论的诞生,从而得到爱因斯坦的质能方程(能量—质量转换关系)。这一基础理论上的突破,带来核能技术的发展与应用。而对于暗物质以及相关基础学科的研究虽然只是出于人们的好奇心,但最终也有可能带来对于物理基础理论的突破,从而带来下一步的技术革新。

天空互联网:连接未来世界

Sky-Fi网络平台的基础载体未来会是无人机、热气球、飞艇、卫星中的哪一个?未来每个人会首先接入天地一体的天网?WiFi会有多超级?移动自组网会使得自联网成为主流吗?星际互联网是不是人类网络的终极边界?

文 / 胡延平

在《黑科技》前面十多个篇章里,技术创新正在缔造的纷繁世界已经浮现眼前,而未来,这一切将如何连接起来?

什么?宽带、IPv6?问题不在这些层面,尽管宽带正在走向超宽带。无论是下一代互联网、下一代信息技术设施意义上的NGI,还是下一代网络,"未来网络"的形态和架构,不是我们眼前看到的互联网,也不是过去一个阶段讨论较多的NGN。在ITU国际电信联盟、IETF国际互联网工程任务组、IEEE电气和电子工程师协会,以及OneM2M、3GPP、OMA、ISO/IEC JTC1等组织,以及ZigBee、Z-Wave、AllSeen等方向的各种联盟那里,有些许答案,但技术走得更远,且不是在类似"从http/1向http/2演进"这样的层面。未来已经开始发生。

会发现未来网络在一定程度上是多路力量齐头并进、多维创新协同作用的结果。能量密度、连接密度、数据密度,材料尺度、感知尺度、网络尺度,计算速度、移动速度、融合速度,这9个度在影响网络演进的速度和形态,不同领域和层面的基础科学、应用科技、产业群落在9个维度的突破创新,使得未来的网络——智慧网络若隐若现。

未来的智慧网络,从放眼天空、仰望星空开始。空间互联网、天空互联网,也就是正在到来的"天网",是未来智慧网络当中最基础的"连接"。这注定是一个极富探索性同时也充满争议的话题。

太阳能,无人机,未来的"天网"平台?

2016年6月29日,Facebook太阳能无人机Aquila在亚利桑那州完成首次试飞。原计划飞行30分钟,由于进展顺利,最终飞行了96分钟,成功收集了与模式、飞机架构有关的飞行数据。在以无人机作为网络平台的方向,Facebook成功地迈出一大步。两年前收购英国太阳能无人机研发企业Ascenta之后成立的ProjectAquila项目,给Facebook的internet.org计划成功带来"巨大里程碑"。Internet.org是Facebook CEO扎克伯格着力甚多的未来项目,目标是通过网络连接世界上的每个人。尤其是尚未接入网络的40亿人——贫困、偏远、网络状况比较差甚至没有网络覆盖的地区的人们。

Internet.org多方努力，与手机厂商和运营商合作，Free Basics项目免费为民众提供300多项简化的互联网服务。名为"ConnectivityLab"的部门也因Internet.org项目而成立，专门负责寻找激光、无人机等网络通讯新方法，包括将人工智能与上网服务结合起来，并最大程度的推进上网技术的开源、开放与共享。Internet.org的目标是将互联网连接数量增加10倍，将上网价格降到目前1/10水平。

这时候有人说了，Facebook式的激光通信要变成可以规模化应用的商业项目需要10年。可是那又怎样，Facebook还是出发了。成功首飞的Aquila有和波音737一样长的43米的翼展，机身重量约454公斤，相当于载人客机的百分之一；由氦气球提升至气候环境稳定的平流层，Aquila白天飞行于27432米左右，避开飞机航线高度，吸收和贮存太阳能；晚上飞行于18288米以节约电能。Facebook的目标是Aquila太阳能一次可以在高空自持飞行90天。90天？听起来这个数字挺骇人，甚至耸人听闻，但未来这是可行的。这里又是一个能量密度、材料尺度等涉及9度理论的问题。

Facebook有意未来在全球各地的天空部署1000架甚至10000架这样的无人机，每架无人机在直径60英里范围内来回转圈。这么多无人机在天上转来转去不是为了刷存在感，而是提供普遍的互联网接入服务。这个时候激光通信技术就派上用场了，"Connectivity Lab"的负责人表示，他们的激光通信数据传输速率能达到10Gbps，近乎地面光纤水平，是标准激光信号的约10倍。通信过程是，地面母基站与无人机之间进行激光与电磁通讯，无人机也可将信号通过激光发送到其他无人机进行中继。机群将激光光束向下发送到地面子基站的收发器，以收发器为圆心，网络信号可以覆盖半径30英里的地区以便上网。系统会将信号转化为Wi-Fi或者4G、5G网络。

这个时候问题来了，ProjectAquila说白了还是需要地面子基站的，无人机只是发挥了类似传统电信网络的骨干网的作用,这就还不如传统卫星通讯服务商Iridium的老思路了,后者至少全程都是在空中,以每个人都可以使用卫星手机为目标啊。Iridium的卫星在太空,Aquila无人机在大气层内距地面20公里左右的平流层,电离层之下,理论上Aquila是可以直接做空中基站,省去地面基站环节,但是这样一来,重量仅仅454公斤的Aquila怎么能够受得了重量远在自身之上的收发设备,又怎么能够仅靠太阳能飞行90天不掉下来,还能够进行能耗巨大的天地通讯,地面上网设备比如手机的天线之类的一整套东西也要跟着制定相关标准了。到这里,又是一个能量密度、连接密度、材料尺度等涉及9度理论的问题,但并非不可逾越。

Free Basics已经为地球不同角落的上千万民众提供了互联网接入服务,但是如同在印度、埃及等国家招到一些政府和民间组织的强烈反对一样,ProjectAquila在全球各地面临的阻力不会比空气的飞行阻力小。在印度,Free Basics甚至被禁止。那些或援引既有法律,或以网络中立原则或税收问题阻止,或振振有词或冠冕堂皇的反对理由,也许没有一项是站得住脚的,但是触及传统利益,就会招致传统力量的反对,更何况这一次无人机要飞临的是传统主权国家的边界。相比之下,频谱资源不是最大的那个问题。

在太阳能无人机天空互联技术的探索者中,还有波音公司、AT&T、英特尔、空客公司、ZephyrS/T等大大小小的企业和团队。Google也没有落后,在美国新墨西哥州的美国太空港逾15000平方英尺的机坪上,Google正在进行着一项名为Project SkyBender的新计划,同样是采用无人机作为网络平台,不同的是Google采用未来高速无线通讯技术之一的毫米波通讯技术,号称比4G LTE传输速度快40倍,甚至可能成为5G网络通讯骨干,Project SkyBender因此颇有空中5G网络平台的意思。

气球的可靠性虽然有待观察,但也已经被作为空中网络平台的探索方向之一。Google在进行的Project Loon和Project SkyBender同属一个项目,它将高空聚乙烯氦气球送入平流层作为基站,形成网络覆盖,将互联网带到地球各个角落。Project Loon 的气球高度约为商务飞机的 2 倍，已进行的试验能够在高空停留 180 天以上。

WiFi 飞艇 Google 也有在尝试。中国的北京航空航天大学正在实验临近空间飞艇，以此实现无线网络覆盖。中国深圳的光启公司，就是投资入股新西兰研发个人飞行器的 Martin 公司的那家民企，他们号称"云端号"WiFi 飞艇已经进行初步测试，不过其技术细节还需要推敲。总体看来，气球和飞艇在未来天空互联网中的位置，属于处在补充、次要地位的网络平台。

智能宽带卫星网络，比无人机更遥远，但更贴近"天网"未来？

无论叫 Sky-Fi 还是天空互联网、空间互联网，并不重要，重要的是未来的网络信号必然首先来自天空、星空。

卫星比无人机更遥远，但是从技术成本效率来看反倒更贴近未来。技术在 6 个方面的快速进化，是"天空互联网"越来越逼真的关键：发射成本大幅度降低、轨道近地化、波段高频化、卫星智能化和小型化、天线与终端小型化与低功耗、天地一体组网技术等。卫星制造成本、发射成本不断降低，带宽、可支持用户量不断提高，智能宽带卫星网络日趋可行。这是一条不断接近性价比临界点的路，尽管眼前和电信固网、移动网络相比，性价比还不够高。

SpaceX、Google、Facebook 是这场未来网络游戏的大玩家。SpaceX 一开始计划发射 700 多颗低成本的低轨道卫星，为地面提供上网服务。不过根据 SpaceX 在 2016 年向联邦通信委员会提交的最新报告，这项向全球提供卫星宽带网络服务的计划，将发射 4425 颗卫星。迄今为止着重点依然是发射服务，以及不断提高自己的火箭回收重复利用技术，为将航天发射成本降低到新的临界值而努力，甚至在此基础上宣布了雄心勃勃的火星计划。SpaceX 同时也为 Facebook 和法国卫星运营商 Eutelsat 合作的宽带卫星上网项目提供卫星发射服务。遗憾的是，2016年9月第一颗卫星就被SpaceX失败的猎鹰火箭发射送到火焰里去了。以色列公司制造的这颗5吨重、造价2亿美元的Amos-6卫星化为灰烬，原本它要为撒哈拉沙漠以南部分非洲地区提供互联网服务，对internet.org来说这是个不小的挫折。

这场未来网络空间竞赛游戏里也有创业公司的身影，一家以色列公司干脆把自己公司的名称命名为SkyFi，且对外宣布计划向太空发射60颗微型卫星。卫星上天看起来悬，SkyFi的微型卫星天线却反倒有些自己的独到技术，引来多个买家与其接触。

OneWeb比SpaceX低调得多，但是股东背景一样来头不小，站在后面的是Virgin Galactic、Qualcomm、Honeywell Aerospace等。OneWeb的信号处理芯片就来自高通，后者利用其终端与基站之间的切换技术，帮助建立卫星通信网络，解决诸多卫星在掠过一个个地面基站过程中的交接、切换问题。和SpaceX一样，OneWeb要用小型低轨道卫星网络覆盖地球，计划发射648个小型卫星到近地轨道，终端接入速率约为50Mb/s，每颗卫星的制造费用在35万美元左右，项目总成本约20亿美元。OneWeb为航空公司、灾难救援组织、个人家庭客户、偏远山区的学校和村落提供服务。不过，尽管是近地轨道，OneWeb的天线和功耗技术似乎一般，设备小型化程度还是不够高。地面基站的设备尺寸依然不小，虽然可以用太阳能电池板供电，但体积未来还是需要缩小。

美国MDIF公司2014年曾经发布的Outnet外联网计划是个插曲，MDIF向近地轨道发射数百颗卫星以支持全球免费WiFi的实现，虽然貌似动人，但这个Outnet的技术思路显然有问题，终端用户只能单向接收经过挑选的网络内容，不能互动，仅仅只是单向广播，不合时宜。

OneWeb的频谱资源通过O3b获得，而O3b是这个领域另一个重要角色，可以称之为中轨道玩家。起步不晚、开局不错，不过现阶段有些问题。O3b的成立之意，在于解决地球上other 3 billion——也就是另外30亿人没能上网的问题。Google、SES、汇丰银行等不同行业巨头是其重要投资人。相比原来

35000多公里高度地球同步轨道通讯卫星存在的时延问题，处于8000公里中轨道的O3b卫星网络时延低于150毫秒，且中继带宽达到常规光纤水平，这意味着网络品质可以规模化商用了。O3b在2013和2014年通过阿丽亚娜火箭已经分别发射两个批次的Ka波段卫星，实现8颗在轨。O3b卫星网络计划达到12至16颗卫星，利用这些成本比过往地球同步轨道卫星低廉得多的卫星，覆盖非洲、中东、亚洲、拉丁美洲等区域，提供最快可达10Gbps的速度和总容量84Gbps的网络服务给非洲、中东、亚洲、拉丁美洲等区域的发展中国家。此前，尽管已经有号称140Gbps全球最高容量的宽带通信卫星ViaSat1在轨，同为Ka波段，但ViaSat公司是高轨道玩家，地球同步轨道以及10倍于中轨道O3b卫星的总质量，使其成本极为高昂。ViaSat1的地面系统包括卫星用户终端——Ka波段蝶形天线和卫星调制解调器，网关卫星地面站及网络操作中心，对企业、家庭用户的服务能力相对较强。相比之下，O3b的天网定位于骨干网络而不是最终用户接入，O3b采取一颗卫星下降到地平线之后由另一颗卫星接力的网络策略，使得制造、发射成本大幅降低，O3b自己的数据是有希望让非洲等地区的上网成本降低95%以上。太平洋岛国、非洲、美洲等区域的40多家3G和LTE移动运营商、互联网接入服务商已经成为客户。

当然，位于加利福尼亚州的Viasat公司也不会满足于现状，随后的Viasat2卫星带宽会是Viasat 1的2倍，容量2.5倍，为250万用户提供服务，宽带互联网服务下载速度从Viasat 1的12/15Mbps提升到25Mbps。

重组之后的Google在天空互联网方向越来越没了感觉，先是从O3b退股，后来又取消了10亿美元打造180颗高性能绕地卫星网络计划。但是，在关乎未来的重大方向上，Google不会一去不回。在卫星图像领域Google已经有多起投资，间接拥有多颗在轨卫星。

三星尽管没有行动，但在口头上也表示自己也是一家世界级的、关注全球网络问题的大公司。三星称，未来要发射4600颗微型卫星，为用户提供低成本的互联网接入。

中国企业和相关机构尽管技术实力、所处发展阶段不太一样，但是在高中低不同轨道的发展方向与前述项目大致相同。中国航天科技集团在进行高通量宽带卫星项目，2016年发射了第一颗地球同步轨道移动通信卫星天通一号01星，为船舶、飞机、车辆等大型移动用户以及手持终端提供通信、短报文、语音和数据传输服务兼备。中国卫通也在实施Ka频段宽带卫星计划。

十几年前，前北电网络公司（Nortel Networks）CEO欧文斯曾提出和华为合作做低轨道卫星，类似今天Facebook和Google的方案，相关讨论未能继续。不过在低轨道方面，2014年清华大学与信威集团联合研制的首颗灵巧通信试验卫星完成发射并进行在轨测试。卫星重量约130公斤，运行高度约800公里，通信覆盖直径约2400公里。测试验证了星载智能天线、星上处理与交换、天地一体化组网、小卫星一体化集成设计等多项技术，实现手持卫星终端通话、手持卫星终端与手机通话、互联网数据传输等业务。为了实现未来天空互联网布局，信威集团甚至通过其子公司卢森堡空天通信公司向以色列Space-Com发出收购邀约，而Space-Com就是被Space X的猎鹰火箭送到火焰里的那颗2亿多美元的宽带卫星Amos-6的制造者。

香港上市企业中国趋势控股有限公司与美国休斯飞机公司（Hughes Aircraft）合作，计划通过采用最新的大容量Ka波段宽带卫星资源，在亚太地区打造免费卫星移动互联网，用户可使用指定终端实现卫星上网、拨打卫星电话、收看卫星电视。

未来每个人都可以通过移动手持设备上"天网"吗？

或者说，未来人人都会通过天空互联网上网，天空互联网会成为未来连接的基础网络吗？眼下，包括一部分电信通信甚至卫星通信从业者在内，恐怕许多人会这么说：手持设备怎么可能卫星上网？打打卫星电话还行，上网尤其是宽带上网还是算了吧，发射功率太小，天线体积太大，上行速率难以提高，用卫星网络作为骨干网为移动运营商或者接入服务提供商的地面基站提供网络中继服务还行，直接向个人用户提供大规模互联网接入服务，难！摩托罗拉耗资数十亿美元的铱星计划不就这么破产的吗？1996年开始发射，1998年开始提供服务，到1999年3月破产的时候，铱星手机在全球才发展了5.5万多用户；而此时世界各地的电信运营商已经把更便宜、更便携、通讯性能更好的手机送到千百万用户手上了。和铱星计划同时代的Globalstar也死得很难看，Teledesic尽管有比尔·盖茨甚至沙特王室出手资助，却连项目成型的那一天都没有等到。

但是技术驱动的创新进化，就是这样一个不断前仆后继、生生死死、死而复生的过程。私募基金后来接盘铱星计划，蛰伏数年后甚至成为8亿美金市值的美股上市公司铱星通讯（IridiumCommunications），尽管这只是铱星计划当时庞大投资的一个零头。2014年，铱星通讯推出全球覆盖卫星WiFi热点服务IridiumGO，而这个时候，已经是OneWeb、SpaceX、Facebook甚至Sky-Fi们的真正的天空互联网开始风起云涌的日子了。无论怎么应景和努力，铱星通讯都只是明日黄花，因为从技术层次和通信体制的角度看，铱星通讯都首先是一个卫星电话网络，而新生力量们所要实现的，是真正以数据通讯为基础的天空互联网，而不是电话或GPS网络。这个阶段，火箭重复利用等技术使得卫星发射成本大幅度降低，而近地轨道卫星组网不仅能够有效解决时延问题，信号质量也远比地球同步轨道号，因此也有助于更小的天线工作；波段高频化尤其是Ka波段的大规模深度开发利用成为现实，为海量用户提供宽带服务的技术障碍已经扫除；卫星的智能化和小型化、天线与终端小型化与低功耗以及天地一体组网技术，这些也都成为不仅看得见也能够落得实的技术趋势。天空互联网领域，已经不仅是休斯、劳拉、波音等传统卫星制造商和卫星通讯运营商的天空，IT企业、互联网巨头、新创企业、新生力量们已经当仁不让。

站在技术角度，微型天线技术、小型手持设备、卫星手机、手机卫星上网方面的产品动向尤其值得注意。未来最鼓舞人心的变化，也会发生在这个部分。看过移动卫星通信服务提供商Inmarsat的卫星热点设备ISatHub就知道，地球同步轨道卫星的地面设备已经可以小型化到半个笔记本电脑大小,这还是天线和Modem等不同部分共同加起来的体积。它很容易让你想起20年前电脑拨号上网阶段的Modem,具有同样的体积。在一些国家,X波段、Ku波段和Ka波段移动卫星通信兼备的设备已经实现车载、背负甚至单人手持,而过去没有一口如同大锅的卫星天线和工作站级别的沉重设备,是无法想象的。至于中、低轨道尤其近地轨道卫星的地面终端设备,普遍可以手持。从Inmarsat到铱星、全球星、亚星电话、Spot等卫星电话,最突出的是粗壮的通讯天线,主流卫星电话的体积已经远小于最初的GSM移动蜂窝电话。

而下一步,随着天线、电池技术的进一步提升,以及卫星的规模化、高带宽网络服务能力的提升,有希望逐步创造与普通智能手机相近的卫星上网体验。

总部位于迪拜的卫星运营商Thuraya的智能手机卫星适配器是个有趣的方向。即使没有卫星电话,用户的iPhone或者Android手机只要套上SatSleeve适配器,在应用商店免费下载安装SatSleeve App,智能手机即可与适配器有效连接,然后用户就可以在卫星网络模式下拨打电话、收发短信和电子邮件,使用一些社交、即时通信软件也没问题。Thuraya的SatSleeve适配器,样子和厚一点的手机保护壳看上去没有太大不同,除了粗壮的天线,其他方面是一眼看不出来它竟然能让智能手机秒变卫星电话的。如此看来,卫星上网距离每个手机用户有多远?

超级WiFi,微基站,Mesh互联,
未来地网与天网形成自联网?

理想而言,所有设备都可以通过天空互联网连接起来,但是天地一体、多网混合、应需组网,将是未来最广泛的应用形态,各种不同特性的网络在不同场景发挥各自所长。近距离通讯过去是Zigbee、ZWave、AllSeen、Bluetooth们的专长,但是WiFi正在快速切入,中近距离是WiFi、超级WiFi和移动运营商的

基站的空间，骨干网在天空有卫星在地面有光纤，有些场所的固网接入依然是光纤，激光等在骨干网和接入网之间发挥中继作用。在局部，越来越强大的WiFi正在部分取代原来必须由移动通信基站发挥的作用，超低功耗WiFi则在充分替代Bluetooth。这里的超级WiFi是指信号距离远、穿透力强、超高带宽、多路的WiFi网络。而IoT物联网、车联网，既是融合传感，网络环境必然是卫星、基站、WiFi和Zigbee的融合应用。

天网部分最值得关注的是规模化面向最终用户的低轨道智能宽带卫星网络，地网部分最值得关注的当然是WiFi以及WiFi互联。更高更快更强，WiFi的发展并非同一维度的渐进，而是有望在全新维度创造全新的网络环境，以至于很多时候人们将会遗忘电信。这是一场正在地球表面的空气中进行的无线革命。无所谓基站，每一个热点都是一个微基站，无数强有力的WiFi热点彼此互联且与低轨道卫星网络实时互联，包括手机在内的每一部稍具能力的智能设备也都是一个WiFi热点、中继点、微基站，这就是未来最具效率且分布最为广泛的网络环境，其他特性的网络作为局部补充，未来的网络、网络的未来已经若隐若现。

6个方面的技术突破正在驱动WiFi创造未来的网络：传输距离、穿透能力、超低功耗、带宽容量、多用户、不是Mesh的Mesh互联。速度方面，WiFi的5GHz频带吞吐量预计可达10Gbps，60GHz可以达到20Gbps，理论上端到端点对点突破100Gbps不是问题。不过印象最深刻的技术突破是，华盛顿大学研究人员利用电磁后向反射技术，研制出的全新超低功耗WiFi技术，也被称之为无源WiFi，发射功率仅为10~50微瓦，是传统WiFi路由器的万分之一；更重要的是，可以进行WiFi充电。而WiFi充电，是前景广阔的无线充电领域非常有趣的方向之一，WiFi充电技术的研究，在美、日、以、中、欧等世界主要创新经济体都已经不乏其人。

6种技术当中最具生态影响力是：不是Mesh的Mesh，将驱动网络、设备之间通过协议实现应需互联，移动自组网，称之为自联网并不为过。Mesh无线网格网络由ad hoc网络发展而来，可以与其他网络协同通信。自组织、无中心、无边界、动态扩展、任意设备均可互联、每个设备都可中继是6个特点。

20年前有这么一句话，"全世界PC连接起来，internet一定会实现"；今天，我们要说的是，"全地球thing连接起来，自联网一定会实现"，这里说的不是IoT物联网，而是由设备和设备、设备和人自由连接起来的自组织网络。第一个阶段的OTT（Over the Top）是在电信网络之上虚拟业务，也是数据业务对话音业务的碾压，而第二个阶段的OTT则意味着用户可以脱离甚至完全抛却电信网，用户彼此之间自己连接起来。

驱动自联网成为可能的四种力量：首先是基于ID的开放协议、算法撮合等智能耦合；其次是WiFi技术的演进正在极大程度上解决端到端的通讯距离、带宽以及多用户多通道能力的提升问题；第三个动力，设备密度和大量非电信网络使得有效的网络连接获得必要的不是基站的微基站密度和网络补充；而第四个也是最关键的一个动力则是，天空互联网就是自联网最强有力的那个"转接"网络，用户随时可以经由这里连接到别处，且路径最短。

传统通讯产业和电信业者深知，电信网络资源在很大程度上耗费在了大量的路由转接上，一个用户到达另一个用户，一个终端连接另一个服务，往往要经过大量的转接过程，造成拥堵，这也是妨碍带宽提高的重要原因。而任何两个点经过一个转接点就能接通，减少网内转发量和转发次数，必然有助于降低成本，提高用户实际能够体验到的带宽。

Mesh在电信业者眼里不仅新鲜，而且乏善可陈，但自联网的网络原理恰恰基于不是Mesh的Mesh。一说到Mesh有人容易首先想到那个令人提心吊胆的Firechat、MeshMe等。FireChat通讯应用基于MESH思想的自组网，依靠蓝牙或WiFi信号在附近的用户之间传输消息，只要有安装FireChat的设备充当节点，FireChat的网络就不存在地域限制。但我们所说的自联网不是Firechat，自联网是密度、尺度、路径最为优化的那个网络之上的网络，是基于软件、数据、传感的多方协议体系。每一个智能设备都是一个热点、基站甚至路由，自联网的网络形态首先是P2P。是不是又要有人说,哦,P2P? 太out了,可是,真的吗?

还记得无尺度网络吗,大量数据、用户、服务集中在极少数重大节点上,网络巨头们的这个状况并非没有它的对立面,自联网在一定程度上有助于消解无尺度网络。无论是经济学人杂志担心的互联网巨头的狼性问题,还是科幻电影所呈现的Matrix母体对人的集中控制,都会有另外一种力量与之对冲,尽管不一定能够产生和谐与平衡。集中与分布同在,自联与节点同在。

人类登陆火星,飞行器探索宇宙,
星际互联网是未来网络的终极边界吗?

美国在外太空建立星际互联网的长期构架Inter Planetary Internet(IPN)当中,DTN(Disruption-Tolerant Networking)是重要试验内容。互联网之父温顿·瑟夫早在最初架构互联网之时,就已经有星际网络的概念构想雏形。温顿·瑟夫后来也成为实现行星和航天器间远距离可靠数据传输的新太空协议科学家团队成员。

短期而言,地球与飞向火星等外太空的飞行器失去联系、数据传输速率极低、数据丢失、时延较大等问题,是星际互联网诞生的问题根由。前苏联发射的火星探测器绝大多数以失联收场。数据从火星传到地球需要6至20分钟时间,而地球与冥王星之间的通讯时延高达数小时。长期而言,星际互联网将把各种相关轨道飞行器、探测器、登陆车、航天发射装置、宇航员通信装置、卫星等发射接收和通讯中继设备连接起来的互联网络,甚至分布在太阳系的所有装置互联起来形成一个巨大的接收器。IPN的体系结构设计很多方面都参考了Internet的体系结构,在其中可以看到卫星、激光、网关、中继、存储、分布、转发等熟悉的字眼内容。基站与航天器之间也可以用激光来通讯,地球与月球之间的激光通讯已经成功测试,速率达到600Mbps。

星际互联网,距离普通人似乎像外星和地球的距离一样遥远。但是,在有生之年,激动人心的时刻还是会到来,改变世界的黑科技会一个接一个被人类创造出来。2020年,以生命探测为主要目的的下一代火星车将飞往火星,奥巴马声称2030年将送人类第一次到达火星,而SpaceX公布的计划如果一切就绪前往火星的载人发射时间窗口在2022年就开始到来,但是SpaceX的Allen Musk话音未落,波音CEO就表示波音用于火星载人飞行的太空发射系统SLS计划于2019年首飞,首个踏上火星的人将坐波音火箭。一切并不遥远。

通讯如何先行?目前在火星表面活动的火星车"好奇号",与地球之间采取其他方式通讯。"好奇号"与先期发射到火星轨道的火星卫星通讯,然后卫星与地球进行接力通讯。"好奇号"与卫星之间在波长很短的X频段以UHF(超高频)每天进行最多8分钟时间的通讯,速率2MB及256KB不等,也就是窄带互联网的速率水平。

那么,如果是量子通讯呢,2020、2030年的时候,量子通讯网络是否堪用?

参考文献

人体增强

〔1〕 https://en.wikipedia.org/wiki/T-52_Enryu

〔2〕 http://bleex.me.berkeley.edu/research/exoskeleton/bleex/

〔3〕 http://2014.sina.com.cn/news/o/bra/2014-06-12/08513339.shtml

〔4〕 http://news.sohu.com/20140621/n401135909.shtml

〔5〕 https://en.wikipedia.org/wiki/HAL_（robot）

雷达照进商业

〔1〕 https://www.fcc.gov/encyclopedia/rules-regulations-title-47

〔2〕 Lipa, B.J., and D.E. Barrick. FMCW Signal Processing. CODAR Ocean Sensors Report. 1990, 1-23

〔3〕 P. Molchanov, S. Gupta, K. Kim, and K. Pulli. Short-Range FMCW Monopulse Radar for Hand-Gesture Sensing. IEEE International Radar Conference. May 2015

磁力魔法

〔1〕 http://hendohover.com/about-us/

〔2〕 US Patent 8,777,519 B1. Methods and Apparatus of Building Construction Resisting Earthquake and Flood Damage. 2014

〔3〕 https://en.wikipedia.org/wiki/Diamagnetism

〔4〕 https://en.wikipedia.org/wiki/Meissner_effect

〔5〕 US Patent 20140265690 A1. Magnetic Levitation of A Stationary or Moving Object. 2015

〔6〕 Ye Yang, Lu Gao, Gabriel P. Lopez and Benjamin B. Yellen. Tunable Assembly of Colloidal Crystal Alloys Using Magnetic Nanoparticle Fluids. ACS Nano. 2013, 7, 3:2705-2716

距离几何学

〔1〕 Microsoft Indoor Localization Competition-IPSN 2015.
   http://research.microsoft.com/en-us/events/indoorloccompetition2015/

〔2〕 T. Eren, D. K. Goldenberg, W. Whiteley, Y. R. Yang, A. S. Morse, B. D. O. Anderson, and P. N. Belhumeur. Rigidity, Computation, and Randomization in Network Localization. In INFOCOM, 2004.

虚拟现实

〔1〕 FeelReal: https://www.kickstarter.com/projects/feelreal/feelreal-vr-mask-and-helmet? ref=category_location

〔2〕 FOVE: https://www.kickstarter.com/projects/fove/fove-the-worlds-first-eye-tracking-virtual-reality

〔3〕 Jump: https://www.google.com/get/cardboard/jump/

〔4〕 UltraHaptics: http://ultrahaptics.com/evaluation-program/

〔5〕 Aireal: http://www.disneyresearch.com/project/aireal/

〔6〕 Ochiai et al. Fairy Lights in Femtoseconds: Aerial and Volumetric Graphics Rendered by A Focused Femtosecond Laser Combined With Computational Holographic Fields. SIGGRAPH 2015

智能微尘

〔1〕 Dickson, Scott A. Enabling Battlespace Persistent Surveillance: The Form, Function, and Future of Smart Dust. AIR WAR COLL MAXWELL AFB AL CENTER FOR STRATEGY AND TECHNOLOGY, 2007.

〔2〕 Kahn, Joseph M., Randy Howard Katz, and Kristofer SJ Pister. "Emerging challenges: Mobile networking for "smart dust"." Communications and Networks, Journal of 2.3 (2000): 188-196.

〔3〕 Legtenberg, Rob, A. W. Groeneveld, and M. Elwenspoek. "Comb-drive actuators for large displacements." Journal of Micromechanics and microengineering 6.3 (1996): 320.

〔4〕 Benmessaoud, Mourad, and Mekkakia Maaza Nasreddine. "Optimization of MEMS capacitive accelerometer." Microsystem Technologies 19.5 (2013): 713-720.

［5］ Ilyas, Mohammad, and Imad Mahgoub. Smart Dust: Sensor network applications, architecture and design. CRC press, 2006.

［6］ Kahn, Joseph M., Randy Howard Katz, and Kristofer SJ Pister. "Emerging challenges: Mobile networking for "smart dust"." Communications and Networks, Journal of 2.3 (2000): 188-196.

三维成像

［1］ Maiman, T. H. Stimulated Optical Radiation in Ruby. Nature. 1960, 187(4736): 493-494

［2］ Denisyuk, Yuri N. On the Reflection of Optical Rroperties of An Object in A Wave Field of Light Scattered by It. Doklady Akademii Nauk SSSR. 1962, 144(6): 1275-1278

［3］ Leith, E.N., Upatnieks, J. Reconstructed Wavefronts and Communication Theory. J. Opt. Soc. Am. 1962, 52(10) :1123-1130

［4］ H. Kogelnik. Coupled-wave Theory for Thick Hologram Gratings. Bell System Technical Journal. 1969, 48:2909

［5］ Fairy Lights in Femtoseconds: Aerial and Volumetric Graphics Rendered by Focused Femtosecond Laser Combined with Computational Holographic Fields; Yoichi Ochiai Kota Kumagai Takayuki Hoshi Jun Rekimoto Satoshi Hasegawa Yoshio Hayasaki

深度学习

［1］ MD Zeiller, Robert Fergus. Visualizing and Understanding Convolutional Networks. European Conference on Computer Vision. 2014

［2］ Quac Le et al. Building High-level Features Using Large Scale Unsupervised Learning. ICML 2011

［3］ Jeff Dean et al. Large-scale Distributed Deep Networks. NIPS 2012

［4］ Yan Lecun et al. Convolutional Networks for Images, Speech, and Time Series. Handbook of Brain Theory and Neural Networks. 1995

柔性电子

［1］ Kim, D.-H.; Lu, N.; Ma, R.; Kim, Y.-S.; Kim, R.-H.; Wang, S.; Wu, J.; Won, S. M.; Tao, H.; Islam, A.; Yu, K. J.; Kim, T.-i.; Chowdhury, R.; Ying, M.; Xu, L.; Li, M.; Chung, H.-J.; Keum, H.; McCormick, M.; Liu, P.; Zhang, Y.-W.; Omenetto, F. G.; Huang, Y.; Coleman, T.; Rogers, J. A. Epidermal Electronics. Science. 2011, 333, 838-843

［2］ Xu, S.; Zhang, Y.; Jia, L.; Mathewson, K. E.; Jang, K.-I.; Kim, J.; Fu, H.; Huang, X.; Chava, P.; Wang, R.; Bhole, S.; Wang, L.; Na, Y. J.; Guan, Y.; Flavin, M.; Han, Z.; Huang, Y.;

Rogers, J. A. Soft Microfluidic Assemblies of Sensors, Circuits, and Radios for the Skin. Science. 2014, 344, 70–74.

［3］ Liu, J.; Fu, T.-M.; Cheng, Z.; Hong, G.; Zhou, T.; Jin, L.; Duvvuri, M.; Jiang, Z.; Kruskal, P.; Xie, C.; Suo, Z.; Fang, Y.; Lieber, C. M. Syringe-injectable Electronics. Nat Nanotechnol. 2015, 10, 629–636

［4］ Xie, C.; Liu, J.; Fu, T.-M.; Dai, X.; Zhou, W.; Lieber, C. M. Three-dimensional Macroporous Nanoelectronic Networks as Minimally Invasive Brain Probes. Nat Mater. 2015, 14, 1286–1292

［5］ Mannsfeld, S. C. B.; Tee, B. C. K.; Stoltenberg, R. M.; Chen, C. V. H. H.; Barman, S.; Muir, B. V. O.; Sokolov, A. N.; Reese, C.; Bao, Z. Highly Sensitive Flexible Pressure Sensors with Microstructured Rubber Dielectric Layers. Nat Mater. 2010, 9, 859–864

［6］ Lipomi, D. J.; Vosgueritchian, M.; Tee, B. C. K.; Hellstrom, S. L.; Lee, J. A.; Fox, C. H.; Bao, Z. Skin-like Pressure and Strain Sensors Based on Transparent Elastic Films of Carbon Nanotubes. Nat Nanotechnol. 2011, 6, 788–792

［7］ Tee, B. C. K.; Wang, C.; Allen, R.; Bao, Z. An Electrically and Mechanically Self-healing Composite with Pressure- and Flexion-Sensitive Properties for Electronic Skin Applications. Nat Nanotechnol. 2012, 7, 825–832

［8］ Tee, B. C.-K.; Chortos, A.; Berndt, A.; Nguyen, A. K.; Tom, A.; McGuire, A.; Lin, Z. C.; Tien, K.; Bae, W.-G.; Wang, H.; Mei, P.; Chou, H.-H.; Cui, B.; Deisseroth, K.; Ng, T. N.; Bao, Z. A Skin-inspired Organic Digital Mechanoreceptor. Science. 2015, 350, 313–316

［9］ Chen, J.; Zhu, G.; Yang, J.; Jing, Q.; Bai, P.; Yang, W.; Qi, X.; Su, Y.; Wang, Z. L. Personalized Keystroke Dynamics for Self-Powered Human‐Machine Interfacing. ACS Nano. 2015, 9, 105–116.

延寿抗衰

［1］ Weindruch R, Walford RL, Fligiel S, Guthrie D. The Retardation of Aging in Mice by Dietary Restriction: Longevity, Cancer, Immunity and Lifetime Energy Intake. J. Nutr. 1986, 116 (4)：641–654

［2］ Lin SJ, Defossez P a, Guarente L. Requirement of NAD and SIR2 for Life-Span Extension by Calorie Restriction in Saccharomyces Cerevisiae. Science. 2000, 289 (5487)：2126–2128

［3］ Howitz KT, Bitterman KJ, Cohen HY, Lamming DW, Lavu S, et al. Small Molecule Activators of Sirtuins Extend Saccharomyces Cerevisiae Lifespan. Nature. 2003, 425 (6954)：191–196

［4］ Vang O, Ahmad N, Baile CA, Baur JA, Brown K, et al. What is New for An Old Molecule? Systematic Review and Recommendations on The Use of Resveratrol. PLoS One. 2011, 6 (6): e19881

［5］Colman RJ, Anderson RM, Johnson SC, Kastman EK, Kosmatka KJ, et al. Caloric Restriction Delays Disease Onset and Mortality in Rhesus Monkeys. Science. 2009, 325(5937): 201-204

［6］Mattison JA, Roth GS, Beasley TM, Tilmont EM, Handy AM, et al. Impact of Caloric Restriction on Health and Survival in Rhesus Monkeys from The NIA Study. Nature. 2012, 489 (7415): 318-321

［7］Eriksson M, Brown WT, Gordon LB, Glynn MW, Singer J, et al. Recurrent De novo Point Mutations in Lamin A Cause Hutchinson-Gilford Progeria Syndrome. Nature. 2003, 423 (6937):293-298

基因编辑

［1］Ishino Y, Shinagawa H, Makino K, Amemura M, Nakata A. Nucleotide Sequence of The Iap Gene, Responsible for Alkaline Phosphatase Isozyme Conversion in Escherichia coli, and Identification of The Gene Product. J. Bacteriol. 1987, 169(12): 5429-5433

［2］Jansen R, Van Embden JDA, Gaastra W, Schouls LM. Identification of Genes That Are Associated with DNA Repeats in Prokaryotes. Mol. Microbiol. 2002, 43(6):1565-1575

［3］Bolotin A, Quinquis B, Sorokin A, Dusko Ehrlich S. Clustered Regularly Interspaced Short Palindrome Repeats(CRISPRs) Have Spacers of Extrachromosomal Origin. Microbiology. 2005, 151(8): 2551-2561

［4］Mojica FJM, Díez-Villase? or C, García-Martínez J, Soria E. Intervening Sequences of Regularly Spaced Prokaryotic Repeats Derive from Foreign Genetic Elements. J. Mol. Evol. 2005, 60(2): 174-182

［5］Pourcel C, Salvignol G, Vergnaud G. CRISPR Elements in Yersinia Pestis Acquire New Repeats by Preferential Uptake of Bacteriophage DNA, and Provide Additional Tools for Evolutionary Studies. Microbiology. 2005, 151(3): 653-663

［6］Barrangou R, Fremaux C, Deveau H, Richards M, Boyaval P, et al. CRISPR Provides Acquired Resistance Against Viruses in Prokaryotes. Science. 2007, 315(5819):1709-1712

［7］Cong, L., Ran, F. A., Cox, D., Lin, S., Barretto, R., Habib, N., ... Zhang, F. (2013). Multiplex genome engineering using CRISPR/Cas systems. Science (New York, N.Y.), 339 (6121), 819-23. doi:10.1126/science.1231143

［8］Mali, P., Yang, L., Esvelt, K. M., Aach, J., Guell, M., DiCarlo, J. E., ... Church, G. M. (2013). RNA-guided human genome engineering via Cas9. Science (New York, N.Y.), 339

（6121），823-6. doi:10.1126/science.1232033

［9］Liang, P., Xu, Y., Zhang, X., Ding, C., Huang, R., Zhang, Z., … Huang, J.（2015）. CRISPR/Cas9-mediated gene editing in human tripronuclear zygotes. Protein and Cell, 6（5）, 363-372. doi:10.1007/s13238-015-0153-5

下一代基因测序

［1］Lander etc（2001）Nature, "Initial squenching and analysis of the human genome"

［2］Gilbert etc（1976）PNAS, "A new method for sequenching DNA"

［3］Sanger etc（1977）PNAS, "DNA sequencing with chain-terminating inhibitors"

［4］Ilumina Marketing Brochure "Technology Spotlight: Illumine Sequencing"

［5］Rothberg etc（2008）Nature Biotechnology " The development and Impact of 454 sequencing"

［6］Rothberg etc（2011）Nature " An intergrated semiconductor device enabling non—opitcal genome sequeching "

［7］Applied Biosystem Website " Overview of SoLiD Sequeching Chemistry"

［8］Clarke etc（2009）Nature Nanotechnology " Contiunous base identification for single molecule nanopore DNA sequeching"

［9］Tanaka etc（2009）Nature Nanotechnology " Partial Sequencing of a single DNA molecule with a scanning tunneling microscope"

［10］Edwards etc（2005）Mutation Research " Mass-specttrometry DNA sequenching"

从克隆到人类多能干细胞

［1］Gurdon, J.B., *The developmental capacity of nuclei taken from intestinal epithelium cells of feeding tadpoles.* Journal of embryology and experimental morphology, 1962. 10: p. 622-40.

［2］Rideout, W.M., 3rd, K. Eggan, and R. Jaenisch, *Nuclear cloning and epigenetic reprogramming of the genome.* Science, 2001. 293（5532）: p. 1093-8.

［3］Williams, N., *Death of Dolly marks cloning milestone.* Current biology : CB, 2003. 13（6）: p. R209-10.

［4］Thomson, J.A., et al., *Embryonic stem cell lines derived from human blastocysts.* Science, 1998. 282（5391）: p. 1145-7.

［5］Takahashi, K. and S. Yamanaka, *Induction of pluripotent stem cells from mouse embryonic and adult fibroblast cultures by defined factors.* Cell, 2006. 126（4）: p. 663-76.

［6］Takahashi, K., et al., *Induction of pluripotent stem cells from adult human fibroblasts by defined factors.* Cell, 2007. 131（5）: p. 861-72.

［7］ Yu, J., et al., *Induced pluripotent stem cell lines derived from human somatic cells*. Science, 2007. 318(5858): p. 1917–20.

［8］ Shi, Y., et al., *Induction of pluripotent stem cells from mouse embryonic fibroblasts by Oct4 and Klf4 with small-molecule compounds*. Cell stem cell, 2008. 3(5): p. 568–74.

［9］ Zhou, H., et al., *Generation of induced pluripotent stem cells using recombinant proteins*. Cell stem cell, 2009. 4(5): p. 381–4.

［10］ Lin, T., et al., *A chemical platform for improved induction of human iPSCs*. Nature methods, 2009. 6(11): p. 805–8.

［11］ Hou, P., et al., *Pluripotent stem cells induced from mouse somatic cells by small-molecule compounds*. Science, 2013. 341(6146): p. 651–4.

［12］ Tachibana, M., et al., *Human embryonic stem cells derived by somatic cell nuclear transfer*. Cell, 2013. 153(6): p. 1228–38.

器官再生

［1］ Nakano, T., et al., *Self-formation of optic cups and storable stratified neural retina from human ESCs*. Cell stem cell, 2012. 10(6): p. 771–85.

［2］ Lancaster, M.A., et al., *Cerebral organoids model human brain development and microcephaly*. Nature, 2013. 501(7467): p. 373–9.

［3］ McCracken, K.W., et al., *Modelling human development and disease in pluripotent stem-cell-derived gastric organoids*. Nature, 2014. 516(7531): p. 400–4.

［4］ Takasato, M., et al., *Directing human embryonic stem cell differentiation towards a renal lineage generates a self-organizing kidney*. Nature cell biology, 2014. 16(1): p. 118–26.

［5］ Takebe, T., et al., *Vascularized and functional human liver from an iPSC-derived organ bud transplant*. Nature, 2013. 499(7459): p. 481–4.

［6］ Ma, Z., et al., *Self-organizing human cardiac microchambers mediated by geometric confinement*. Nature communications, 2015. 6: p. 7413.

［7］ Ott, H.C., et al., *Perfusion-decellularized matrix: using nature's platform to engineer a bioartificial heart*. Nature medicine, 2008. 14(2): p. 213–21.

［8］ Kobayashi, T., et al., *Generation of rat pancreas in mouse by interspecific blastocyst injection of pluripotent stem cells*. Cell, 2010. 142(5): p. 787–99.

［9］ Matsunari, H., et al., *Blastocyst complementation generates exogenic pancreas in vivo in apancreatic cloned pigs*. Proceedings of the National Academy of Sciences of the United States of America, 2013. 110(12): p. 4557–62.

［10］ Vierbuchen, T., et al., *Direct conversion of fibroblasts to functional neurons by defined factors*. Nature, 2010. 463(7284): p. 1035–41.

[11]Li, X., et al., *Small-Molecule-Driven Direct Reprogramming of Mouse Fibroblasts into Functional Neurons*. Cell stem cell, 2015. 17(2): p. 195-203.

心脏修复

[1] Zuk, P et al(2001)"Multilineage Cells from Human Adipose Tissue: Implications for Cell-Based Therapies"

[2] Rehman, J et al(2004)"Secretion of Angiogenic and Antiapoptotic Factors by Human Adipose Stromal Cells"

[3] Houtgraf, J et al(2012)"First Experience in Humans Using Adipose Tissue-Derived Regenerative Cells in the Treatment of Patients With ST-Segment Elevation Myocardial Infarction"

[4] Bura, A et al(2014)"Phase I trial: the use of autologous cultured adipose-derived stroma/stem cells to treat patients with non-revascularizable critical limb ischemia"

脑计划

[1] PHENOMENA: ONLY HUMAN; Virginia Hughes; National Geographic; April 21, 2014.

[2] Witelson, S. F.; Kigar, D. L.; Harvey, T. The exceptional brain of Albert Einstein. The Lancet. 1999,353(9170): 2149-2153.

[3] The strange afterlife of Einstein's brain. BBC News. By William Kremer; Apri; 2015.

[4] Falk, D.; Lepore, F. E.; Noe, A. The cerebral cortex of Albert Einstein: A description and preliminary analysis of unpublished photographs. Brain. 2012.

[5] Men, W.; Falk, D.; Sun, T.; Chen, W.; Li, J.; Yin, D.; Zang, L.; Fan, M. The corpus callosum of Albert Einstein's brain: another clue to his high intelligence? Brain. 24 September 2013.

[6] Sporns O, Tononi G, K-tter R. The human connectome: A structural description of the human brain. PLoS Comput Biol. 2005 Sep;1(4): e42.

[7] The Connectome of a Decision-Making Neural Network. Science 27 July 2012: Vol. 337 no. 6093 pp. 437-444.

[8] Livet J, Weissman TA, Kang H, Draft RW, Lu J, Bennis RA, 塞恩斯 JR, 里奇曼 JW. Transgenic strategies for combinatorial expression of fluorescent proteins in the nervous system. Nature. 2007 Nov 1;450(7166): 56-62

[9] http://www.dailymail.co.uk/sciencetech/article-2154368/Somewhere-brainbow-New-3D-maps-brain-will.html

[10] Chung K, Wallace J, Kim SY, Kalyanasundaram S, Andalman AS, Davidson TJ,

Mirzabekov JJ, Zalocusky KA, Mattis J, Denisin AK, Pak S, Bernstein H, Ramakrishnan C, Grosenick L, Gradinaru V, Deisseroth K. Structural and molecular interrogation of intact biological systems. Nature. 2013 May 16;497(7449): 332–7.

[11] http://www.nature.com/nature/journal/v497/n7449/full/nature12107.html

[12] Ramirez S, Liu X, Lin PA, Suh J, Pignatelli M, Redondo RL, Ryan TJ, Tonegawa S. Creating a false memory in the hippocampus. Science. 2013 Jul 26;341(6144): 387–91.

[13] Markram H, Muller E, Ramaswamy S, Reimann MW, Abdellah M, Sanchez CA, Ailamaki A, Alonso-Nanclares L, Antille N, Arsever S, Kahou GA, Berger TK, Bilgili A, Buncic N, Chalimourda A, Chindemi G, Courcol JD, Delalondre F, Delattre V, Druckmann S, Dumusc R, Dynes J, Eilemann S, Gal E, Gevaert ME, Ghobril JP, Gidon A, Graham JW, Gupta A, Haenel V, Hay E, Heinis T, Hernando JB, Hines M, Kanari L, Keller D, Kenyon J, Khazen G, Kim Y, King JG, Kisvarday Z, Kumbhar P, Lasserre S, Le Bé JV, Magalhães BR, Merchán-Pérez A, Meystre J, Morrice BR, Muller J, Muñoz-Céspedes A, Muralidhar S, Muthurasa K, Nachbaur D, Newton TH, Nolte M, Ovcharenko A, Palacios J, Pastor L, Perin R, Ranjan R, Riachi I, Rodríguez JR, Riquelme JL, Rössert C, Sfyrakis K, Shi Y, Shillcock JC, Silberberg G, Silva R, Tauheed F, Telefont M, Toledo-Rodriguez M, Tränkler T, Van Geit W, Díaz JV, Walker R, Wang Y, Zaninetta SM, DeFelipe J, Hill SL, Segev I, Schürmann Ff. Reconstruction and Simulation of Neocortical Microcircuitry. Cell. 2015, Oct 8, 163(2): p456–492.

纳米颗粒智能新药

[1] https://en.wikipedia.org/wiki/Adverse_drug_reaction

[2] Jong etc.(2008) International Journal of Nanomedicine. "Drug delivery and nanoparticles: Applications and hazards".

[3] Otsuka etc.(2003) Advanced Drug Delivery Reviews. "PEGylated nanoparticles for biological and pharmaceutical applications".

[4] Janzer etc.(1987) Nature. "Astrocytes induce blood-brain barrier properties in endothelial cells".

[5] Brannon-Peppas.(2004) Advanced Drug Delivery Reviews. "Nanoparticles and targeted system for Cancer therapy."

[6] Wang etc(2013). Therapeutic Delivery. "Nanoparticles squeezing across the blood-endothelial barrier via caveolae".

[7] Ito etc.(2006) Cancer Immunology, Immunotherapy. "Cancer immunotherapy based on intracellular hyperthermia using magnetite nanoparticles: a novel concept of "heat-controlled necrosis" with heat shock protein expression".

[8] Li etc (2008) Molecular Pharmaceutics "Pharmacokinetics and Biodistribution of

Nanoparticles".

［9］Win etc（2005）Biomaterials " Effects of particle size and surface coating on cellular uptake of polymeric nanoparticles for oral delivery of anticancer drugs".

纳米颗粒医疗设备

［1］Weissleder（2005）Nature Biotechnology, "Cell-specific targeting of nanoparticles by multivalent attachment of small molecules"

［2］McDonald etc（2002）Cancer Res, " Significance of blood vessel leakiness in cancer"

［3］Fang et（2011）Small, "Functionalized Nanoparticles with Long Term Stability in Biological media"

［4］Kidness etc（2013）Genome Medicine, "Circulating tumor cells versus tumor-derived cell-free DNA: rivals or partners in cancer care in the era of single-cell analysis?"

［5］Yu etc（2015）*PNAS*, "Microneedle-array patches loaded with hypoxia-sensitive vesicles provide fast glucose-responsive insulin delivery. "